U0457132

发电企业危险化学品安全管理基础与实务

李安学　付志新　盛于蓝　编著

中国电力出版社
CHINA ELECTRIC POWER PRESS

内容提要

近年来危险化学品安全事故较多，2017 年 3 月 7 日国家能源局印发《电力行业危险化学品安全综合治理实施方案》，并不断对电力企业危险化学品安全提出了进一步要求。

本书共三部分 19 章，第一部分基础篇，简要论述了危险化学品安全形势及做好发电企业危险化学品安全管理工作的重要意义，介绍了有关发电企业危险化学品安全管理基础，包括基础知识、管理要点、重大危险源管理、风险分级防控和隐患排查治理、事故应急管理、安全技术等。第二部分实务篇，阐述了发电企业主要危险化学品及其装置（情景）的安全管理，包括化学水、涉氢、油区、涉氨、燃气电厂、化验室、食堂、检维修、危废等方面的安全管理，以及管理模式和信息平台建设。第三部分事故案例篇，分析了部分电厂发生的危化品典型事故案例。

本书主要面向发电企业危险化学品安全管理人员和专业技术人员，也适用于企业作业人员危险化学品安全培训，对其他行业危险化学品安全管理也有参考价值。

图书在版编目（CIP）数据

发电企业危险化学品安全管理基础与实务 / 李安学，付志新，盛于蓝编著 . -- 北京 : 中国电力出版社，2021.6

ISBN 978-7-5198-5603-8

Ⅰ . ①发…　Ⅱ . ①李…　②付…　③盛…　Ⅲ . ①发电厂—化工产品—危险物品管理　Ⅳ . ① TM621

中国版本图书馆 CIP 数据核字（2021）第 078974 号

出版发行：中国电力出版社
地　　址：北京市东城区北京站西街 19 号（邮政编码 100005）
网　　址：http：//www.cepp.sgcc.com.cn
责任编辑：宋红梅
责任校对：黄　蓓　常燕昆
装帧设计：王红柳
责任印制：吴　迪

印　　刷：北京天宇星印刷厂
版　　次：2021 年 6 月第一版
印　　次：2021 年 6 月北京第一次印刷
开　　本：787 毫米 ×1092 毫米　16 开本
印　　张：19.25
字　　数：455 千字
印　　数：0001—1000 册
定　　价：78.00 元

前言

本书是“大型发电集团危险化学品安全管理研究”成果的一部分，也是面向发电企业危险化学品安全管理人员的参考资料。

2016 年 6 月 28 日，国务院安委会印发了《涉及危险化学品安全风险的行业品种目录》，用于指导各地区和各有关行业全面摸排涉及危险化学品的安全风险；2016 年 11 月 29 日，国务院办公厅印发《危险化学品安全综合治理方案》，明确了企业应完成的重点任务；2017 年 3 月 7 日国家能源局印发《电力行业危险化学品安全综合治理实施方案》，对发电企业提出了进一步要求。

我们三位具有化工安全管理经验的同志，有幸参与了中国大唐集团公司危险化学品安全综合治理领导小组办公室日常工作。在工作中遇到了三个比较突出的问题：一是排查范围问题，发电企业是电力、热力生产和供应企业，根据《涉及危险化学品安全风险的行业品种目录》，热电厂涉及天然气、柴油、液氨、氢气、一氧化碳、二氧化硫等，但发电企业内部如检维修、化验室、水处理、食堂等所用的危险化学品没有明确；二是管理依据问题，涉及危险化学品安全管理的法律法规多用于化工类企业或危险化学品生产经营企业，明确适用于发电企业的较少；三是参考资料缺乏问题，针对发电企业危险化学品安全管理的书籍和公开发表的文章很少。这三个问题也是发电行业危险化学品安全管理普遍遇到的问题。为了做好危险化学品三年综合治理工作，我们决定开展一些研究性工作：一是研究大型发电集团危险化学品安全管理模式；二是甄别发电企业危险化学品安全管理法律法规适用性；三是为安全管理人员编写一本参考资料。

全书分基础篇、实务篇和事故案例篇共 19 章，主要包括以下内容：

（1）基础篇共七章，主要介绍危险化学品基本概念以及发电企业危险化学品安全、应急管理方面技术和管理基础知识，包括概述、发电企业危险化学品基础知识、安全管理要点、双重预防机制、重大危险源安全管理、事故应急管理、安全技术等。

（2）实务篇共十一章，主要介绍发电企业常用危险化学品安全管理；包括大型发电企业集团危险化学品安全管理模式、信息平台建设，发电企业化学水装置、实验室、检维修单位危险化学品安全管理，发电企业涉氢气装置、燃油罐区、涉氨装置安全管理，燃气发电企业天然气使用安全管理，发电企业餐饮单位燃气使用管理、危险废物安全管理等；其中第八章（管理模式）是以《新形势下集团公司危险化学品安全管理模式研究与实践》为基础完善而成，该成果荣获 2019 年中国大唐集团公司软科学成果一等奖；第十八章（信息平台建设）是以大唐集团危险化学品安全管控平台建设为基础编写。

（3）事故案例篇共一章，介绍了发电企业氢气、液氨、储油罐区、强碱、中毒、燃气电厂、食堂燃气、化验室危险化学品、乙炔钢瓶、氧气钢瓶、电气设备油气火灾事故等 23 个发电企业危险化学品典型事故案例。

本书从 2018 年开始策划，历时近三年，四易其稿，是作者多年从事发电企业危险化学品安全管理工作的体会与总结；本书针对性强，作者意图不是百科全书，也不是操作手册，而是工作指引，力图针对某项危险化学品安全管理工作，能让读者从实务篇中找到应该做什么，从基础篇中找到为什么这么做，从事故案例篇中汲取事故教训。此外，本书还特别注意系统论述了实验室、检修及维修、危险废物、餐饮燃气等当前业内可参考文献较少的危化品安全管理内容。

全书由李安学策划、组织，李安学、付志新统稿，编写分工如下：李安学编写前言、第一章、第七章、第八章、第十八章、第十九章，付志新编写第二章至第六章、第十四章至第十七章，盛于蓝编写第九章至第十三章。引用的主要法律法规截至 2020 年底。

在研究与编写过程中，作者在工厂调研、与专家研讨、文献阅读和管理实践时，得到了许多领导、专家和同事帮助，在此表示真诚的感谢！

在编写过程中，查阅、参考和引用了许多他人的著作和文章成果，都尽量在书末的参考文献中列出，在此谨向有关作者致谢！

感谢国家能源局电力安全监管司童光毅司长，在作者曾想放弃的时候鼓励作者完成编著，给作者以极大支持和鞭策。中国化学品安全协会副会长兼秘书长路念明、总工程师程长进审阅了本书部分内容，在此表示衷心的感谢！

随着安全管理技术的不断进步和安全管理要求的不断提高，国家和发电行业安全管理法律法规也在不断完善之中，如何做好发电企业危险化学品安全管理，也在不断改进之中。尽管我们尽了最大努力，但由于所涉及的专业多、知识面广，加上水平有限，书中涉及的内容有不尽完美之处，难免会存在疏漏和不足，恳请读者批评指正，并请在使用过程中加以甄别。

编者

2021 年 2 月

目 录

第一篇　基础篇

第一章　概述

危险化学品安全管理是一项专业性很强的工作，做好危险化学品安全管理是企业应尽的主体责任。随着危险化学品安全管理要求不断提高和标准逐步趋严，危险化学品安全管理在发电企业日益引起重视。

本章共分为四节，重点介绍发电企业危险化学品安全管理的意义、发电企业危险化学品种类及特点、管理特点、适用法律范围等。

第一节　危险化学品安全管理重要意义

一、国内危险化学品安全管理形势严峻

危险化学品（简称危化品）是指列入国家《危险化学品目录》的化学品，是指具有毒害、腐蚀、爆炸、燃烧、助燃等性质，对人体、设施、环境具有危害的剧毒化学品和其他化学品。随着我国社会经济的快速发展，危险化学品安全管理工作的重要性和紧迫性日益凸显。当前我国危险化学品安全生产依然处于事故易发多发时期，面临着诸多风险和挑战，形势复杂严峻，主要表现在：

一是涉及行业领域多、潜在风险大。我国危险化学品生产、经营、存储、运输企业近30万家，省级以上化工园区380多个，油气管道总里程12万km，危险货物运输车辆30多万辆，存在大量的风险隐患。

二是安全意识和基础依然薄弱。部分企业还存在主体责任落实不到位，安全责任制流于形式，安全投入不足，非法生产、违规操作屡禁不止。部分行业安全监管体制不顺，安全法规和标准体系存在冲突，监管存在盲区。

三是各类事故多发频发屡禁不止。近年接连发生大连“7·16”、青岛“11·22”、天津港“8·12”、河北盛华“11·28”等一系列涉及危险化学品的特别重大安全事故。

四是新问题、新挑战和新风险点不断出现。随着社会发展，危险化学品的使用范围越来越广，使用数量越来越大，很多在以前认不清、想不到、管不到、数量小、不存在的领域和环节接连出现问题，对危险化学品安全管理提出新的要求。

二、国家对危险化学品安全管理提出了更高的要求

国家高度重视危险化学品安全工作，为全面、系统地提高我国危险化学品安全管理水平，2016年11月29日，国务院办公厅印发了《关于印发危险化学品安全综合治理方案的通知》，部署在全国范围内开展为期三年的危险化学品安全综合整治，该项工作的目的是认清危险化学品安全生产的严峻形势，准确把握安全生产规律，聚焦薄弱环节，对症下药，坚决遏制危

险化学品重特大事故；2017 年 3 月 24 日，国务院安委会组织召开危险化学品安全综合治理电视电话专题会议，国务院领导同志出席会议并作重要讲话，对危险化学品安全综合治理工作提出具体要求。为全面加强危险化学品安全生产工作，有力防范化解系统性安全风险，坚决遏制重特大事故发生，有效维护人民群众生命财产安全，2020 年 2 月，中共中央办公厅、国务院办公厅印发了《关于全面加强危险化学品安全生产工作的意见》，对进一步做好危险化学品安全管理工作提出了明确要求。2020 年 4 月，国务院安全生产委员会关于印发《全国安全生产专项整治三年行动计划》的通知（安委〔2020〕3 号）中专门提出危险化学品安全整治。

三、研究发电企业危险化学品安全管理的意义

近年来，国家能源局多次下发文件，如《电力行业危险化学品安全综合治理实施方案》（〔2017〕65 号）、《国家能源局综合司关于进一步加快推进电力行业危险化学品安全综合治理工作的通知》（〔2018〕109 号）、《国家能源局综合司关于切实加强电力行业危险化学品安全综合治理工作的紧急通知》（〔2019〕132）、《国家能源局综合司关于加强电力行业危化品储存等安全防范工作的通知》（〔2020〕85 号）等，对做好电力企业危险化学品安全管理工作不断提出明确要求。危险化学品安全管理是一项非常专业的工作，是企业安全管理的重中之重，做好危险化学品安全管理是企业应尽的责任。在当前国内危险化学品安全管理形势严峻、党中央国务院对危险化学品安全管理提出新要求的情况下，开展新形势下发电企业危险化学品安全管理研究对深入贯彻落实党中央、国务院重大决策部署，做好危险化学品安全管理、进一步提高企业安全生产管理水平具有重要意义。

研究新形势下危险化学品安全管理，是做好危险化学品安全管理工作的前提，对完善企业危险化学品管理制度体系、明确危险化学品管理主体责任、建立危险化学品和重大危险源风险分级管控和隐患排查治理双重预防机制、提高事故风险防控水平和员工安全素质、杜绝企业危险化学品事故具有重要作用。

第二节　发电企业与危险化学品

发电企业在生产过程中不可避免地使用各种类型的危险化学品，燃煤电厂、燃气电厂使用的危险化学品比较多，根据统计，涉及的化学品种类有近百种，主要分布在主生产区、辅助生产区、化验（实验）室、生活区以及检维修等区域。

风力发电企业、太阳能发电企业使用的危险化学品比较少，主要集中在检维修、开关设备（六氟化硫）等方面。某 600MW 燃煤电厂危险化学品情况见表 1–1；某大型发电集团危险化学品种类情况见表 1–2。

表 1–1　　某 600MW 燃煤电厂危险化学品

序号	危险化学品名称	CAS 号	危险化学品类别	用途	储量（t）	备注
1	氨	7664–41–7	易燃气体，类别 2	脱硝	50	重大危险源
2	氢	1333–74–0	易燃气体，类别 1	机组冷却	0.13	

续表

序号	危险化学品名称	CAS 号	危险化学品类别	用途	储量（t）	备注
3	氢氧化钠溶液（含量≥ 30%）	1310-73-2	皮肤腐蚀 / 刺激，类别 1A	水处理	55	
4	柴油（闭杯闪点≤ 60℃）		易燃液体，类别 3	燃料	285	
5	丙酮	67-64-1	易燃液体，类别 2	设备清洗	0.006	
6	六氟化硫	2551-62-4	特异性靶器官毒性——一次接触，类别 3（麻醉效应）	开关设备	0.1	
7	氩（压缩的）	7440-37-1	加压气体	施工焊接	0.05	
8	乙炔	74-86-2	加压气体	施工焊接	0.26	
9	氧（压缩的）	7782-44-7	氧化性气体，类别 1	施工焊接 分析试剂	0.35	
10	氢氧化钠	1310-73-2	皮肤腐蚀 / 刺激，类别 1A	分析试剂	21.46	
11	氟化铵	12125-01-8	急性毒性—经口，类别 3*	分析试剂	0.001	
12	氨溶液（含氨 >10%）	1336-21-6	严重眼损伤 / 眼刺激，类别 1	分析试剂	7.8	
13	正庚烷	142-82-5	易燃液体，类别 2	分析试剂	0.0005	
14	氢氧化钾		皮肤腐蚀 / 刺激，类别 1A	分析试剂	0.0085	
15	异辛烷	26635-64-3	皮肤腐蚀 / 刺激，类别 2	分析试剂	0.002	
16	四氯化碳	56-23-5	急性毒性—经口，类别 3*	分析试剂	0.0015	
17	乙醇（无水）	64-17-5	易燃液体，类别 2	分析试剂	0.0055	
18	乙酸溶液（10%< 含量≤ 80%）	64-19-7	严重眼损伤 / 眼刺激，类别 1 [乙酸溶液（25%< 含量≤ 80%）]	分析试剂	0.005	
19	正丁醇	71-36-3	易燃液体，类别 3	分析试剂	0.002	
20	苯	71-43-2	易燃液体，类别 2	分析试剂	0.0015	
21	汞	7439-97-6	急性毒性—吸入，类别 2*	分析试剂	0.0004	

续表

序号	危险化学品名称	CAS 号	危险化学品类别	用途	储量（t）	备注
22	高氯酸（浓度 50%～72%）	7601-90-3	氧化性液体，类别 1	分析试剂	0.001	
23	亚硫酸氢钠	7631-90-5	皮肤腐蚀 / 刺激，类别 2	分析试剂	2.3	
24	硝酸钠	7631-99-4	氧化性固体，类别 3	分析试剂	0.0077	
25	盐酸	7647-01-0	皮肤腐蚀 / 刺激，类别 1B	分析试剂	66.3	
26	硫酸	7664-93-9	皮肤腐蚀 / 刺激，类别 1A	分析试剂	0.023	
27	氟化钠	7681-49-4	急性毒性—经口，类别 3*	分析试剂	0.0085	
28	次氯酸钠溶液（含有效氯 >5%）	7681-52-9	皮肤腐蚀 / 刺激，类别 1B	水处理	45.6	
29	硝酸	7697-37-2	皮肤腐蚀 / 刺激，类别 1A	分析试剂	0.0225	
30	高锰酸钾	7722-64-7	氧化性固体，类别 2	分析试剂	0.0025	
31	过氧化氢溶液（含量 >8%）	7722-84-1	皮肤腐蚀 / 刺激，类别 1A（含量 ≥ 60%）	分析试剂	0.006	
32	碘酸钾	7758-05-6	氧化性固体，类别 2	分析试剂	0.001	
33	硝酸银	7761-88-8	氧化性固体，类别 2	分析试剂	0.0008	
34	重铬酸钾	7778-50-9	严重眼损伤 / 眼刺激，类别 1	分析试剂	0.0031	
35	铬酸钾	7789-00-6	严重眼损伤 / 眼刺激，类别 2	分析试剂	0.002	
36	氟化钾	7789-23-3	急性毒性—经口，类别 3*	分析试剂	0.0025	
37	偏钒酸铵	7803-55-6	急性毒性—经口，类别 3	分析试剂	0.0005	
38	石油醚	8032-32-4	易燃液体，类别 2*	分析试剂	0.027	

续表

序号	危险化学品名称	CAS 号	危险化学品类别	用途	储量（t）	备注
39	硼酸	10043-35-3	生殖毒性，类别 1B	分析试剂	0.00178	
40	硝酸汞	10045-94-0	特异性靶器官毒性—反复接触，类别 1	分析试剂	0.0001	
41	氯化钡	10361-37-2	急性毒性—经口，类别 3*	分析试剂	0.0030	
42	硝酸铁	10421-48-4	氧化性固体，类别 3	分析试剂	0.002	
43	二异丙胺	108-18-9	特异性靶器官毒性——次接触，类别 3（呼吸道刺激）	分析试剂	0.016	
44	硫化钠	1313-82-2	皮肤腐蚀 / 刺激，类别 1B（含结晶水≥ 30%）	分析试剂	0.0025	
45	五氧化二钒	1314-62-1	急性毒性—经口，类别 2	分析试剂	0.0024	
46	硝酸铵（含可燃物≤ 0.2%）	6484-52-2	特异性靶器官毒性—反复接触，类别 1	分析试剂	0.002	
47	氦（压缩的）	7440-59-7	加压气体	分析试剂	0.015	
48	液化石油气	68476-85-7	加压气体	餐饮	0.35	

表 1-2　　某大型发电集团危险化学品种类情况

类别	品种数（种）
国家重点监管的危险化学品	22
国家非重点监管的危险化学品	124
剧毒化学品	5
易制毒化学品	8
易制爆化学品	23
民用爆炸物品	2

第三节 发电企业危险化学品安全管理特点

一、发电企业危险化学品安全管理特点

发电企业危险化学品安全管理特点主要表现在“点多”“面广”“集中”“不平衡”“事故未绝”。

（1）“点多”。是指危险化学品安全风险点很多，发电企业涉及危险化学品的使用、储存、采购、运输（厂内）、废弃等各个环节，在生产生活的方方面面，都存在不同等级的安全风险，辨识难度高、评估效果差，相应的管控措施难以覆盖全面。

（2）“面广”。具体表现为三个方面：一是行业分布较广，根据国务院安全生产委员会于2016年6月28日印发《涉及危险化学品安全风险的行业品种目录》，发电企业事实上涉及了“电力、热力、燃气及水生产和供应业”“科学研究和技术服务业”“水处理”等行业业务，安全管理标准、行业管控理念存在较大差异，难以统筹兼顾；二是地域分布广，发电企业在全国的地域分布较广，各地区的环境气候存在较大差异，政府监管尺度和理念也存在着不同，企业危险化学品安全管理也会存在一定的差异；三是厂区分布广，主要生产区、辅助生产区、生活区，几乎遍布全厂每个角落。

（3）“集中”。是指危险化学品装置的固有安全风险主要集中在燃煤电厂的氨区、氢站和油库等区域内，危险化学品重大危险源均为燃煤电厂的液氨装置，相对比较集中。

（4）“不平衡”。一是指部分单位对涉及危险化学品安全各环节的管理不平衡，偏重于使用、生产环节，对于采购、运输、储存、废弃处置等方面的管理相对较弱；二是指管理专业性不平衡，部分企业对液氨等重点管理的危险化学品和重大危险源管理的比较专业、规范，对其他危险化学品管理专业性较弱。

（5）“事故未绝”。是指近年来，发电企业危险化学品事故从未杜绝，时有发生。如2016年某电厂“11·8”氨区液氨泄漏爆炸事故，2017年某厂磨煤机内部发生人员CO中毒窒息事故，2019年某换流站“1·7”换流变压器着火事故等。

二、发电企业危险化学品安全管理存在的问题

发电企业危险化学品使用量随电厂规模增大而增加，为了实现烟气超低排放大量使用液氨，甚至构成一级危险化学品重大危险源，因此根据最适当的法律法规来管理危险化学品安全变得越来越重要。但是一些危险化学品使用单位对安全生产工作认识不到位，管理不严格，存在问题较多；对国家或行业法律法规理解不深，或缺乏针对发电行业危险化学品相关规定规范。突出表现在以下几个方面：

（1）对危险化学品安全管理重要性认识不足。一些企业对安全第一、预防为主的道理都清楚，但落实到具体工作上，差距较大。有的企业，特别是一些小企业的负责人，对危险化学品的特性不了解，对国家关于危险化学品安全管理的法律法规不熟悉，企业管理制度、操作规程不完善，必要的安全防护设施和设备不全，甚至缺乏正规的设计。

（2）生产现场存在诸多安全隐患。主要表现为：部分企业对外来施工队伍管理不严，对

进入防火防爆场所施工的施工机具、电气设备、施工人员持证情况不审核，烟火控制不严，防爆区域内使用非防爆的手电、应急灯；生产设备锈蚀严重，跑、冒、滴、漏现象严重，设备本质安全得不到保障；个别压力容器安全阀、压力表不及时校验，液氨及酸碱储罐锈蚀严重。

（3）安全教育培训不落实。对特种作业人员持证上岗比较重视，但对其他涉及危险化学品岗位职工的安全教育培训力度不够，尤其对雇用的劳务工、临时工，缺乏基本的安全培训，安全素质参差不齐，不能适应发电企业危险化学品相关岗位人员素质要求。

（4）对国家或行业法律法规理解不深或缺乏针对发电行业危险化学品的相关规定规范。国家有关危险化学品法律法规大多数是针对危险化学品生产、经营、储存、运输企业，对危险化学品使用企业，特别是对使用危险化学品但非生产化工产品的使用企业相关规定不多。

第四节　发电企业危险化学品安全管理相关法律法规

一、国内安全生产法律体系

（一）法律

法律是安全生产法律体系中的最高层级，其法律地位和效力高于行政法规、地方性法规、部门规章、地方政府规章等。国家现行的有关专门法律，主要有《中华人民共和国安全生产法》《中华人民共和国消防法》《中华人民共和国劳动法》《中华人民共和国职业病防治法》《中华人民共和国工会法》《中华人民共和国电力法》等。

（二）法规

安全生产法规分为行政法规和地方性法规。

（1）行政法规。国家现有的与发电企业危险化学品安全管理有关的行政法规，主要有《生产安全事故报告和调查处理条例》《危险化学品安全管理条例》《易制毒化学品管理条例》等。

（2）地方性法规。地方性安全生产法规的法律地位和法律效力低于有关安全生产的法律、行政法规，高于地方政府安全生产规章。经济特区安全生产法规和民族自治地方安全生产法规的法律地位和法律效力与地方性安全生产法规相同。与发电企业危险化学品安全管理有关的地方性法规，如《××省安全生产条例》等。

（三）规章

安全生产行政规章分为部门规章和地方政府规章。

（1）部门规章。国务院有关部门依照安全生产法律、行政法规的规定或者国务院的授权制定发布的安全生产规章与地方政府规章之间具有同等效力，在各自的权限范围内施行。

（2）地方政府规章。地方政府安全生产规章是最低层级的安全生产立法，其法律地位和法律效力低于其他上位法，不得与上位法相抵触。

（四）法定安全生产标准

虽然目前我国没有技术法规的正式用语且未将其纳入法律体系的范畴，但是国家制定的许多安全生产立法却将安全生产标准作为生产经营单位必须执行的技术规范而载入法律，安全生产标准法律化是我国安全生产立法的重要趋势。安全生产标准一旦成为法律规定必须执行的技术规范，它就具有了法律上的地位和效力。执行安全生产标准是生产经营单位的法定义务，违反法定安全生产标准的要求，同样要承担法律责任。

安全生产标准分为国家标准和行业标准，两者对生产经营单位的安全生产具有同样的约束力。法定安全生产标准主要是指强制性安全生产标准。

（1）国家标准。安全生产国家标准是指国家标准化行政主管部门依照《中华人民共和国标准化法》制定的在全国范围内适用的安全生产技术规范。

（2）行业标准。安全生产行业标准是指国务院有关部门和直属机构依照《中华人民共和国标准化法》制定的在安全生产领域内适用的安全生产技术规范。行业安全生产标准对同一安全生产事项的技术要求，可以高于国家安全生产标准，但不得与其相抵触。

二、发电行业危险化学品相关法律法规情况

（一）基本情况

发电企业危险化学品安全管理有关的法律法规相对比较分散。简单的来讲，可以分以下几种情况：

（1）通用性规定。指普遍适用的相关法律、法规，如《中华人民共和国安全生产法》《危险化学品安全管理条例》。

（2）针对危险化学品某方面管理的规定。主要是指针对危险化学品某方面管理规定，而发电企业情况又在适用范围内，如《危险化学品重大危险源辨识》（GB 18218—2018），《氢站设计规范》（GB 50177—2005）、“危险化学品安全三年专项整治”相关要求等。

（3）针对发电企业某种危险化学品安全管理的规定。如“国家能源局关于印发〈燃煤发电厂液氨罐区安全管理规定〉的通知”（国能安全〔2014〕第 328 号），《燃气电站天然气系统安全生产管理规范》（GB/T 36039—2018）。

（4）发电行业有关规定涉及危险化学品安全管理内容。如国家能源局《防止电力生产事故的二十五项重点要求》。

（5）国家或地方有关部门对某一方面事项的释义。如原国家安全监督总局办公厅《关于造纸等工贸企业配套危险化学品生产储存装置安全监管有关问题的复函》（安监总厅管四〔2013〕180 号）、《关于明确我省冶金等工贸行业企业内部配套建设的危险化学品生产装置和储存设施安全监管职责的函》（晋安监函〔2014〕421 号）。

（6）地方法规。如北京地方标准《液氨使用与储存安全技术规范》（DB 11/1014—2013）。

（7）相关文件。这里指的是针对季节特点、自然灾害、汲取事故教训等下发的文件，这些文件里一般会提出新要求。如 2020 年 8 月 4 日，黎巴嫩贝鲁特港口区发生爆炸事故，造成重大人员伤亡和巨大经济损失，国家相继下发了《国务院安委会办公室关于加强危险化学品储存等安全防范的通知》（安委办明电〔2020〕17 号）、《国家能源局关于加强电力行业危化品

储存等安全防范工作的通知》（国能综通安全〔2020〕85号）。

（二）法律法规标准的识别

为确保安全生产符合法律法规标准的要求，发电企业应及时获取和识别最新的有关危险化学品安全管理的法律法规标准，分析其对于发电企业的适用性，并及时更新相关管理制度、培训有关人员，使企业制定的安全管理制度符合国家法律法规标准的要求并贯彻落实。

1. 收集范围

在编制企业相关管理制度、标准规程前，需对有关法律法规、标准规范等进行收集，通常收集范围如下：

（1）国际公约。

（2）全国人民代表大会及人大常委会通过并颁布的法律。

（3）国务院发布的法规。

（4）国务院行政部门颁布的规章和国家安全卫生消防技术标准。

（5）地方政府安全卫生消防法规、技术标准。

（6）各级行政管理部门的规定、要求、通知、公告等。

（7）相关行业、专业管理部门颁布制定的行业标准、管理规范等。

（8）上级公司及上级主管单位的规章、制度和要求遵守的其他要求。

2. 获取途径及频率

随着互联网的发展，很多资料可以通过相关官方网站进行查询、下载进行获取，法律法规标准的获取频率一般至少为每月一次。通常采取的获取途径有：

（1）访问各级政府部门及其网站。

（2）访问行业主管部门及其网站。

（3）访问行业协会、团体或其网站。

（4）订购报纸杂志等社会媒体。

（5）订购商业数据库。

（6）订购专业性服务。

（7）咨询机构提供的信息。

（8）外来文件（政府文件、上级公司法律事务部门提供的相关信息等）。

（9）其他获取途径。

3. 法律法规的识别

企业各职能部门将获取的法律法规进行识别，确定其是否适用于本企业；将适用的法律法规及时发送至法律法规主管部门，按企业管理程序进行评审、审批、发布。

4. 符合性评审

发电企业各职能部门在获取法律法规及相关要求的同时，应对照本部门业务活动进行法律法规符合性评审，并依据评审结果建立、修改和完善规章制度。必要时，可组织评审会，对评审结果进行确认，并协调安排评审结果的有效处理。符合性评审应采用事先设计的评审表，评审时应对照法律法规条文逐条进行，以避免遗漏。符合性评审应留下记录。

（三）危险化学品相关工作适用标准

关于危险化学品的相关法律法规较多，部分是适用于发电企业危险化学品安全管理的，部分没有明确适用于发电企业，但发电企业可以参照执行。作者对国内危险化学品法律法规进行了梳理筛选，筛选出了部分发电企业在危险化学品及重大危险源安全管理方面适用的重点法律法规、国家标准、规范性文件。

（1）《中华人民共和国安全生产法》（主席令第 13 号 2014 年修正）。

（2）《中华人民共和国职业病防治法》（主席令第 52 号 2018 年修正）。

（3）《中华人民共和国消防法》（主席令第 6 号 2019 年修正）。

（4）《中华人民共和国固体废物污染环境防治法》（2020 年修订）。

（5）《危险化学品安全管理条例》（国务院令 591 号 2011 年修订）。

（6）《生产安全事故报告和调查处理条例》（国务院令第 493 号 2015 修正）。

（7）《易制毒化学品管理条例》（国务院令第 445 号 2018 年修订）。

（8）中共中央国务院关于推进安全生产领域改革发展的意见（中发〔2016〕32 号）。

（9）中共中央办公厅　国务院办公厅印发《关于全面加强危险化学品安全生产工作的意见》（厅字〔2020〕3 号）。

（10）国务院安全生产委员会关于印发《中共中央办公厅　国务院办公厅印发关于全面加强危险化学品安全生产工作的意见的通知》《重点工作落实方案的通知》（安委〔2020〕5 号）。

（11）国务院办公厅关于印发《危险化学品安全综合治理方案的通知》（国办发〔2016〕88 号）。

（12）国务院办公厅关于印发《国家职业病防治规划（2016—2020 年）的通知》（国办发〔2016〕100 号）。

（13）国务院办公厅关于印发《安全生产“十三五”规划的通知》（国办发〔2017〕3 号）。

（14）《国务院办公厅关于推进城镇人口密集区危险化学品生产企业搬迁改造的指导意见》（国办发〔2017〕77 号）。

（15）《危险化学品安全使用许可证实施办法》（原国家安全监督总局令第 57 号，2017 年修正）。

（16）《易制爆危险化学品治安管理办法》（中华人民共和国公安部令 2019 年第 154 号）。

（17）《生产安全事故应急条例》（中华人民共和国国务院令第 708 号）。

（18）《应急管理部关于修改〈生产安全事故应急预案管理办法〉的决定》（应急管理部令第 2 号）。

（19）《国务院安委会办公室关于实施遏制重特大事故工作指南构建双重预防机制的意见》（安委办〔2016〕11 号）。

（20）《国务院安全生产委员会关于加快推进安全生产社会化服务体系建设的指导意见》（安委〔2016〕11 号）。

（21）国家安全监管总局关于印发《化工（危险化学品）企业保障生产安全十条规定》《烟花爆竹企业保障生产安全十条规定》和《油气罐区防火防爆十条规定》的通知（安监总政法〔2017〕15 号）。

（22）国家安全监管总局关于印发《化工和危险化学品生产经营单位重大生产安全事故隐患判定标准（试行）》和《烟花爆竹生产经营单位重大生产安全事故隐患判定标准（试行）》的通知（安监总管三〔2017〕121号）。

（23）《安全生产责任保险实施办法》（安监总办〔2017〕140号）。

（24）应急管理部关于印发《危险化学品生产储存企业安全风险评估诊断分级指南（试行）的通知》（应急〔2018〕19号）。

（25）《国务院安委会办公室关于认真贯彻落实中央领导同志重要批示精神切实加强当前安全生产工作的通知》（安委办明电〔2018〕4号）。

（26）《国务院安委会办公室关于进一步加快推进危险化学品安全综合治理工作的通知》（安委办函〔2018〕59号）。

（27）《国务院安委会办公室关于进一步加强当前安全生产工作的紧急通知》（安委办明电〔2018〕16号）。

（28）应急管理部《关于印发〈化工园区安全风险排查治理导则（试行）〉和〈危险化学品企业安全风险隐患排查治理导则〉的通知》（应急〔2019〕78号）。

（29）应急管理部办公厅《关于印发〈危险化学品企业生产安全事故应急准备指南〉的通知》（应急厅〔2019〕62号）。

（30）国务院安全生产委员会《关于印发〈全国安全生产专项整治三年行动计划〉的通知》（安委〔2020〕3号）。

（31）应急管理部《关于印发〈危险化学品企业安全分类整治目录（2020）〉的通知》（应急〔2020〕84号）。

（32）《生产安全事故应急预案管理办法（2016）》（国家安全生产监督管理总局令第88号）。

（33）《中华人民共和国监控化学品管理条例实施细则》（中华人民共和国工业和信息化部令2018年第48号）。

（34）国家能源局《关于印发〈燃煤发电厂液氨罐区安全管理规定〉的通知》（国能安全〔2014〕328号）。

（35）《特别管控危险化学品目录》（2020年第3号）。

（36）国家能源局《电力行业危险化学品安全综合治理实施方案》（国能安全〔2017〕65号）。

（37）《国家能源局综合司关于进一步加快推进电力行业危险化学品安全综合治理工作的通知》（国能综通安全〔2018〕109号）。

（38）《国家能源局综合司关于落实国务院安委会通报精神加强电力行业危险化学品安全生产工作的通知》（国能发安全〔2018〕183号）。

（39）《国家能源局综合司切实加强电力行业危险化学品安全综合治理工作的紧急通知》（国能综函安全〔2019〕132号）。

（40）《国家能源局综合司关于加强电力行业危化品储存等安全防范工作的通知》（国能综通安全〔2020〕85号）。

第二章　发电企业危险化学品基础知识

我国是危险化学品生产、使用、进出口和消费大国。在电力生产领域，特别是火力发电行业，随着相关标准的提高、机组的大型化及安全环保新技术的不断推广应用，危险化学品在发电企业使用的种类和数量都在不断增加，认识和了解危险化学品相关特性，掌握发电企业常用危险化学品相关基础知识，对于有效管控危险化学品安全风险具有重要意义。

本章共六节，重点介绍危险化学品相关基础知识，包括相关术语、危险化学品危险特性、分类和标签、一书一签、危险化学品包装等。

第一节　危险化学品相关术语

危险化学品主要术语有化学品、危险化学品、剧毒化学品、危险货物危险物品、易制爆危险化学品、易制毒化学品、高度关注物质、特别管控危险化学品、重大危险源、两重点一重大等。

一、化学品

化学品是指各种化学元素和化合物以及混合物，无论其是天然的还是人工合成的，都属于化学品。

二、危险化学品

通常，危险化学品是指物质本身具有某种危险特性，当受到摩擦、震动、撞击、接触火源或热源、暴晒、遇水或受潮、接触不相容物质等外界条件的作用，会导致发生燃烧、爆炸、中毒和窒息、灼伤及污染生态环境等事故事件的化学品。国内有关法律法规、标准对危险化学品的定义有明确规定。

《危险化学品目录》（2015 版）、《危险化学品重大危险源辨识》（GB 18218—2018）以及《危险化学品安全管理条例》均对危险化学品进行了明确统一的定义：具有毒害、腐蚀、爆炸、燃烧、助燃等性质，对人体、设施、环境具有危害的剧毒化学品和其他化学品。

此外，《危险化学品目录》（2015 版）还明确：除《危险化学品目录》列明的条目外，符合相应条件的，也属于危险化学品。《危险化学品目录》是由国务院安全生产监督管理部门会同国务院工业和信息化、公安、环境保护、卫生、质量监督检验检疫、交通运输、铁路、民用航空、农业主管部门，根据化学品危险特性的鉴别和分类标准进行确定、公布，并适时调整。

三、剧毒化学品

《危险化学品目录》(2015 版)及《剧毒化学品目录》(2015 版)对剧毒化学品的定义：是指具有剧烈急性毒性危害的化学品，包括人工合成的化学品及其混合物和天然毒素，还包括具有急性毒性易造成公共安全危害的化学品。

对剧烈急性毒性判定界限：急性毒性类别 1，即满足下列条件之一——大鼠实验，经口 LD50 ≤ 5mg/kg，经皮 LD50 ≤ 50mg/kg，吸入(4h)LC50 ≤ 100mL/m^3(气体)或 0.5mg/L(蒸气)或 0.05mg/L(尘、雾)。经皮 LD50 的实验数据，也可使用兔实验数据。

四、危险货物

危险货物是运输行业的专门术语，在《危险货物分类和品名编号》(GB 6944—2012)中定义：是指具有爆炸、易燃、毒害、感染、腐蚀、放射性等危险特性，在运输、储存、生产、经营、使用和处置中，容易造成人身伤亡、财产损毁或环境污染而需要特别防护的物质和物品。

道路运输危险货物具体以列入《危险货物品名表》(GB 12268—2012)为准，铁路运输危险货物具体以列入《铁路危险货物品名表》为准，水路运输危险货物具体以列入《水路运输危险货物规则》中附件一《各类引言和危险货物运输的建议书规章范本》的分类方法为准。

五、危险物品

《中华人民共和国安全生产法》中对危险物品进行了定义：危险物品又称危险品，安全生产领域的专门术语，是指易燃易爆物品、危险化学品、放射性物品等能够危及人身安全和财产安全的物品。

六、易制爆危险化学品

易制爆危险化学品是社会公共安全领域的专门术语，是指国务院公安部门规定的可用于制造爆炸物品的危险化学品，具体以列入 2017 年 5 月公安部颁布的《易制爆危险化学品名录》(2017 年版)为准。其分类依据是《化学品分类、警示标签和警示性说明安全规范》(GB 20576—20591)，与《危险化学品目录》(2015 版)基本一致。

七、易制毒化学品

易制毒化学品是社会公共安全领域的专门术语，是指国务院公安部门规定的可用于制造毒品的危险化学品，具体以列入《易制毒化学品目录》(2018 版)为准。《易制毒化学品目录》(2018 版)收录了 28 种易制毒化学品，分为三类，第一类收录 15 种，第二类收录 7 种，第三类收录 6 种。

八、高度关注物质

高度关注物质是欧盟监管威胁安全和健康的危险物质的新术语。高度关注物质(Substances of very high concern，SVHC)是指满足 REACH(欧盟法规《化学品的注册、评估、授权和限制》，REGULATION concerning the Registration，Evaluation，Authorization and Restriction of Chemicals）第 57 条规定的物质。自 2008 年 10 月 28 日，欧盟化学品管理局（ECHA）首次公布第一批 SVHC 候选清单（16 种物质）以来，截至 2016 年 6 月 20 日，已发布 15 批 SVHC 清单，高度关注物质增加到 169 种，主要是危险化学品、剧毒化学品，还包括多种无机物和有机物。

九、特别管控危险化学品

2020 年，为深刻吸取事故教训，加强危险化学品全生命周期管理，强化安全风险防控，有效防范遏制重特大事故，切实保障人民群众生命和财产安全，应急管理部、工业和信息化部、公安部、交通运输部联合制定并发布了《特别管控危险化学品目录（第一版）》，将 4 类 20 种危险化学品列入《特别管控危险化学品目录》。

《特别管控危险化学品目录》明确要求，对列入《特别管控危险化学品目录（第一版）》的危险化学品应针对其产生安全风险的主要环节，在法律法规和经济技术可行的条件下，研究推进实施以下五项管控措施，最大限度降低安全风险，有效防范遏制重特大事故。这五项管控措施是：①建设信息平台，实施全生命周期信息追溯管控；②研究规范包装管理；③严格安全生产准入；④强化运输管理；⑤实施储存定置化管理。

十、重大危险源

根据《中华人民共和国安全生产法》中定义，重大危险源是指长期地或者临时地生产、搬运、使用或者储存危险物品，且危险物品的数量等于或者超过临界量的单元（包括场所和设施）。

《危险化学品重大危险源辨识》（GB 18218—2018）规定，凡是单元内存在的危险化学品数量等于或超过标准规定的临界量，即被确定为重大危险源。

十一、“两重点一重大”

常用于化工行业的术语，“两重点”是指重点监管危险化学品、重点监管化工工艺，“一重大”是指重大危险源。

（一）重点监管的危险化工工艺

2009 年和 2013 年国家分两批公布了 18 种重点监管的危险化工工艺。

第一批：包括光气及光气化工艺、电解工艺（氯碱）、氯化工艺、硝化工艺、合成氨工艺、裂解（裂化）工艺、氟化工艺、氢工艺、重氮化工艺、氧化工艺、过氧化工艺、胺基化工艺、硫化工艺、聚合工艺、烷基化工艺，共 15 种。

第二批：包括新型煤化工工艺、电石生产工艺、偶氮化工艺，共 3 种。

（二）重点监管的危险化学品

国家安全监督管理部门为进一步突出重点、强化监管，对《危险化学品名录》中的 3800 余种危险化学品进行了筛选，确定重点监管的危险化学品，并制定名录。《国家安全监管总局关于公布首批重点监管的危险化学品名录的通知》（安监总管三〔2011〕95 号）公布了 60 种，

《国家安全监管总局关于公布第二批重点监管的危险化学品名录的通知》(安监总管三〔2013〕12号)公布了14种。

目前，发电企业接触的重点监管的危险化学品主要包括：氯、氨、液化石油气、硫化氢、天然气、氢等。

(三)危险化学品重大危险源

是指依据《危险化学品重大危险源辨识》(GB 18218—2018)辨识，长期地或临时地生产、储存、使用和经营危险化学品，且危险化学品的数量等于或超过临界量的单元。

(四)“两重点一重大”的管理要求

“两重点一重大”体现了“突出重点、加强监管”的安全理念，在人员及设计阶段有特殊的管理要求。

1. 人员要求

(1)操作人员必须具有高中以上文化程度。

(2)相关专业管理人员必须具备大专以上学历或化工类中级及以上职称。

(3)对员工进行安全培训，确保从业人员充分了解和掌握工作岗位存在的危险因素及防范措施，提升安全技能。

(4)开展安全教育，提升员工的风险意识。

2. 设计阶段要求

(1)必须在基础设计阶段开展HAZOP分析。

(2)设计单位资质应为工程设计综合资质或相应工程设计化工石化医药、石油天然气(海洋石油)行业、专业资质甲级。

(3)工艺包设计文件应当包括工艺危险性分析报告。

(4)必须装备安全仪表系统。

(5)必须建立健全安全监测监控体系。

(6)一级或二级重大危险源，装备紧急停车系统；涉及毒性气体、液化气体、剧毒液体的一级或二级重大危险源，配备独立的安全仪表系统；涉及重点监管危险化学品的装置，应装备自动化控制系统，涉及高度危险和大型装置要依法装备安全仪表系统(紧急停车或安全联锁)。

第二节　危险化学品的危险特性

危险化学品的危险特性按照危险化学品种类分类，归纳起来主要有以下特性。

一、爆炸品

1. 爆炸性

爆炸品一般都具有一定的化学活性或易燃性，在一定外因作用下，能以极快的速度发生猛烈的物理或化学变化，产生大量气体和热量在短时间内无法完全释放，会使周围的温度迅速升高并产生巨大压力而引起爆炸。

2. 毒害性

有些爆炸品本身就具有一定毒性。此外，绝大多数爆炸品发生爆炸时会产生有毒或窒息性气体，可从呼吸道、食道甚至皮肤等进入体内，引起中毒。

二、压缩气体和易燃气体

1. 易燃易爆性

可燃气体的主要危险性是易燃易爆，所有处于爆炸极限浓度范围之内的可燃气体，遇着火源都能发生着火或爆炸，有的可燃气体遇到微小能量着火源的作用即可发生爆炸。

2. 扩散性

比空气轻的可燃气体逸散在空气中可以无限制的扩散，易与空气形成爆炸性混合物，而且能够顺风飘荡，致使可燃气体着火爆炸和蔓延扩散。比空气重的可燃气体泄漏出来，往往飘流于地表、沟渠、隧道、厂房死角处等，长时间聚集不散，易遇着火源发生着火或爆炸。

3. 可缩性和膨胀性

气体的可压缩性和膨胀性通常与压力、温度和体积有关。当压力不变时，气体的温度与体积成正比，即温度越高，体积越大；当温度不变时，气体的体积与压力成反比，即压力越大，体积越小；在体积不变时，气体的温度与压力成正比，即温度越高，压力越大。

4. 带电性

压缩气体或液化气体摩擦能产生静电，如氢气、乙烯、乙炔、天然气、液化石油气等从管口或破损处喷射出时同样也能产生静电。

5. 腐蚀性、毒害性和窒息性

腐蚀性气体一般指呈偏酸或偏碱性的气体，这类气体接触到物体后，具有腐蚀性。毒害性气体一般指通过吸入、皮肤接触等途径侵入生物机体，与机体组织发生化学或物理化学作用，从而造成对机体器官的损害，破坏机体的正常生理机能，引起功能或器质性病变，导致暂时性或持久性病理损害的气体。窒息性气体一般是指可能造成机体缺氧而发生窒息危害的有害气体。

6. 氧化性

氧化性气体主要包括两类：一类为助燃物的气体，如氧气、压缩空气；另一类为有毒的气体，如氯气、氟气等。

三、易燃液体

1. 高度的易燃性

易燃液体属于蒸气压较大、容易挥发，挥发出的蒸气足以与空气混合形成可燃混合物，其着火所需的能量极小，遇火、受热以及和氧化剂接触时都有发生燃烧的危险。

2. 蒸气的爆炸性

当易燃液体挥发出的蒸气与空气混合形成的混合气体达到爆炸极限浓度时，可燃混合物就转化成爆炸性混合物，一旦点燃就会发生爆炸。

3. 受热膨胀性

易燃液体主要是靠容器盛装，而易燃液体的膨胀系数比较大。储存于密闭容器中的易燃液体受热后体积膨胀，若超过容器的压力限度，就会造成容器膨胀，甚至爆裂，在容器爆裂时会产生火花而引起燃烧爆炸。

4. 流动性

液体具有流动和扩散性，泄漏后扩大了易燃液体的表面积，使其更易挥发，形成的易燃蒸气大多比空气重，容易积聚，从而增加了燃烧爆炸的危险性。

5. 带电性

易燃液体因其所具有的流动性，与不同性质的物体如容器壁相互摩擦或接触时易积聚静电，静电积聚到一定程度时就会放电，产生静电放电火花而引起可燃性蒸气混合物的燃烧爆炸。

6. 毒害性

大多数易燃液体及其蒸气均具有不同程度的毒性，很多毒性还比较大，吸入后能引起急性、慢性中毒。

四、易燃固体、易于自燃的物质、遇水放出易燃气体的物质

1. 易燃固体的危险特性

（1）燃点低、易点燃。易燃固体着火点一般都在 300℃以下，在常温下只要有能量很小的着火源与之作用即能引起燃烧，有些易燃固体当受到摩擦、撞击等外力作用时就可能引发燃烧。

（2）遇酸、氧化剂易燃易爆。绝大多数易燃固体与酸、氧化剂接触，尤其是强氧化剂，能够立即引起着火或爆炸。如红磷与氯酸钾、硫黄与过氧化钠或氯酸钾相遇，都会立即引起着火或爆炸。

2. 易于自燃的物质的危险特性

（1）遇空气自燃性。自燃物质接触空气后能迅速与空气中的氧化合，并产生大量的热，达到其自燃点而着火，接触氧化剂或其他氧化性物质反应更加强烈，甚至爆炸。

（2）遇湿易燃危险性。硼、锌、锑、铝的烷基化合物类自燃物品，遇氧化剂、酸类反应剧烈，除在空气中能自燃外，遇水或受潮还能分解自燃或爆炸。

3. 遇水放出易燃气体的物质危险特性

主要是爆炸性。遇水燃烧物质都具有遇水分解，产生可燃气体和热量，能引起火灾的危险性或爆炸性。有些遇水燃烧物质如电石等，由于和水作用生成可燃气体与空气形成爆炸性混合物。这类物质引起着火有两种情况：一是遇水发生剧烈的化学反应，释放出的热量能把反应产生的可燃气体加热到自燃点，不经点火也会着火燃烧，如金属钠、碳化钙等；二是遇水能发生化学反应，但是释放出的热量较少，不足以把反应产生的可燃气体加热至自燃点，但当可燃气体一旦接触火源也会立即着火燃烧，如氢化钙、保险粉等。

五、氧化性物质和有机过氧化物

1. 氧化性物质的危险特性

（1）强烈的氧化性。氧化剂多为碱金属、碱土金属的盐或过氧化基所组成的化合物。其特点是：氧化价态高，金属活泼性强，易分解，有极强的氧化性，本身不燃烧，但与可燃物作用能发生着火和爆炸。

（2）受热、撞击分解性。在现行列入氧化剂管理的危险品中，除有机硝酸盐类外，都是不燃物质，但当受热、被撞击或摩擦时易分解出氧，若接触易燃物、有机物，特别是与木炭粉、硫黄粉、淀粉等混合时，能引起着火和爆炸。

2. 有机过氧化物危险特性

（1）分解爆炸性。有机过氧化物都含有过氧基—O—O—，而过氧基是极不稳定的结构，对热、震动、冲击和摩擦都极为敏感。

（2）易燃性。有机过氧化物不仅极易分解爆炸，而且有的非常易燃，如过氧化叔丁醇的闪点为26.67℃。所以，扑救有机过氧化物火灾时应特别注意爆炸的危险性。

（3）伤害性。有机过氧化物的伤害性是特别容易伤害眼睛，有些即使与眼睛短暂地接触，也会对角膜造成严重的伤害。

六、毒性物质和感染性物质

（1）氰及其化合物类：如氰化钠、氰化钙、氢氰酸等。氰类毒害品本身都不具有燃烧性，但遇高热、酸或水蒸气时都能分解放出剧毒易燃的氰化氢气体。

（2）砷及其化合物类：如砷酸钠、氟化砷、三碘化砷等。砷类毒害品本身不具有燃烧性，但遇明火或高热时，易升华放出极毒的气体。氟化砷遇酸、酸雾、水分也能放出毒气。三碘化砷遇金属钾、钠时还能形成对撞击敏感的爆炸物。

（3）硒及其化合物类：如氧氯化硒、硒酸、硒化镉、硒粉等。这类毒品中的硒粉、硒化镉，遇高热或明火都能燃烧甚至爆炸。遇高热或酸雾、酸放出有毒、易燃、易爆的硒化氢气体。氧氯化硒、硒酸本身不燃，但能水解或潮解，放出大量的有毒气体，具有腐蚀性。氧氯化硒能与磷、锰强烈反应。

（4）磷及其化合物类：如磷化锌、磷化铝等。这类毒品本身不具有燃烧性，但遇酸、酸雾、水及水蒸气都能分解出极毒且易自燃的气体。

七、放射性物质

放射性物品的主要危险特性在于其放射性。放射性强度越大，危险性也就越大。放射性物质放出的射线可分为四种：α 射线、β 射线、γ 射线、X 射线和中子流，各种射线对人体的危害都很大。

八、腐蚀性物质

（1）腐蚀性。腐蚀性物品与其他物质接触时，通常会发生化学变化，使该物质受到破坏，这种性质称为腐蚀性，是腐蚀性物质的共性。

（2）毒害性。许多腐蚀性物质，不但自身具有毒性，有一部分还能挥发出有强烈腐蚀和毒害性气体，如氢氟酸等。

（3）氧化性。有些腐蚀性物质具有很强的氧化性，与还原性物质或有机物接触时会发生强烈的反应。如硝酸、浓硫酸、过氧化氢等。

（4）易燃性。许多有机腐蚀性物质不仅本身可燃，而且能挥发出易燃蒸气。

（5）遇水分解易燃性。此类腐蚀性物质遇水会放出大量的热。

第三节　化学品的分类

化学品种类繁多，性质各异，一种化学品常常具有多重危险性。但是，每一种危险化学品，在其多重危险性中必有一种是主要的，即对人员危害最大或者对环境影响巨大的危险性。因此，对化学品分类，根据不同类别、不同性质的化学品进行差别化管理，具有重要的现实意义。

一、化学品 GHS 分类

GHS 是《全球化学品统一分类和标签制度》英文名 Globally Harmonized System of Classification and Labelling of Chemicals 的简称，是由联合国出版的指导各国控制化学品危害和保护人类健康与环境的规范性文件。

对化学品进行分类是 GHS（全球化学品统一分类和标签制度）的基本要求，也是政府、企业对化学品进行管理的基础。

1. 建立 GHS 目的和作用

目前世界上大约拥有数百万种化学物质，常用的约为 7 万种，且每年大约上千种新化学物质问世。很多化学品对人体健康以及环境造成一定的危害，如某些化学物质具有腐蚀性、致畸性、致癌性等。由于部分从业人员对化学品缺乏安全使用操作意识，在化学品生产、储存、使用、运输、废弃处置中，难免损害自身健康，或给环境带来负面影响。多年来，联合国有关机构以及美国、日本、欧洲各工业发达国家都通过化学品立法对化学品的危险性分类、包装和标签作出明确规定。由于各国对化学品危险性定义的差异，可能造成某种化学品在一国被认为是易燃品，而在另一国被认为是非易燃品，从而导致该化学品在一国作为危险化学品管理，而另一国却不认为是危险化学品。其次，在国际贸易中，遵守各国法规的不同危险性分类和标签要求，既增加贸易成本，又耗费时间。为了健全危险化学品的安全管理，保护人类健康和生态环境，同时为尚未建立化学品分类制度的发展中国家提供安全管理化学品的框架，建立 GHS 可以统一各国化学品统一分类和标签制度，消除各国分类标准、方法学和术语学上存在的差异，建立全球化学品统一分类和标签制度。

2. 化学品 GHS 分类

GHS 危险特性分类包括：

（1）按照物理危害性、健康危害性和环境危害性对化学物质和混合物进行分类的标准。

（2）危险性公示要素，包括包装标签和化学品安全技术说明书。

二、我国化学品 GHS 分类数据库

1. 我国化学品 GHS 分类现状

我国在 2006 年制定了标准 GB 20576—20602，这些标准自 2008 年 1 月 1 日起在生产领域实施，自 2008 年 12 月 31 日起在流通领域实施。2011 年 5 月 1 日起，强制实行 GHS 制度。

2013 年，为全面贯彻执行《信息化和工业化深度融合专项行动计划（2013—2018 年）》重点领域智能化水平提升行动，开展危险化学品危险特性公示，在危险化学品领域全面推行联合国《全球化学品统一分类和标签制度》（GHS），工业和信息化部原材料司建立了国家化学品 GHS 分类数据库系统，提供危险化学品危险特性数据检索服务。

2. 化学品 GHS 分类数据库标识

（1）CAS 号：CAS 是 Chemical Abstract Service 的缩写。CAS 号是美国化学文摘对化学物质登录的检索服务号。该号是检索化学物质有关信息资料最常用的编号。

（2）UN 号：即联合国危险货物编号，是一组 4 位数字，它们可以被用来识别有商业价值的危险物质和货物（例如爆炸物或是有毒物质），由联合国危险物品运送专家委员会制定。这些编号在《关于危险货物运输的建议书》中公布。

（3）中文名：化学危险物品的中文名称。命名基本上是依据中国化工学会 1980 年推荐使用的《有机化学命名原则》和《无机化学命名原则》进行的。

（4）英文名：化学危险物品的英文名称。命名基本上是按国际通用的 IUPAC（International Union of Pure and Applied Chemistry）1950 年推荐使用的命名原则进行的。

（5）GHS 危险特性分类：按照物理危害性、健康危害性和环境危害性对化学物质和混合物进行分类。目前 GHS 共设有 28 个危险性分类，包括 16 个物理危害性分类种类，10 个健康危害性分类种类以及 2 个环境危害性分类种类，见表 2-1。

表 2-1　化学品 GHS 分类数据库危险特性分类

GHS 危险特性分类	子分类
物理危害	爆炸物
	易燃气体（包括化学性质不稳定的气体）
	烟雾剂
	氧化性气体
	高压气体
	易燃液体
	易燃固体
	自反应物质和混合物
	发火液体
	发火固体
	自热物质和混合物
	遇水放出易燃气体的物质和混合物

续表

GHS 危险特性分类	子分类
物理危害	氧化性液体
	氧化性固体
	有机过氧化物
	金属腐蚀剂
健康危害	急毒性
	皮肤腐蚀 / 刺激性
	严重眼损伤 / 眼刺激性
	呼吸或皮肤致敏
	生殖细胞致突变性
	致癌性
	生殖毒性
	特定目标器官毒性—— 一次接触
	特定目标器官毒性——重复接触（反复接触）
	吸入危害性
环境危害	危害水生环境
	危害臭氧层

（6）象形图：共有 9 个危险性图形符号，每个图形符号适用于指定的 1 个或多个危险性类别，见附录 1。

（7）信号词：信号词是指用来表明该化学品危险的相对严重程度并提醒目击者注意潜在危险的词语。GHS 标签要素中使用 2 个信号词，分别为“危险”和“警告”。“危险”用于较为严重的危险性类别，而“警告”用于较轻的危险性类别。

（8）危险说明：危险说明是指分配给某个危险种类和类别的专用术语，用来描述一种危险品的危险性质。目前已经确定的危险说明共有 70 条专用术语。

（9）防范代码：每一防范代码均设定一个专门的字母数字混合代码，由 1 个字母和 3 位数字组成。

（10）防范说明：防范说明是用一条术语（和 / 或防范象形图），用于说明建议采取的措施，以尽可能减少或防止由于接触危险产品，或者不适当的储存或搬运危险产品造成额有害影响，在 GHS 中，共有 5 类防范说明：一般、预防、应急、储存、处置。

3. 化学品 GHS 分类数据库使用方法

化学品 GHS 数据库系统提供三种不同的检索方式：

（1）按化学品基本信息搜索。在此类检索中，您可通过化学品的中文名、英文名、CAS 号［CAS 号是由数字和“—”符组成，格式为 XXX—XX—XX（“X”代表数字）］和 UN 号（UN 号由一组 4 位数字组成）进行检索。

（2）按化学品危险特性搜索。在此类检索中，您可根据化学品的危险特性进行检索，危险特性分物理危害性、健康危害性和环境危害性三类，其中物理危害性包括 16 个子分类种类，健康危害性包括 10 个子分类种类，环境危害性包括 2 个子分类种类。可通过下拉菜单点击选择相应的危险子种类和危险类别来查询满足条件的化学品。

（3）按化学品防范说明搜索。在此类检索中，您可通过关键字对化学品防范说明进行查询，查询满足条件的化学品。

检索结果的显示：每条记录的第一行为序号，第二行为 CAS 号，第三行为 UN 号，第四行为化学品中文名称，第五行为化学品对应的英文名称，第七行为 GHS 分类。化学品 GHS 分类数据库为每种化学品提供欧盟、新西兰、日本三种 GHS 标准数据，点击“HTML”可打开详细页表查看该化学品在此类 GHS 分类中的详细标识信息，点击“Excel”可下载该化学品在此类 GHS 分类中的详细标识信息，详细标识信息包括化学品的 CAS 号、UN 号、产品名称、GHS 分类、象形图、信号词、危险说明、防范代码、防范说明以及备注。

三、按照化学品的分类和标签规范分类

化学品在全世界范围内应用广泛，虽然化学品给人类的生产、生活带来很多益处，但其在制造、储存、运输、销售、使用以及废弃后的处理过程中，由于处置不当，会对人身安全、人体健康和环境产生不利影响。因此许多国家和国际组织制定了相关法律法规和标准，对化学品的分类和标记进行系统的管理。目前我国已制定并发布了国家标准《化学品分类和标签规范》（GB 30000）。

根据 GHS 危险特性分类，将化学品从物理危险、健康危险和环境危险等方面分为 3 大类 29 项，其中物理危险 16 项、健康危险 10 项、环境危险 2 项。具体分类及标签规范可参考以下标准。

1. 物理危险

1.1 爆炸物

爆炸物的分类和标签规范见 GB 30000.2—2013。

1.2 易燃气体（包括化学性质不稳定的气体）

易燃气体的分类和标签规范见 GB 30000.3—2013。

1.3 气溶胶

气溶胶的分类和标签规范见 GB 30000.4—2013。

1.4 氧化性气体

氧化性气体的分类和标签规范见 GB 30000.5—2013。

1.5 加压气体

加压气体的分类和标签规范见 GB 30000.6—2013。

1.6 易燃液体

易燃液体的分类和标签规范见 GB 30000.7—2013。

1.7 易燃固体

易燃固体的分类和标签规范见 GB 30000.8—2013。

1.8 自反应物质和混合物

自反应物质和混合物的分类和标签规范见 GB 30000.9—2013。

1.9 自燃液体

自燃液体的分类和标签规范见 GB 30000.10—2013。

1.10 自燃固体

自燃固体的分类和标签规范见 GB 30000.11—2013。

1.11 自热物质和混合物

自热物质的分类和标签规范见 GB 30000.12—2013。

1.12 遇水放出易燃气体的物质和混合物

遇水放出易燃气体的物质和混合物的分类和标签规范见 GB 30000.13—2013。

1.13 氧化性液体

氧化性液体的分类和标签规范见 GB 30000.14—2013。

1.14 氧化性固体

氧化性固体的分类和标签规范见 GB 30000.15—2013。

1.15 有机过氧化物

有机过氧化物的分类和标签规范见 GB 30000.16—2013。

1.16 金属腐蚀物

金属腐蚀物的分类和标签规范见 GB 30000.17—2013。

2. 健康危害

2.1 急毒性

急毒性的分类和标签规范见 GB 30000.18—2013。

2.2 皮肤腐蚀 / 刺激

皮肤腐蚀 / 刺激的分类和标签规范见 GB 30000.19—2013。

2.3 严重眼损伤 / 眼刺激

严重眼损伤 / 眼刺激的分类和标签规范见 GB 30000.20—2013。

2.4 呼吸或皮肤过敏

呼吸或皮肤过敏的分类和标签规范见 GB 30000.21—2013。

2.5 生殖细胞致突变性

生殖细胞致突变性的分类和标签规范见 GB 30000.22—2013。

2.6 致癌性

致癌性的分类和标签规范见 GB 30000.23—2013。

2.7 生殖毒性

生殖毒性的分类和标签规范见 GB 30000.24—2013。

2.8 特定目标器官毒性—— 一次接触

特定目标器官毒性—— 一次接触的分类和标签规范见 GB 30000.25—2013。

2.9 特定目标器官毒性——反复接触

特定目标器官毒性——反复接触的分类和标签规范见 GB 30000.26—2013。

2.10 吸入危害

吸入危害的分类和标签规范见 GB 30000.27—2013。

3. 环境危害

3.1 对水生环境的危害

对水生环境的危害的分类和标签规范见 GB 30000.28—2013。

3.2 对臭氧层的危害

对臭氧层的危害的分类和标签规范见 GB 30000.29—2013。

四、根据运输的危险性对危险货物分类

《危险货物分类和品名编号》（GB 69—2012）根据运输的危险性将危险货物分为 9 类，并规定了危险货物的品名和编号。按危险货物具有的危险性或最主要的危险性分为 9 个类别。分别是：

第 1 类爆炸品，如高氯酸、硝基苯等。

第 2 类气体，如氧气、氨气、氮气等。

第 3 类易燃液体，如丙酮、甲醇等。

第 4 类易燃固体、易于自燃的物质、遇水放出易燃气体的物质，如硫黄、黄磷、氢化钾、金属钠等。

第 5 类氧化性物质和有机过氧化物，如氯酸铵、高锰酸钾、过氧化苯甲酰等。

第 6 类毒性物质和感染性物质，如氰化物、砷化物等。

第 7 类放射性物质，指放射性比活度大于 7.4×10^4Bq/kg 的物品。

第 8 类腐蚀性物质，如硫酸、盐酸、氢氧化钠。

第 9 类杂项危险物质和物品，包括危害环境的物质。

第四节　化学品安全标签和安全技术说明书

安全标签和安全技术说明书是危险化学品安全管理的重要资料，通常简称“一书一签”，作为发电企业危险化学品从业人员，应掌握“一书一签”的含义和内容，以及“一书一签”的管理要求。

一、危险化学品安全标签

（一）危险化学品安全标签含义

危险化学品安全标签是指危险化学品在市场上流通时由生产销售单位提供的附在化学品包装上的标签，是向使用人员传递安全信息的一种载体，它用简单、易于理解的文字和图形表述有关危险化学品的危险特性及其安全处置的注意事项，警示使用人员进行安全操作和处置。

《化学品安全标签编写规定》（GB 15258）规定化学品安全标签应包括化学品标识、象形图、信号词、危险性说明、防范说明、供应商标识、应急咨询电话、资料参阅提示语、危险信息先后顺序等内容。

（二）安全标签的样式及基本内容

《化学品安全标签编写规定》（GB 15258）规定化学品安全标签的内容、格式和制作等事项，具体内容包括：

（1）化学品标识。

（2）象形图。

（3）信号词。

（4）危险性说明。

（5）防范说明。

（6）供应商标识。

（7）应急咨询电话。

（8）资料参阅提示语。

化学品安全标签的样例，见附录 2。

（三）制作

1. 编写

标签正文应使用简洁、明了、易于理解、规范的汉字表述，也可以同时使用少数民族文字或外文，但意义必须与汉字相对应，字形应小于汉字。相同的含义应用相同的文字或图形表示。当某种化学品有新的信息发现时，标签应及时修订。

2. 颜色

一般使用黑色图形符号加白色背景，方块边框为红色。正文应使用与底色反差明显的颜色，一般采用黑白色。若在国内使用，方块边框可以为黑色。

3. 标签尺寸

对不同容量的容器或包装，标签最小尺寸见表 2–2。

表 2–2　　标签最小尺寸

容器或包装容积 V（L）	标签尺寸（mm × mm）
$V \leqslant 0.1$	使用简化标签
$0.1<V \leqslant 3$	50 × 75
$3<V \leqslant 50$	75 × 100
$50<V \leqslant 500$	100 × 150
$500<V \leqslant 1000$	150 × 200
$V>1000$	200 × 300

4. 印刷

（1）标签的边缘要加一个黑色边框，边框外应留大于或等于 3mm 的空白，边框宽度大于或等于 1mm。

（2）象形图必须从较远的距离，以及在烟雾条件下或容器部分模糊不清的条件下也能看到。

（3）标签的印刷应清晰，所使用的印刷材料和胶粘材料应具有耐用性和防水性。

（四）标签的使用

1. 使用方法

（1）安全标签应粘贴、挂栓或喷印在化学品包装或容器的明显位置。

（2）当与运输标志组合使用时，运输标志可以放在安全标签的另一版，将之与其他信息分开，也可放在包装上靠近安全标签的位置，后一种情况下，若安全标签中的象形图与运输标志重复，安全标签中的象形图应删掉。

（3）对组合容器，要求内包装加贴（挂）安全标签，外包装上加贴运输象形图，如果不需要运输标志可以加贴安全标签。

2. 标签的位置

安全标签的粘贴、喷印位置规定如下：

（1）桶、瓶形包装：位于桶、瓶侧身。

（2）箱状包装：位于包装端面或侧面明显处。

（3）袋、捆包装：位于包装明显处。

3. 使用注意事项

（1）安全标签的粘贴、挂栓或喷印应牢固，保证在运输、储存期间不脱落，不损坏。

（2）安全标签应由生产企业在货物出厂前粘贴、挂栓或喷印。若要改换包装，则由包装单位重新粘贴、挂栓或喷印标签。

（3）盛装危险化学品的容器或包装，在经过处理并确认其危险性完全消除后，方可撕下安全标签。

（五）标签有关方的责任

1. 生产企业的责任

生产企业必须确保本企业生产的危险化学品在出厂时加贴符合国家标准的安全标签到所有危险化学品的包装上，下列几种情况可以例外：

（1）化学品出口，可按进口国有关标签要求执行。

（2）大批量散运，在这种情况下，装有危险化学品的容器至少应以适当的语言或图案标明其成分的危害，并将化学品安全技术说明书和有关说明同货物一起送交用户。

（3）多层包装运输，原则要求内外包装都应加标签，但如外包装上已加贴安全标签，内包装是外包装的衬里，内包装上可免加标签；外包装为透明物，内包装的安全标签可清楚地透过外包装，外包装可免加标签。

在获得新的有关安全和健康的资料后，应及时修正标签。

企业应确保所有危险化学品从业人员都进行过专门的培训教育，能正确辨识标签的内容，并能按标签的内容对化品进行安全使用和处置。

2. 使用单位的责任

（1）使用单位使用的危险化学品应有安全标签，并应对包装上的安全标签进行核对。若安全标签脱落或损坏时，经检查确认后应立即补贴。

（2）使用单位对所购进的化学品进行转移或分装到其他容器内时，转移或分装后的容器应贴安全标签。

（3）使用危险化学品的作业场所应挂有作业场所安全标签。

（4）确保所有工人都进行过专门的培训教育，能正确辨识标签的内容，并能按标签的内容对化学品进行安全使用和处置。

3. 经销、运输单位的责任

（1）经销单位经销的危险化学品必须具有安全标签。

（2）进口的危险化学品必须具有符合我国标签标准的中文安全标签。

（3）运输单位对无安全标签的危险化学品一律不能承运。

二、化学品安全技术说明书

化学品安全技术说明书简称 CSDS，是一份关于化学品燃、爆、毒性和生态危害以及安全使用、泄漏应急处置、主要理化参数、法律法规等方面信息的综合性文件。按照相关法律法规的要求，生产企业应随化学商品向用户提供化学品安全技术说明书，使用户了解化学品的有关危害，以便用户使用时能清楚应做好什么防护并主动进行防护，起到减少职业危害和预防事故的作用。

1. 安全技术说明书的主要目的

安全技术说明书作为最基础的技术文件，主要用途是传递安全信息。其作用主要体现在：

（1）是作业人员安全使用化学品的指导性文件。

（2）为化学品生产、处置、储存和使用各环节制定安全操作规程提供技术信息。

（3）为危害控制和预防措施设计提供技术依据。

（4）是企业安全教育的主要内容。

2. 安全技术说明书编制的责任

生产企业对安全技术说明书的编写和供给负有最基本的责任。生产企业必须按照国家法规填写符合规定要求的安全技术说明书、全面翔实地向用户提供有关化学品的本企业产品的安全技术说明书、安全卫生信息，并确保接触化学品的作业人员能方便地查阅，还应负责更新本企业产品的安全技术说明书。

使用单位作为化学品使用的用户，应向供应商索取全套的最新的化学品的安全技术说明书，并评审从供应商处索取的安全技术说明书，针对本企业的应用情况和掌握的信息，补充新的内容，确保接触化学品的作业人员能方便地查阅。

经营、销售企业所经销的化学品必须附带安全技术说明。经营进口化学品的企业，应负责向供应商、进口商索取最新的中文安全技术说明书，随商品提供给运输部门。

运输部门对无安全技术说明书的化学品一律不予承运。

3. 化学品安全技术说明书的内容

化学品安全技术说明书包括以下 16 部分内容：

（1）化学品及企业标识。主要标明化学品名称、生产企业名称、地址、邮编、电话、应急电话、传真等信息。

（2）成分 / 组成信息。标明该化学品是纯化学品还是混合物。纯化学品，应给出其化学品名称或商品名和通用名。混合物，应给出危害性组分的浓度或浓度范围。

无论是纯化学品还是混合物，如果其中包含有害性成分，则应给出化学文摘索引登记号（CAS）。

（3）危险性概述。简要概述本化学品最重要的危害和效应，主要包括：危险类别、侵入途径、健康危害、环境危害、燃爆危险等信息。

（4）急救措施。指作业人员意外受到伤害时，所需采取的现场自救或互救的简要的处理方法，包括：眼睛接触、皮肤接触、吸入、食入的急救措施。

（5）消防措施。主要表示化学品的物理和化学特殊危险性，合适灭火介质、不合适的灭火介质以及消防人员个体防护等方面的信息，包括：危险特性、灭火介质和方法、灭火注意事项等。

（6）泄漏应急处理。指化学品泄漏后现场可采用的简单有效的应急措施、注意事项和消除方法，包括：应急行动、应急人员防护、环保措施、消除方法等内容。

（7）操作处置与储存。主要是指化学品操作处置和安全储存方面的信息资料，包括：操作处置作业中的安全注意事项、安全储存条件和注意事项。

（8）接触控制、个体防护。在生产、操作处置、搬运和使用化学品的作业过程中，为保护作业人员免受化学品危害而采取的防护方法和手段。包括：最高容许浓度、工程控制、呼吸系统防护、眼睛防护、身体防护、手防护、其他防护要求。

（9）理化特性。主要描述化学品的外观及理化性质等方面的信息，包括：外观与性状、pH 值、沸点、熔点、相对密度（水 =1）、相对蒸气密度（空气 =1）、饱和蒸气压、燃烧热、临界温度、临界压力、辛醇、水分配系数、闪点、引燃温度、爆炸极限、溶解性、主要用途和其他一些特殊理化性质。

（10）稳定性和反应性。主要叙述化学品的稳定性和反应活性方面的信息，包括：稳定性、禁配物、应避免接触的条件、聚合危害、分解产物。

（11）毒理学资料。提供化学品的毒理学信息，包括：不同接触方式的急性毒性、刺激性、致敏性、亚急性和慢性毒性、致突变性、致畸性、致癌性等。

（12）生态学资料。主要陈述化学品的环境生态效应、行为和转归，包括：生产效应、生物降解性、生物富集、环境迁移及其他有害的环境影响等。

（13）废弃处置。是指对被化学品污染的包装和无使用价值的化学品的安全处理方法，包括废弃处置方法和注意事项。

（14）运输信息。主要是指国内、国际化学品包装、运输的要求及运输的分类和编号，包括：危险货物编号、包装标志、包装方法、UN 编号及运输注意事项等。

（15）法规信息。主要是化学品管理方面的法律条款和标准。

（16）其他信息。主要提供其他安全有重要意义的信息，包括：参考文献、填表时间、填表部门、数据审核单位等。

4. 编写和使用要求

（1）编写要求。

1）安全技术说明书规定的 16 大项内容在编写时不能随意删除或合并，其顺序不可随意变更。

2）安全技术说明书的正文应采用简捷、明了、通俗易懂的规范汉字表述。数字资料要准确可靠，系统全面。

3）安全技术说明书的内容，从该化学品的制作之日算起，每5年更新1次，若发现新的危害性，在有关信息发布后的半年内，生产企业必须对安全技术说明书的内容进行修订。

4）安全技术说明书采用“一个品种一卡”的方式编写，同类物、同系物的技术说明书不能互相替代；混合物要填写有害性组分及其含量范围。所填数据应是可靠和有依据的。一种化学品具有一种以上的危害性时，要综合表述其主、次危害性以及急救、防护措施。

（2）使用要求。安全技术说明书由化学品的生产供应企业编印，在交付商品时提供给用户，作为为用户的一种服务随商品在市场上流通。化学品的用户在接收使用化学品时，要认真阅读技术说明书，了解和掌握化学品的危险性，并根据使用的情形制定安全操作规程，选用合适的防护器具，培训作业人员。

5. 化学品安全技术说明书通用格式

化学品安全技术说明书

第一部分　化学品及企业标识

化学品中文名称：

化学品俗名或商品名：

化学品英文名称：

企业名称：

地址：

邮编：

电子邮件地址：

传真号码：（国家或地区代码）（区号）（电话号码）

企业应急电话：（国家或地区代码）（区号）（电话号码）

技术说明书编码：

生效日期：　　年　　月　　日

国家应急电话：

第二部分　成分/组成信息

纯品　混合物

化学品名称：

有害物成分浓度 CASNo.

第三部分　危险性概述

危险性类别：

侵入途径：

健康危害：

环境危害：

燃爆危险：

第四部分　急救措施

皮肤接触：

眼睛接触：
吸入：
食入：
第五部分　消防措施
危险特性：
有害燃烧产物：
灭火方法及灭火剂：
灭火注意事项：
第六部分　泄漏应急处理
应急处理：
消除方法：
第七部分　操作处置与储存
操作注意事项：
储存注意事项：
第八部分　接触控制、个体防护
最高容许浓度：
监测方法：
工程控制：
呼吸系统防护：
眼睛防护：
身体防护：
手防护：
其他防护：
第九部分　理化特性
外观与性状：
pH 值：
熔点（℃）：　　相对密度（水 =1）：
沸点（℃）：　　相对蒸气密度（空气 =1）：
饱和蒸气压（kPa）：　　燃烧热（kJ/mol）：
临界温度（℃）：　　临界压力（MPa）：
辛醇 / 水分配系数的对数值：
闪点（℃）：　　爆炸上限（%，V/V）：
引燃温度（℃）：　　爆炸下限（%，V/V）：
溶解性：
主要用途：
其他理化性质：
第十部分　稳定性和反应活性
稳定性：

禁配物：
避免接触的条件：
聚合危害：
分解产物：

第十一部分　毒理学资料

急性毒性：
亚急性和慢性毒性：
刺激性：
致敏性：
致突变性：
致畸性：
致癌性：
其他：

第十二部分　生态学资料

生态毒性：
生物降解性：
作生物降解性：
生物富集或生物积累性：
其他有害作用：

第十三部分　废弃处置

废弃物性质：危险废物　工业固体废物
废弃处置方法：
废弃注意事项：

第十四部分　运输信息

危险货物编号：
UN 编号：
包装标志：
包装类别：
包装方法：
运输注意事项：

第十五部分　法规信息

法规信息：

第十六部分　其他信息

参考文献：
填表时间：
填表部门：
数据审核单位：
修改说明：
其他信息：

第五节　危险化学品的标志

一、危险化学品标志的种类及图形

一般地，根据常用危险化学品的危险特性和类别，危险化学品的标志包括：主标志 16 种和副标志 11 种。主标志由表示危险特性的图案、文字说明、底色和危险品类别号四个部分组成的菱形标志。副标志图形中没有危险品类别号。

二、危险化学品标志的使用

1. 标志的使用原则

当一种危险化学品具有一种以上的危险性时，应用主标志表示主要危险性类别，并用副标志表示重要的其他的危险性类别。

2. 标志的使用方法

标志的使用方法按有关规定执行。常用危险化学品标志，见附录 3。

三、危险化学品安全标志管理

发电企业在危险化学品的采购、储存、发放、使用过程中，应对危险化学品安全标志进行有效管理，确保危险化学品从业人员能够正确识别和区分危险化学品相关信息。一般地，危险化学品安全标志的管理包括：

（1）采购危险化学品时，要求供应商将安全标签粘贴或拴挂于危险化学品外包装的明显位置。

（2）根据国家标准《常用危险化学品的分类及标志》（GB 13690）和有关的工艺技术资料对岗位或储存区的危险化学品进行分类，安全标志由指定部门统一采购。

（3）当一种危险化学品具有两种或两种以上的危险性时，其安全标志则按主标志进行标识，危险化学品包装物上只能有一个安全标志。

（4）所有桶装（已粘贴有安全标签的除外）、可移动罐装危险化学品在出库时，均应粘贴有安全标志。

（5）所有桶装、可移动罐装危险化学品的安全标志按要求进行标识。

（6）危险化学品的安全标志和物料标签的粘贴位置可实行统一化管理，桶装的则粘贴于桶侧面并距桶上沿约 2cm 处，其他包装的则粘贴或拴挂在明显处且要整洁统一，危险化学品安全标志紧挨物料标签右侧进行粘贴。

（7）危险化学品安全标志不能重复、重叠粘贴。

（8）物料标签应填写清晰、准确、齐全，一个危险化学品包装物只能有一个有效的物料标签，不允许重复、重叠粘贴。

（9）盛装危险化学品的容器或包装物不允许用油漆乱涂乱写，特殊情况时，可以以喷唛头样式进行标识。当盛装其他危险化学品时此油漆唛头标识应彻底清除。

（10）盛装危险化学品的容器或包装在经过处理并确认其危险性完全消除之后，方可撕下物料标签和安全标志，并应清除彻底，否则不能撕下相应的标识。

第六节　危险化学品的包装

危险化学品在运输及使用过程中，如果没有合适的包装，很容易出现安全问题，造成重大财产损失和人员伤亡。每年危险化学品因包装破损而导致的火灾、爆炸、腐蚀等事故的直接损失就高达数百万元。在实际工作中，往往还会出现使用的包装标记与报检资料中不一致、使用已过期的包装性能检验结果单等安全隐患。发电企业危险化学品从业人员应熟悉危险化学品包装的基本知识，能够识别危险化学品包装标志并理解其涵义。

一、危险化学品包装的分级

一般地，按照包装的结构强度、防护性能及内装物的危险程度，包装分为三个等级：

（1）Ⅰ级包装，适用于内装危险性较大的化学品，包装强度要求高。

（2）Ⅱ级包装，适用于内装危险性中等的化学品，包装强度要求较高。

（3）Ⅲ级包装，适用于内装危险性较小的化学品，包装强度要求一般。

《危险货物运输包装通用技术条件》（GB 12463）规定了危险化学品包装的四种试验方法，即堆码试验、跌落试验、气密试验、液压试验。

二、危险化学品包装的基本要求

（1）危险化学品的包装应结构合理，具有一定强度，防护性能好。包装的材质、型式、规格、方法和单件质量（重量），应与所装危险化学品的性质和用途相适应，并便于装卸、运输和储存。

（2）包装质量良好，其构造和封闭形式应能承受正常储存、运输条件下的各种作业风险，不应因温度、湿度或压力的变化而发生任何渗（撒）漏；包装表面清洁，不应黏附有害的危险物质。

（3）包装与内装物直接接触部分，必要时应有内涂层或进行防护处理，包装材质不得与内装物发生化学反应而形成危险产物或导致削弱包装强度。

（4）内容器应予固定。如属易碎性的应使用与内装物性质相适应的衬垫材料或吸附材料衬垫妥实。

（5）盛装液体的容器，应能经受在正常储存、运输条件下产生的内部压力。灌装时必须留有足够的膨胀余量（预留容积），一般应保证其在55℃时内装液体不致完全布满容器。

（6）包装封口应根据内装物性质采用严密封口、液密封口或气密封口。

（7）盛装需浸湿或加有稳定剂的物质时，其容器封闭形式应能有效地保证内装液体（水、溶剂和稳定剂）的百分比，在储运期间保持在规定的范围以内。

（8）有降压装置的包装，其排气孔设计和安装应能防止内装物泄漏和外界杂质进入，排出的气体量不得造成危险和污染环境。

（9）复合包装的内容器和外包装应紧密贴合，外包装不得有擦伤内容器的凸出物。

（10）所有包装（包括新型包装、重复使用的包装和修理过的包装）均应符合有关危险化学品包装性能试验的要求。

（11）包装所采用的防护材料及防护方式，应与内装物性能相容且符合运输包装件总体性能的需要，能经受运输途中的冲击与振动，保护内装物与外包装，当内容器破坏、内装物流出时也能保证外包装安全无损。

（12）危险化学品的包装内应附有与危险化学品完全一致的化学品安全技术说明书，并在包装（包括外包装件）上加贴或者拴挂与包装内危险化学品完全一致的化学品安全标签。

（13）盛装爆炸品的包装，除符合上述要求外，还应满足下列的附加要求：

1）盛装液体爆炸品容器的封闭形式，应具有防止渗漏的双重保护。

2）除内包装能充分防止爆炸品与金属物接触外，铁钉和其他没有防护涂料的金属部件不得穿透外包装。

3）双重卷边接合的钢桶、金属桶或以金属做衬里的包装箱，应能防止爆炸物进入隙缝。钢桶或铝桶的封闭装置必须有合适的垫圈。

4）包装内的爆炸物质和物品（包括内容器）必须衬垫妥实，在运输中不得发生危险性移动。

5）盛装有对外部电磁辐射敏感的电引发装置的爆炸物品，包装应具备防止所装物品受外部电磁辐射源影响的功能。

三、危险化学品包装容器及其安全要求

不同的包装容器，除应满足包装的通用技术要求外，还要根据其自身的特点，满足各自的安全要求。

常用的包装容器材料有钢、铝、木材、各种纤维板、塑料、编织材料、多层纸、金属（钢、铝除外）、玻璃、陶瓷以及柳条、竹篾等，其中作为危险化学品包装容器的材质，钢、铝、塑料、玻璃、陶瓷等用得较多。

容器的外形也多为桶、箱、罐、瓶、坛等外形。在选取危险化学品容器的材质和外形时，应充分考虑所包装的危险化学品的特性，例如腐蚀性、反应活性、毒性、氧化性和包装物要求的包装条件，例如压力、温湿度、光线等，同时要求选取的包装材质和所形成的容器要有足够的强度，在搬运、堆叠、振动、碰撞中不能出现破坏而造成包装物的外泄。

四、危险货物包装标志

1. 包装标志图示

不同化学品的危险性、危险程度不同，为了使接触者对危险性一目了然，《危险货物包装标志》（GB 190）规定了危险货物图示标志的类别、名称、尺寸和颜色，共有危险品标志图形21种、19个名称，见附录4。

2. 标志的使用方法

（1）标志的标打，可采用粘贴、钉附及喷涂等方法。

（2）标志的位置一般如下：

1）箱状包装：位于包装端面或侧面的明显处。

2）袋、捆包装：位于包装明显处。

3）桶形包装：位于桶身或桶盖。

4）集装箱、成组货物：粘贴四个侧面。

（3）每种危险品包装件应按其类别贴相应的标志。但如果某种物质或物品还有属于其他类别的危险性质，包装上除了粘贴该类标志作为主标志以外，还应粘贴表明其他危险性的标志作为副标志，副标志图形的下角不应标有危险货物的类项号。

（4）储运的各种危险货物性质的区分及其应标打的标志，应按 GB 6944、GB 12268 及有关国家运输主管部门规定的危险货物安全运输管理的具体办法执行，出口货物的标志应按我国执行的有关国际公约（规则）办理。

（5）标志应清晰，并保证在货物储运期内不脱落。

（6）标志应由生产单位在货物出厂前标打，出厂后如改换包装，其标志由改换包装单位标打。

五、包装储运图示标志

1. 包装储运图示标志及其含义

为了保证化学品运输中的安全，《包装储运图示标志》（GB/T 191）规定了运输包装件上提醒储运人员注意的一些图示符号，如防雨、防晒、易碎等，供使用人员在使用、装卸时，针对不同情况进行相应的操作。

包装储运图示标志由图形符号、名称及外框线组成，共 17 种。标志名称、图形符号、标志图示、标志含义等见表 2–3。

表 2–3　　标志名称及含义

序号	标志名称	图示标志	标志含义
1	易碎物品		表明运输包装件内装易碎物品，搬运时应小心轻放
2	禁止手钩		表明搬运运输包装件时禁用手钩

续表

序号	标志名称	图示标志	标志含义
3	向上	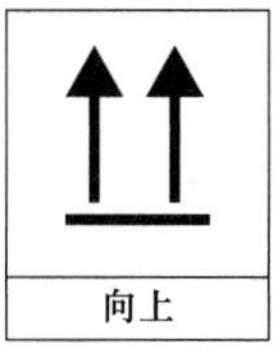	表明运输包装件的正确位置是竖直向上
4	怕晒		表明该运输包装件不能直接照晒
5	怕辐射		表明该物品一旦受辐射会变质或损坏
6	怕雨		表明该运输包装件怕雨淋
7	重心		表明该包装件的重心位置，便于起吊
8	禁止翻滚		表明搬运时不能翻滚该运输包装件
9	此面禁用手推车		表明搬运货物时此面禁止放在手推车上
10	禁用叉车		表明不能用升降叉车搬运的包装件

续表

序号	标志名称	图示标志	标志含义
11	由此夹起		表明搬运货物时可用夹持的面
12	此处不能卡夹		表明搬运货物时不能用夹持的面
13	堆码质量极限		表明该运输包装件所能承受的最大质量极限
14	堆码层数极限		表明可堆码相同运输包装件的最大层数
15	禁止堆码		表明该包装件只能单层放置
16	由此吊起	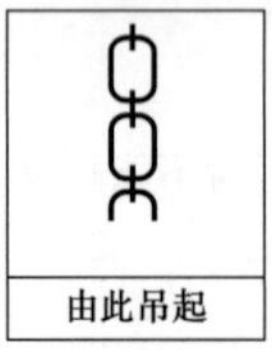	表明起吊货物时挂绳索的位置
17	温度极限	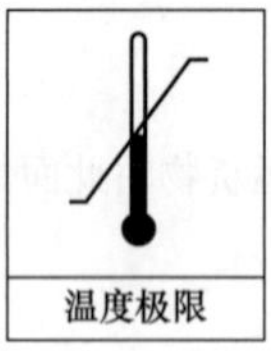	表明该运输包装件应该保持的温度范围

2. 标志尺寸和颜色

（1）标志尺寸。标志外框为长方形，其中图形符号外框为正方形，尺寸一般分为 4 种，见表 2–4。如果包装尺寸过大或过小，可等比例放大或缩小。

表 2–4 图形符号及标志外框尺寸 （mm）

序号	图形符号外框尺寸	标志外框尺寸
1	50 × 50	50 × 70
2	100 × 100	100 × 140
3	150 × 150	150 × 210
4	200 × 200	200 × 280

（2）标志的颜色。标志颜色一般为黑色。如果包装的颜色使得标志显得不清晰，则应在印刷面上用适当的对比色，黑色标志最好以白色作为标志的底色。必要时，标志也可使用其他颜色，除非另有规定，一般应避免采用红色、橙色或黄色，以避免同危险品标志相混淆。

3. 标志的应用方法

（1）标志的打印。可采用直接印刷、粘贴、拴挂、钉附及喷涂等方法。印刷标志时，外框线及标志名称都要印上，出口货物可省略中文标志名称和外框线；喷涂时，外框线及标志名称可以省略。

（2）标志的数目和位置。一个包装件上使用相同标志的数目，应根据包装件的尺寸和形状确定。标志应标注在显著位置上，下列标志的使用应按如下规定：

1）标志 1“易碎物品”应标在包装件所有的端面和侧面的左上角处。

2）标志 3“向上”应标在与标志 1 相同的位置。当标志 1 和标志 3 同时使用时，标志 3 应更接近包装箱角。

3）标志 7“重心”应尽可能标在包装件所有 6 个面的重心位置上，否则至少也应标在包装件 2 个侧面和 2 个端面上。

4）标志 11“由此夹起”只能用于可夹持的包装件上，标志位置应为可夹持位置的两个相对面上，以确保作业时标志在作业人员的视线范围内。

5）标志 16“由此吊起”至少应标注在包装件的两个相对面上。

六、危险化学品包装物的危险有害因素识别

发电企业危险化学品从业人员应具备一定的识别危险化学品包装物危险有害因素的能力，特别是在采购验收、出入库、临时性包装储存等环节，对危险化学品包装物危险有害因素进行识别，能够帮助发电企业危险化学品从业人员进一步降低危险化学品的使用风险。一般地，危险化学品包装物危险有害因素有以下几方面：

（1）包装的结构是否合理，是否有一定的强度，防护性能是否好。包装的材质、型式、规格、方法和单件质量（重量），是否与所装危险货物的性质和用途相适应，以便于装卸、运输和储存。

（2）包装的构造和封闭形式是否能承受正常运输条件下的各种作业风险，不应因温度、湿度或压力的变化而发生任何渗（撒）漏，包装表面不允许黏附有害的危险物质。

（3）包装与内装物直接接触部分，是否有内涂层或进行防护处理，包装材质是否与内装物发生化学反应而形成危险产物或导致削弱包装强度；内容器是否固定。

（4）盛装液体的容器是否能经受在正常运输条件下产生的内部压力。灌装时是否留有足够的膨胀余量（预留容积），除另有规定外，能否保证在温度 55℃时，内装液体不致完全充满容器。

（5）包装封口是否根据内装物性质采用严密封口、液密封口或气密封口。

（6）盛装需浸湿或加有稳定剂的物质时，其容器封闭形式是否能有效地保证内装液体（水、溶剂和稳定剂）的百分比，在储运期间保持在规定的范围以内。

（7）有降压装置的包装，其排气孔设计和安装是否能防止内装物泄漏和外界杂质进入，排出的气体量不得造成危险和污染环境。

（8）复合包装的内容器和外包装是否紧密贴合，外包装是否有擦伤内容器的凸出物。

（9）盛装爆炸品包装的附加危险、有害因素识别：

1）盛装液体爆炸品容器的封闭形式，是否具有防止渗漏的双重保护。

2）除内包装能充分防止爆炸品与金属物接触外，铁钉和其他没有防护涂料的金属部件是否能穿透外包装。

3）双重卷边接合的钢桶、金属桶或以金属做衬里的包装箱是否能防止爆炸物进入隙缝。钢桶或铝桶的封闭装置是否有合适的垫圈。

4）包装内的爆炸物质和物品（包括内容器），必须衬垫妥实，在运输中不得发生危险性移动。

5）盛装有对外部电磁辐射敏感的电引发装置的爆炸物品，包装应具备防止所装物品受外部电磁辐射源影响的功能。

第三章　发电企业危险化学品安全管理要点

生产、储存、使用、经营、运输危险化学品的单位统称危险化学品单位。涉及危险化学品的发电企业是一般定义上的危险化学品使用单位，有的发电企业储存的危险化学品还构成危险化学品重大危险源。

本章共分为六节，以《危险化学品安全管理条例》(以下称《条例》) 为基础，结合相关法律法规，简要介绍发电企业所涉及的危险化学品主要环节管理要点，从总体上阐述发电企业危险化学品安全管理的重点内容，详细内容请见具体法律法规或后续相关章节。

第一节　责任制和人员管理

《条例》第四条规定，危险化学品安全管理，要强化和落实企业的主体责任。危险化学品单位的主要负责人对本单位的危险化学品安全管理工作全面负责。危险化学品单位应当具备法律、行政法规规定和国家标准、行业标准要求的安全条件，建立健全安全管理规章制度和岗位安全责任制度，对从业人员进行安全教育、法制教育和岗位技术培训。从业人员应当接受教育和培训，考核合格后上岗作业；对有资格要求的岗位，应当配备依法取得相应资格的人员。

《条例》第五条规定，任何单位和个人不得生产、经营、使用国家禁止生产、经营、使用的危险化学品。国家对危险化学品的使用有限制性规定的，任何单位和个人不得违反限制性规定使用危险化学品。

危险化学品安全管理是发电企业安全管理的一个重要组成部分，有关管理制度除非特别需要，危险化学品安全管理的内容可根据实际情况在通用的管理文件中体现或合并。

危险化学品使用单位违反危险化学品相关法律法规，将被依法追究相应的法律责任。《中华人民共和国安全生产法》和《危险化学品安全管理条例》等明确了有关法律责任内容。

一、落实危险化学品安全管理责任

根据《条例》和《中华人民共和国安全生产法》(以下称《安全生产法》) 以及安全生产“管行业必须管安全、管业务必须管安全、管生产经营必须管安全”要求，发电企业应落实以下责任：

(1) 危险化学品单位的主要负责人对本单位的危险化学品安全管理工作全面负责，是危险化学品安全管理第一责任人。

(2) 单位 (企业) 副职对分管业务领域的危险化学品安全管理负责。

(3) 危险化学品采购、储存、使用、运输和废弃处置等各环节管理部门对分管业务范围内的危险化学品安全负责。

（4）每个管理部门内部要将安全管理责任落实到岗位，制定责任制。

二、规程制度

涉及危险化学品的发电企业至少应建立以下安全管理制度：

（1）危险化学品安全管理规定。

（2）岗位安全责任制。

（3）危险化学品购买、储存、运输、发放、使用和废弃的管理制度。

（4）爆炸性化学品、剧毒化学品、易制毒化学品和易制爆危险化学品的特殊管理制度。

（5）危险化学品安全使用的教育和培训制度。

（6）危险化学品事故隐患排查治理和应急管理制度。

（7）个体防护装备、消防器材的配备和使用制度。

（8）危险化学品重大危险源管理制度。

（9）其他必要的安全管理制度。

除以上制度，还应编制危险化学品工艺、设备安全操作规程。

依据《燃煤发电厂液氨罐区安全管理规定》，氨区安全管理制度至少包括：运行规程、检修规程、操作票制度、工作票制度、动火制度、巡回检查制度、出入管理制度、车辆管理制度、防护用品定期检查制度等。

三、人员资格与培训

《安全生产法》《生产经营单位安全培训规定》（原安监总局 3 号令）、《安全生产培训管理办法》（原安监总局 44 号令）、《国家能源局关于加强电力安全培训工作的通知》（国能安全〔2017〕96 号）、《电力安全培训监督管理办法》（国能安全〔2013〕475 号）等，对人员资格与培训工作有明确要求。

发电企业危险化学品从业人员应具备相应的危险化学品安全使用知识和危险化学品事故应急处置能力，熟悉危险化学品安全管理制度和应急预案，掌握危险化学品特性和安全操作规程。

危险化学品从业人员上岗前，必须接受有关法律、法规、规章和安全知识、专业技术、职业卫生防护和应急救援知识的培训，考核合格后方可上岗。属于特种作业或特种设备作业的，作业人员应经培训考核，取得《特种作业操作证》或《特种设备作业人员证》等满足国家有关要求的合格证或上岗证，方可从事相应的作业或管理工作。涉及危险化学品的外来实习和短期工作人员应事先接受危险化学品相关安全知识培训，外来实习人员不得单独从事作业或管理工作。

《全国安全生产专项整治三年行动计划》要求，自 2020 年 5 月起，对涉及“两重点一重大”生产装置和储存设施的企业，新入职的主要负责人和主管生产、设备、技术、安全的负责人及安全生产管理人员必须具备化学、化工、安全等相关专业大专及以上学历或化工类中级及以上职称。

第二节　采购、运输管理

一、采购管理

《条例》对危险化学品生产、经营，以及对购买剧毒、易制毒、易制爆等化学品进行了规定，发电企业应从符合《条例》等规定的供应商处购买危险化学品，按《条例》要求购买、处置剧毒化学品、易制爆危险化学品。

（1）危险化学品的供应商应当具备危险化学品生产或销售资质，其提供的产品符合国家有关技术标准和规范。发电企业对生产企业资质留有备案信息。供应商或单位必须有《危险化学品安全生产许可证》或《危险化学品经营许可证》，许可证应在有效期内，营业执照的经营范围包含许可的内容，年检手续齐全。

（2）危险化学品生产企业应当提供与其生产的危险化学品相符的化学品安全技术说明书，并在危险化学品包装（包括外包装件）上粘贴或者拴挂与包装内危险化学品相符的化学品安全标签。化学品安全技术说明书和化学品安全标签所载明的内容应当符合国家标准的要求。发电企业采购危险化学品时要索要相应的“一书一签”。

（3）严禁向无生产或销售资质的单位采购危险化学品。危险化学品的包装、标志不符合国家标准规范的（或有破损、残缺、渗漏、变质、分解等现象），严禁入库存放。

（4）企业购买剧毒化学品、易制爆危险化学品，应当向购买单位所在地县级人民政府公安机关治安管理部门提出申请，取得剧毒化学品、易制爆化学品购买许可证，并在购买后 5 日内，将所购买的剧毒化学品、易制爆危险化学品的品种、数量以及流向信息报所在地县级人民政府公安机关备案。

（5）企业不得出借、转让其购买的剧毒化学品、易制爆危险化学品，如确需转让的，应当向具有规定的相关许可证件或者证明文件的单位转让，并在转让后将有关情况及时向所在地县级人民政府公安机关报告。

二、运输和装卸安全

《条例》对危险化学品运输企业运输许可、从业资格、安全防护措施、道路运输安全、道路运输剧毒化学品安全、水路运输危险化学品安全等进行了规定。发电企业购买危险化学品一般要求送货，厂外运输由供应商负责。运输管理重点是外来车辆厂内运输和使用厂内车辆进行不同地点的倒运运输。发电企业要确认运输企业符合国家有关法律法规的要求、比照《条例》制定厂内运输和倒运安全管理措施。

（一）运输与装卸

1. 运输许可和从业资格

承运危险化学品的运输企业必须具有危险化学品运输资质，满足要求；相关人员要接受教育和培训，取得从业资格。

（1）危险化学品储运管理人员在发货、收货时，必须检查提货、供货车辆的《易燃易爆化学品准运证》，无《易燃易爆化学品准运证》的不得发货、接货；随车证件和文件应齐全，包括：汽车罐车使用证、机动车驾驶执照和汽车罐车准驾证、押运员证、准运证、汽车罐车定期检验报告复印件等。车牌号与相关证件应相符。

（2）厂内倒运运输危险化学品的车辆应当符合国家标准要求的安全技术条件，并按照国家有关规定定期进行安全技术检验。

（3）厂内倒运运输危险化学品的相关人员要经过教育和培训，考试合格后上岗作业；对有资格要求的岗位，应当配备依法取得相应资格的人员。

2. 安全防护措施

（1）运输危险化学品，应当根据危险化学品的危险特性采取相应的安全防护措施，并配备必要的防护用品和应急救援器材。

（2）用于运输危险化学品的槽罐以及其他容器应当封口严密，能够防止危险化学品在运输过程中因温度、湿度或者压力的变化发生渗漏与洒漏；槽罐以及其他容器的溢流和泄压装置应当设置准确、启闭灵活。

（3）运输危险化学品的驾驶人员、装卸管理人员、押运人员、现场检查员等相关人员，应当了解所运输的危险化学品的危险特性及其包装物、容器的使用要求和出现危险情况时的应急处置方法。

3. 道路运输安全

（1）凡承运危险化学品的车辆及相关人员进入厂区（企业管理区域，下同），应按指定路线行驶，必须严格遵守安全管理规定。

（2）进入厂区后，运输危险化学品的车辆要防止货物破损等引起火灾、污染环境，运输轻质油、氧气、乙炔、氢气的车辆要有铁链触地，避免静电聚集；搬运装卸危险化学品时，应使用防爆工具、设备。若发生危险化学品的泄漏，应及时采取有效措施控制和清理泄漏的危险化学品，防止造成更大的环境污染。

（3）承运液体、液化产品车辆进入罐区后，应按现场管理人员的指定位置停车，在罐区内严禁对车辆进行维修，严格禁止明火作业。

（4）危险化学品运输车辆按照运输车辆的核定载质量装载危险化学品，不得超载。

（5）危险化学品运输车辆应当悬挂或者喷涂符合国家标准要求的警示标志。

（6）剧毒化学品、易制爆危险化学品在道路运输途中丢失、被盗、被抢，或者出现流散、泄漏等情况的，驾驶人员、押运人员应当立即采取相应的警示措施和安全措施，并向当地公安机关报告。公安机关接到报告后，应当根据实际情况立即向安全生产监督管理部门、环境保护主管部门、卫生主管部门通报。有关部门应当采取必要的应急处置措施。

（二）装卸安全

（1）危险化学品的装卸作业应当遵守安全作业标准、规程和制度，并在装卸管理人员的现场指挥或者监控下进行。

（2）液体产品常压罐车在灌装及卸车过程中应落实防止挥发的措施。

第三节　储存和使用管理

危险化学品储存包括危险化学品仓库储存、危险化学品储罐储存、实验室危险化学品储存。《条例》对危险化学品储存进行了一般规定，《常用危险化学品储存通则》（GB 15603）主要规定了仓库储存，一些地方政府还制定了相关规定，企业可根据实际情况执行或参考。

一、危险化学品储存

（一）《条例》对危险化学品储存的有关规定

（1）生产、储存剧毒化学品或者国务院公安部门规定的可用于制造爆炸物品的危险化学品（以下简称易制爆危险化学品）的单位，应当如实记录其生产、储存的剧毒化学品、易制爆危险化学品的数量、流向，并采取必要的安全防范措施，防止剧毒化学品、易制爆危险化学品丢失或者被盗；发现剧毒化学品、易制爆危险化学品丢失或者被盗的，应当立即向当地公安机关报告。生产、储存剧毒化学品、易制爆危险化学品的单位，应当设置治安保卫机构，配备专职治安保卫人员。

（2）危险化学品应当储存在专用仓库、专用场地或者专用储存室（以下统称专用仓库）内，并由专人负责管理；剧毒化学品以及储存数量构成重大危险源的其他危险化学品，应当在专用仓库内单独存放，并实行双人收发、双人保管制度。危险化学品的储存方式、方法以及储存数量应当符合国家标准或者国家有关规定。

（3）储存危险化学品的单位应当建立危险化学品出入库核查、登记制度。对剧毒化学品以及储存数量构成重大危险源的其他危险化学品，储存单位应当将其储存数量、储存地点以及管理人员的情况，报所在地县级人民政府安全生产监督管理部门（在港区内储存的，报港口行政管理部门）和公安机关备案。

（4）危险化学品专用仓库应当符合国家标准、行业标准的要求，并设置明显的标志。储存剧毒化学品、易制爆危险化学品的专用仓库，应当按照国家有关规定设置相应的技术防范设施。储存危险化学品的单位应当对其危险化学品专用仓库的安全设施、设备定期进行检测、检验。

（二）《条例》对构成重大危险源的危险化学品储存场所的有关规定

（1）危险化学品生产装置或者储存数量构成重大危险源的危险化学品储存设施（运输工具加油站、加气站除外），与下列场所、设施、区域的距离应当符合国家有关规定：

1）居住区以及商业中心、公园等人员密集场所；

2）学校、医院、影剧院、体育场（馆）等公共设施；

3）饮用水源、水厂以及水源保护区；

4）车站、码头（依法经许可从事危险化学品装卸作业的除外）、机场以及通信干线、通信枢纽、铁路线路、道路交通干线、水路交通干线、地铁风亭以及地铁站出入口；

5）基本农田保护区、基本草原、畜禽遗传资源保护区、畜禽规模化养殖场（养殖小区）、渔业水域以及种子、种畜禽、水产苗种生产基地；

6）河流、湖泊、风景名胜区、自然保护区；

7）军事禁区、军事管理区；

8）法律、行政法规规定的其他场所、设施、区域。

已建的危险化学品生产装置或者储存数量构成重大危险源的危险化学品储存设施不符合前款规定的，由所在地设区的市级人民政府安全生产监督管理部门会同有关部门监督其所属单位在规定期限内进行整改；需要转产、停产、搬迁、关闭的，由本级人民政府决定并组织实施。

（2）对剧毒化学品以及储存数量构成重大危险源的其他危险化学品，储存单位应当将其储存数量、储存地点以及管理人员的情况，报所在地县级人民政府安全生产监督管理部门（在港区内储存的，报港口行政管理部门）和公安机关备案。

（三）《常用化学危险品贮存通则》（GB 15603—1995）有关规定

1. 基本要求

（1）储存危险化学品必须遵照国家法律、法规和其他有关的规定。

（2）危险化学品必须储存在经公安部门批准设置的专门的危险化学品仓库中，经销部门自管仓库储存危险化学品及储存数量必须经公安部门批准。未经批准不得随意设置危险化学品储存仓库。

（3）危险化学品露天堆放，应符合防火、防爆的安全要求，爆炸物品、一级易燃物品、遇湿燃烧物品、剧毒物品不得露天堆放。

（4）储存危险化学品的仓库必须配备有专业知识的技术人员，其库房及场所应设专人管理，管理人员必须配备可靠的个人安全防护用品。

（5）储存的危险化学品应有明显的标志，标志应符合 GB 190 的规定。同一区域储存两种或两种以上不同级别的危险品时，应按最高等级危险物品的性能标志。

（6）根据危险品性能分区、分类、分库储存。各类危险品不得与禁忌物料混合储存，禁忌物料配置见表 3–1。

（7）储存危险化学品的建筑物、区域内严禁吸烟和使用明火。

2. 储存场所的要求

（1）储存危险化学品的建筑物不得有地下室或其他地下建筑，其耐火等级、层数、占地面积、安全疏散和防火间距，应符合国家有关规定。

（2）储存地点及建筑结构的设置，除了应符合国家的有关规定外，还应考虑对周围环境和居民的影响。

（3）储存场所的电气安装。危险化学品储存建筑物、场所消防用电设备应能充分满足消防用电的需要，并符合《建筑设计防火规范》（GB 50016）的有关规定。危险化学品储存区域或建筑物内输配电线路、灯具、火灾事故照明和疏散指示标志，都应符合安全要求。储存易燃、易爆危险化学品的建筑，必须安装避雷设备。

（4）储存场所通风或温度调节。储存危险化学品的建筑必须安装通风设备，并注意设备的防护措施。储存危险化学品的建筑通排风系统应设有导除静电的接地装置。通风管应采用非燃烧材料制作。通风管道不宜穿过防火墙等防火分隔物，如必须穿过时应用非燃烧材料分隔。储存危险化学品建筑采暖的热媒温度不应过高，热水采暖不应超过 80℃，不得使用蒸汽采暖和机械采暖。采暖管道和设备的保温材料，必须采用非燃烧材料。

表 3–1　　　　常用危险化学品储存禁忌物配存表

化学危险品的种类和名称			配存顺号																		
化学危险品	爆炸品	点火器材	1	1																	
		起爆器材	2	×	2																
		炸药及爆炸性药品（不同品名的不得在同一库内配存）	3	×	×	3															
		其他爆炸品	4	△	×	×	4														
化学危险品	氧化剂	有机氧化剂	5	×	×	×	×	5													
		亚硝酸盐、亚氯酸盐、次亚氯酸盐[2)]	6	△	△	△	△	×	6												
		其他无机氧化剂[2)]	7	△	△	△	△	×	×	7											
化学危险品	压缩气体和液化气体	剧毒（液氯与液氨不能在一库内配存）	8		×	×	×	×	×	×	8										
		易燃	9	△	×	×	△	×	△	△		9									
		助燃（氧及氧空钢瓶不得与油脂在同一库内配存）	10	△	×	×	△					△	10								
		不燃	11		×	×								11							
	自燃物品	一级	12	△	×	×	×	×	△	△	×	×	×		12						
		二级	13		×	×	△				×	△	△			13					
	遇水燃烧物品（不得与含水液体货物在同一库内配存）		14		×	×	×	△	△	△	△	△	△		×		14				
	易燃液体		15	△	×	×	×	×	△	×	×		×		×	△		15			
	易燃固体（H 发孔剂不可与酸性腐蚀物品及有毒或易燃脂类危险货物配存）		16		×	×	△	×	△	△	×		×		×				16		
	毒害品	氰化物	17		△	△														17	
		其他毒害品	18		△	△															18

注　(1)无配存符号表示可以配存。

（2）△表示可以配存，堆放时至少隔离 2m。

（3）× 表示不可以配存。

（4）有注释时按注释规定办理。

1）除硝酸盐（如硝酸钠、硝酸钾、硝酸铵等）与硝酸、发烟硝酸可以配存外，其他情况均不得配存。

2）无机氧化剂不得与松软的粉状可燃物（如煤粉、焦粉、炭黑、糖、淀粉、锯末等）配存。

3）饮食品、粮食、饲料、药品、药材、食用油脂及活动物不得与贴毒品标志及有恶臭易使食品污染熏味的物品，以及畜禽产品中的生皮张和生毛皮（包括碎皮），畜禽毛、骨、蹄、角、鬃等物品配存。

4）饮食品、粮食、饲料、药品、药材、食用油脂与按普通货物条件储存的化工原料、化学试剂、非食用药剂、香精、香料应隔离 1m 以上。

3. 储存安排及储存量限制

（1）危险化学品储存安排取决于危险化学品分类、分项、容器类型、储存方式和消防的要求。

（2）储存量及储存安排见表 3–2。

表 3–2　　危险化学品储存量及储存安排

储存类别	储存要求			
	露天储存	隔离储存	隔开储存	分离储存
平均单位面积储存量（t/m^2）	1.0 ～ 1.5	0.5	0.7	0.7
单一储存区最大储量（t）	2000 ～ 2400	200 ～ 300	200 ～ 300	400 ～ 600
垛距限制（m）	2	0.3 ～ 0.5	0.3 ～ 0.5	0.3 ～ 0.5
通道宽度（m）	4 ～ 6	1 ～ 2	1 ～ 2	5
墙距宽度（m）	2	0.3 ～ 0.5	0.3 ～ 0.5	0.3 ～ 0.5
与禁忌品距离（m）	10	不得同库储存	不得同库储存	7 ～ 10

（3）遇火、遇热、遇潮能引起燃烧、爆炸或发生化学反应，产生有毒气体的危险化学品不得在露天或在潮湿、积水的建筑物中储存。

（4）受日光照射能发生化学反应引起燃烧、爆炸、分解、化合或能产生有毒气体的危险化学品应储存在一级建筑物中。其包装应采取避光措施。

（5）爆炸物品不准和其他类物品同储，必须单独隔离限量储存，仓库不准建在城镇，还应与周围建筑、交通干道、输电线路保持一定安全距离。

（6）压缩气体和液化气体必须与爆炸物品、氧化剂、易燃物品、自燃物品、腐蚀性物品隔离储存。易燃气体不得与助燃气体、剧毒气体同储；氧气不得与油脂混合储存，盛装液化气体的容器属压力容器的，必须有压力表、安全阀、紧急切断装置，并定期检查，不得超装。

（7）易燃液体、遇湿易燃物品、易燃固体不得与氧化剂混合储存，具有还原性氧化剂应单独存放。

（8）有毒物品应储存在阴凉、通风、干燥的场所，不要露天存放，不要接近酸类物质。

（9）腐蚀性物品，包装必须严密，不允许泄漏，严禁与液化气体和其他物品共同储存。

4. 危险化学品的养护

（1）危险化学品入库时，应严格检验物品质量、数量、包装情况，有无泄漏。

（2）危险化学品入库后应采取适当的养护措施，在储存期内，定期检查，发现其品质变化、包装破损、渗漏、稳定剂短缺等，应及时处理。

（3）库房温度、湿度应严格控制、经常检查，发现变化及时调整。

5. 危险化学品出入库管理

（1）储存危险化学品的仓库，必须建立严格的出入库管理制度。

（2）危险化学品出入库前均应按合同进行检查验收、登记、验收，内容包括数量、包装、危险标志。经核对后方可入库、出库，当物品性质未弄清时不得入库。

（3）进入危险化学品储存区域的人员、机动车辆和作业车辆，必须采取防火措施。

（4）装卸、搬运危险化学品时应按有关规定进行，做到轻装、轻卸。严禁摔、碰、撞、击、拖拉、倾倒和滚动。

（5）装卸对人身有毒害及腐蚀性的物品时，操作人员应根据危险性，穿戴相应的防护用品。

（6）不得用同一车辆运输互为禁忌的物料。

（7）修补、换装、清扫、装卸易燃、易爆物料时，应使用不产生火花的铜制工具、合金制工具或其他工具。

6. 消防措施

（1）根据危险品特性和仓库条件，必须配置相应的消防设备、设施和灭火药剂，并配备经过培训的兼职或专职的消防人员。

（2）储存危险化学品建筑物内应根据仓库条件安装自动监测和火灾报警系统。

（3）储存危险化学品的建筑物内，如条件允许，应安装灭火喷淋系统（遇水燃烧危险化学品，不可用水扑救的火灾除外），其喷淋强度和供水时间如下：喷淋强度 15L/（$min \cdot m^2$）；持续时间 90min。

（四）其他有关规定

（1）《易燃易爆性商品储存养护技术条件》（GB 17914—2014）对易燃易爆性商品储存养护技术条件、储存条件、入库验收、堆垛、养护技术、安全操作、出库和应急处理等要求进行了规定。

（2）《腐蚀性商品储存养护技术条件》（GB 17915—2013）对腐蚀性商品储存养护技术条件、储存条件、储存要求、养护技术、安全操作、出库和应急处理进行了规定。

（3）《毒害性商品储存养护技术条件》（GB 17916—2013）对毒害性商品储存养护技术条件、储存条件、入库验收、堆垛、养护技术、安全操作、出库和应急处理等要求进行了规定。

（4）《国家安全监管总局关于印发遏制危险化学品和烟花爆竹重特大事故工作意见的通知》（安监总管三〔2016〕62 号）中规定：

1）自 2017 年 1 月 1 日起，凡是构成一级、二级重大危险源，未设置紧急停车（紧急切断）功能的危险化学品罐区，一律停止使用。

2）自 2017 年 1 月 1 日起，凡是未实现温度、压力、液位等信息的远程不间断采集检测，未设置可燃和有毒有害气体泄漏检测报警装置的构成重大危险源的危险化学品罐区，一律停止使用。

（5）国家能源局《燃煤发电厂液氨罐区安全管理规定》（国能安全〔2014〕38 号）对液氨储存安全进行了规定。

（6）部分地方政府制定了化验室危险化学品安全管理规范、危险化学品常压储罐安全管理规范、液氨使用与储存安全技术规范等，内容包含危险化学品储罐储存和实验室危险化学品储存内容，发电企业根据具体情况执行或参考。

二、危险化学品使用

《条例》对危险化学品使用作了规定。《条例》要求，使用危险化学品的单位，其使用条件（包括工艺）应当符合法律、行政法规的规定和国家标准、行业标准的要求，并根据所使用的危险化学品的种类、危险特性以及使用量和使用方式，建立健全使用危险化学品的安全管理规章制度和安全操作规程，保证危险化学品的安全使用。

《条例》第二十九条明确，使用危险化学品从事生产并且使用量达到规定数量的化工企业需要依法取得危险化学品安全使用许可证。部分危险化学品安全管理文件会特别注明适用于该类使用企业。根据该条规定，原则上发电企业使用危险化学品不需要取得危险化学品安全使用许可证，但不同的地方政府部门对《条例》理解和执行存在差异，是否取证还需依据当地有关部门要求执行。

第四节　事故应急救援及废弃处置管理

一、事故应急救援

《条例》对危险化学品单位事故应急救援作了规定。

（1）危险化学品单位应当制定本单位危险化学品事故应急预案，配备应急救援人员和必要的应急救援器材、设备，并定期组织应急救援演练。危险化学品单位应当将其危险化学品事故应急预案报所在地设区的市级人民政府安全生产监督管理部门备案。

（2）发生危险化学品事故，事故单位主要负责人应当立即按照本单位危险化学品应急预案组织救援，并向当地安全生产监督管理部门和环境保护、公安、卫生主管部门报告。

（3）发生危险化学品事故，有关地方人民政府应当立即组织安全生产监督管理、环境保护、公安、卫生、交通运输等有关部门，按照本地区危险化学品事故应急预案组织实施救援，不得拖延、推诿。

（4）有关危险化学品单位应当为危险化学品事故应急救援提供技术指导和必要的协助。

（5）危险化学品事故造成环境污染的，由设区的市级以上人民政府环境保护主管部门统一发布有关信息。

二、废弃处置管理

发电企业危险化学品废弃或使用后的处置，通常都交由有处置资质的第三方完成。

《条例》规定，废弃危险化学品的处置，依照有关环境保护的法律、行政法规和国家有关规定执行。

《中华人民共和国固体废物污染环境防治法》（2016 年修正，主席令第 57 号）对危险废物的处置进行了规定。

《危险废物转移联单管理办法》（国家环保总局令第 5 号）对危险废物转移进行了规定。

《废弃危险化学品污染环境防治办法》（国家环境保护总局令第 27 号）对废弃危险化学品处置规定如下：

（1）盛装废弃危险化学品的容器和受废弃危险化学品污染的包装物，按照危险废物进行管理。

（2）废弃危险化学品污染环境的防治，实行减少废弃危险化学品的产生量、安全合理利用废弃危险化学品和无害化处置废弃危险化学品的原则。

（3）禁止任何单位或者个人随意弃置废弃危险化学品。

（4）危险化学品生产者、进口者、销售者、使用者对废弃危险化学品承担污染防治责任。

（5）产生废弃危险化学品的单位，应当建立危险化学品报废管理制度，制定废弃危险化学品管理计划并依法报环境保护部门备案，建立废弃危险化学品的信息登记档案；应当依法向所在地县级以上地方环境保护部门申报废弃危险化学品的种类、品名、成分或组成、特性、产生量、流向、储存、利用、处置情况、化学品安全技术说明书等信息。

（6）产生废弃危险化学品的单位委托持有危险废物经营许可证的单位收集、储存、利用、处置废弃危险化学品的，应当向其提供废弃危险化学品的品名、数量、成分或组成、特性、化学品安全技术说明书等技术资料。禁止将废弃危险化学品提供或者委托给无危险废物经营许可证的单位从事收集、储存、利用、处置等经营活动。

（7）转移废弃危险化学品的，应当按照国家有关规定填报危险废物转移联单；跨设区的市级以上行政区域转移的，并应当依法报经移出地设区的市级以上环境保护部门批准后方可转移。

第五节　重点监管的危险化学品安全管理

涉及“两重点一重大”的企业是安全监管的重点对象，监管要求更加严格。本节重点介绍重点监管的危险化学品安全管理要点，重大危险源安全管理相关内容将在第五章介绍。

一、重点监管的危险化学品

重点监管的危险化学品系指列入原国家安全监管总局于 2011 年公布的《首批重点监管的危险化学品名录》（安监总管三〔2011〕95 号）和 2013 年公布的《第二批重点监管的危险化学品名录》（安监总管三〔2013〕12 号）中的危险化学品。其中首批公布的重点监管的危险化学品有 60 种，第二批公布的重点监管的危险化学品有 14 种。

除了上述两批《名录》中的危险化学品属于重点监管的危险化学品外，在温度 20℃和标准大气压 101.3kPa 时满足以下条件的危险化学品也定义为重点监管的危险化学品：

（1）易燃气体类别 1（爆炸下限≤ 13% 或爆炸极限范围≥ 12% 的气体）。

（2）易燃液体类别 1（闭杯闪点 <23℃并初沸点≤ 35℃的液体）。

（3）自燃液体类别 1（与空气接触不到 5min 便燃烧的液体）。

（4）自燃固体类别 1（与空气接触不到 5min 便燃烧的固体）。

（5）遇水放出易燃气体的物质类别 1（在环境温度下与水剧烈反应所产生的气体通常显示自燃的倾向，或释放易燃气体的速度等于或大于每千克物质在任何 1min 内释放 10L 的任何物质或混合物）。

（6）三光气等光气类化学品。

二、重点监管的危险化学品安全管理要求

（1）《国务院安委会办公室关于进一步加强危险化学品安全生产工作的指导意见》（安委办〔2008〕26 号）要求：在危险化学品槽车充装环节，推广使用万向充装管道系统代替充装软管，禁止使用软管充装液氯、液氨、液化石油气、液化天然气等液化危险化学品。

（2）《国家安全监管总局关于公布首批重点监管的危险化学品的通知》（安监总管三〔2011〕95 号）包括重点监管的危险化学品的特别警示、理化特性、危害信息、安全措施、应急处置原则五方面内容，供各级安全监管部门和危险化学品企业在危险化学品安全监管和安全生产管理工作中参考使用。同时提出以下监管要求：

1）涉及重点监管的危险化学品的生产、储存装置，原则上须由具有甲级资质的化工行业设计单位进行设计。

2）生产、储存重点监管的危险化学品企业，应根据本企业工艺特点，装备功能完善的自动化控制系统，严格工艺、设备管理。对使用重点监管的危险化学品数量构成重大危险源企业的生产储存装置，应装备自动化控制系统，实现对温度、压力、液位等重要参数的实时监测。

3）生产重点监管的危险化学品的企业，应针对产品特性，按照有关规定编制完善的、可操作性强的危险化学品事故应急预案，配备必要的应急救援器材、设备，加强应急演练，提高应急处置能力。

（3）《国家安全监管总局办公厅关于印发首批重点监管的危险化学品安全措施和应急处置原则的通知》（安监总厅管三〔2011〕142 号）（以下称《措施和原则》）要求：生产、储存、使用、经营、运输重点监管危险化学品的企业，要切实落实安全生产主体责任，全面排查危险化学品安全管理的漏洞和薄弱环节，及时消除安全隐患，提高安全管理水平。要针对本企业安全生产特点和产品特性，从完善安全监控措施、健全安全生产规章制度和各项操作规程、采用先进技术、加强培训教育、加强个体防护等方面，细化并落实《措施和原则》提出的各项安全措施，提高防范危险化学品事故的能力。要按照《措施和原则》提出的应急处置原则，完善本企业危险化学品事故应急预案，配备必要的应急器材，开展应急处置演练和伤员急救培训，提升危险化学品事故应急处置能力。

（4）《国家安全监管总局关于公布第二批重点监管危险化学品名录的通知》（安监总管三〔2013〕12 号）要求：生产、储存、使用重点监管的危险化学品的企业，应当积极开展涉及重点监管危险化学品的生产、储存设施自动化监控系统改造提升工作，高度危险和大型装置要依法装备安全仪表系统（紧急停车或安全联锁），并确保于 2014 年底前完成。

（5）《关于开展提升危险化学品领域本质安全水平专项行动的通知》（安监总管三〔2012〕87 号）要求：开展涉及重点监管危险化学品的生产储存装置自动化控制系统改造完善工作。涉及重点监管危险化学品的生产储存装置必须在 2014 年底前装备自动化控制系统。将受热、遇明火、摩擦、振动、撞击时可发生爆炸的化学品全部纳入重点监管险化学品范围。

第四章　发电企业危险化学品风险分级防控及隐患排查治理

安全风险分级防控及隐患排查治理，又称“双重防控”或“双重预防”，是当前企业安全管理工作的重点和难点。建立健全行之有效的安全风险分级防控及隐患排查治理体系，是“基于风险”的过程安全管理理念的具体实践，是实现事故“纵深防御”和“关口前移”的有效手段，是发电企业落实安全生产主体责任的核心内容，是企业主要负责人的主要安全生产职责，对发电企业夯实安全管理基础具有重要意义。发电企业可根据企业危险化学品安全管理实际和需要，结合企业整体安全风险分级防控及隐患排查治理体系，建立健全和完善危险化学品安全风险分级防控及隐患排查治理体系。

本章共分为七节，重点介绍双重预防机制、危险化学品安全风险分级管控、隐患排查治理的依据及分级、危险化学品安全风险隐患排查治理体系的建立、实施以及整改等。

第一节　相关术语及含义

一、危险源和危险源辨识

危险源是指可能导致伤害或疾病、财产损失、工作环境破坏或这些情况组合的根源或状态。

危险源分为两类：第一类危险源和第二类危险源。通常把生产过程中存在的、可能发生意外释放的能量（能源或能量载体）或危物质称作第一类危险源（根源），如液氨；把导致能量或危险物质限制措施破坏和失效的各种因素称作第二类危险源（状态），如液氨储罐因腐蚀泄漏。在实际生产过程中起伤亡事故的发生往往是两类危险源共同作用的结果。第一类危险源是伤亡事故发生的能量主体，决定事故后果的严重程度（S）。第二类危险源是第一类危险源造成事故的必要条件，决定事故发生的可能性（L）。因此，危险源辨识的首要任务是辨识第一类危险源，在此基础上再辨识第二类危险源。

危险源辨识就是识别危险源并确定其特性的过程。危险源辨识不但包括对危险源的识别，而且必须对其性质加以判断，即确定什么情况能发生、它为什么能发生（发生原因）和怎样发生（发生后果）的过程。有两个关键任务：辨识可能发生的、特定的、不期望的后果；识别出能导致这些后果的材料、系统、过程和设备的特性。

从广义上看，危险源辨识是风险分析过程的第一步。完整意义上的风险分析过程，包括危险源辨识、风险评估和风险管理三部分。

危险源辨识作为风险分析的第一个步骤，不仅限于狭义的危险源，而是给予了更为宽泛的内涵，包括识别危险源、分析其原因、可能导致的后果，在此基础上进而分析是否需要开展有针对性的定量风险评估，藉此提出相应的建议或改进措施等。

二、风险和风险管理

风险是指在一个特定的时间内和一定的环境条件下，人们所期望的目标与实际结果之间客观存在的差异程度。通常用发生特定危害事件的可能性及后果严重程度的乘积表示，即：$R=L\times S$，其中，R 为风险大小，L 为事件发生的可能性，S 为事件后果的严重程度。

风险管理是研究风险发生规律和风险控制技术的一门学科。风险管理包括危险源辨识、风险评估和风险控制。通过危险源辨识、风险评估，并在此基础上优化组合各种风险管理技术，对风险实施有效的控制，最大限度地降低风险所导致的损失，期望达到以最少的成本获得最大安全保障的目标。

风险管理是企业管理的重要内容，风险管理的实质是以最经济合理的方式消除风险导致的各种灾害后果。它包括危险源辨识、风险评价、风险控制等一整套系统而科学的管理方法，即运用系统论的观点和方法去研究风险与环境之间的关系，运用安全系统工程的理论和分析方法去辨识危害、评价风险，然后根据成本效益分析，针对企业所存在的风险作出客观而科学的决策，以确定处理风险的最佳方案。风险管理是高层次、高境界的管理过程，强调闭环管理、持续改进，其整个过程是一个循环往复的过程。

三、事故隐患及隐患排查治理

安全生产事故隐患简称事故隐患，是指生产经营单位违反安全生产法律法规、标准规程和安全生产管理制度的规定，或者因为其他因素在生产经营活动中存在可能导致事故发生的物的危险状态、人的不安全行为和管理上的缺陷。

隐患排查治理是指生产经营单位组织安全生产管理人员、工程技术人员和其他相关人员，采用检查、分析等方式方法查找、发现本单位的事故隐患的活动和过程。

生产经营单位通过制定事故隐患分类规定、确定事故隐患排查方法和事故隐患风险评价标准，并对不同风险等级的事故隐患采取不同的治理措施，即为隐患排查治理。隐患排查治理措施一般包括：法制措施、管理措施、技术措施、应急措施四个层次。

生产经营单位应通过开展隐患排查治理，实现对查处的隐患进行彻底整改，遏制产生新的安全隐患，提高安全管理水平。通过实现隐患排查治理制度化、规范化、常态化，形成企业安全生产隐患排查治理的长效机制，促进安全工作持续、健康、稳定发展。

四、双重预防机制

国务院安委会办公室关于《实施遏制重特大事故工作指南构建双重预防机制的意见》（安委办〔2016〕11 号）指出，企业的安全风险分级管控和隐患排查治理体系被称为双重预防机制。

第二节 建立双重预防机制的依据及要求

1.《国务院安委会办公室关于印发标本兼治遏制重特大事故工作指南的通知》(安委办〔2016〕3号)

坚持标本兼治、综合治理，把安全风险管控挺在隐患前面，把隐患排查治理挺在事故前面，扎实构建事故应急救援最后一道防线。构建形成点、线、面有机结合、无缝对接的安全风险分级管控和隐患排查治理双重预防性工作体系。

2.《国务院安委会办公室关于实施遏制重特大事故工作指南构建双重预防机制的意见》(安委办〔2016〕11号)

尽快建立健全安全风险分级管控和隐患排查治理的工作制度和规范，实现企业安全风险自辨自控、隐患自查自治，形成政府领导有力、部门监管有效、企业责任落实、社会参与有序的工作格局，提升安全生产整体预控能力，夯实遏制重特大事故的坚强基础。

建立实行安全风险分级管控机制。按照“分区域、分级别、网格化”原则，实施安全风险差异化动态管理，明确落实每一处重大安全风险和重大危险源的安全管理与监管责任，强化风险管控技术制度、管理措施，把可能导致的后果限制在可防、可控范围之内。

健全安全风险公告警示和重大安全风险预警机制，定期对红色、橙色安全风险进行分析、评估、预警。落实企业安全风险分级管控岗位责任，建立企业安全风险公告、岗位安全风险确认和安全操作“明白卡”制度。

对不同类别的安全风险，采用相应的风险评估方法确定安全风险等级。安全风险评估过程要突出遏制重特大事故，高度关注暴露人群，聚焦重大危险源、劳动密集型场所、高危作业工序和受影响的人群规模。安全风险等级从高到低划分为巨大风险、重大风险、较大风险、一般风险和低风险，分别用红、橙、黄、蓝四种颜色标示。其中，重大安全风险应填写清单、汇总造册，按照职责范围报告属地负有安全生产监督管理职责的部门。要依据安全风险类别和等级建立企业安全风险数据库，绘制企业“红、橙、黄、蓝”四色安全风险空间分布图。

建立完善隐患排查治理体系。风险管控措施失效或弱化极易形成隐患，酿成事故。企业要建立完善隐患排查治理制度，制定符合企业实际的隐患排查治理清单，明确和细化隐患排查的事项、内容和频次，并将责任逐一分解落实，推动全员参与自主排查隐患，尤其要强化对存在重大风险的场所、环节、部位的隐患排查。

3.《中共中央国务院关于推进安全生产领域改革发展的意见》(中发〔2016〕32号)

坚持源头防范。严格安全生产市场准入，经济社会发展要以安全为前提，把安全生产贯穿城乡规划布局、设计、建设、管理和企业生产经营活动全过程。构建风险分级管控和隐患排查治理双重预防工作机制，严防风险演变、隐患升级导致生产安全事故发生。

4.《国家安全监管总局关于印发遏制危险化学品和烟花爆竹重特大事故工作意见的通知》(安监总管三〔2016〕62号)

深入分析总结事故规律，准确把握风险、隐患与事故的内在联系，深刻认识事故是由隐患发展积累导致的，隐患的根源在于风险，风险得不到有效管控就会演变成隐患从而导致事故发生。因此，要把防范事故关口前移，全面排查安全风险，强化风险管控。不断完善排查风险和隐患的方式方法与体制机制，通过网格化排查，做到全覆盖、无死角、无遗漏。

5.《国家安全监管总局办公厅关于开展危险化学品重大危险源在线监控及事故预警系统建设试点工作的通知》（安监总厅管三〔2016〕110 号）

在全面排查、摸清底数的基础上，按照《标本兼治遏制重特大事故工作指南》要求，绘制省、市、县三级以及企业的危险化学品和烟花爆竹重大危险源分布电子图、安全风险等级分布电子图，建立安全风险和事故隐患数据库。国家安全监管总局开发完成功能统一、标准一致的在线监控及事故预警系统有关软件系统。建立层次分明、责任清晰的在线监控事故预警系统技术体系，并切实发挥应有作用。

6. 国家能源局《电力行业危险化学品安全综合治理实施方案》（国能安全〔2017〕65 号）

要求电力企业全面摸排本单位在电力生产经营中存在的危险化学品安全风险，重点摸排危险化学品使用、储存、运输和废弃处置等各环节的安全风险，建立危险化学品安全风险分布档案。

7.《国家能源局综合司切实加强电力行业危险化学品安全综合治理工作的紧急通知》（国能综函安全〔2019〕132 号）

各电力企业要强化安全风险管控和隐患排查治理双重预防机制，深入摸排本单位生产经营过程中危险化学品使用、储存、运输和废弃处置等可能存在的薄弱环节，采取有效可行措施，坚决堵塞安全管理体制机制漏洞；要持续完善、动态更新危险化学品安全风险分布档案和重大危险源数据库，并按规定及时报送相关信息。

8.《中共中央办公厅国务院办公厅关于全面加强危险化学品安全生产工作的意见》（厅字〔2020〕3 号）

坚持总体国家安全观，按照高质量发展要求，以防控系统性安全风险为重点，完善和落实安全生产责任和管理制度，建立安全隐患排查和安全预防控制体系，加强源头治理、综合治理、精准治理，着力解决基础性、源头性、瓶颈性问题，加快实现危险化学品安全生产治理体系和治理能力现代化，全面提升安全发展水平，推动安全生产形势持续稳定好转，为经济社会发展营造安全稳定环境。

对危险化学品企业、化工园区或化工集中区，组织实施精准化安全风险排查评估，分类建立完善安全风险数据库和信息管理系统，区分“红、橙、黄、蓝”四级安全风险。

9. 国务院安全生产委员会关于印发《全国安全生产专项整治三年行动计划》的通知（安委〔2020〕3 号）

在危险化学品安全整治专项中明确，完善和落实危险化学品企业安全风险隐患排查治理导则，分级分类排查治理安全风险和隐患，2022 年底前涉及重大危险源的危险化学品企业完成安全风险分级管控和隐患排查治理体系建设。

第三节 危险化学品安全风险分级管控

安全风险分级管控就是指通过识别生产经营活动中存在的危险、有害因素，并运用定性或定量的统计分析方法确定其风险严重程度，进而确定风险控制的优先顺序和风险控制措施，以达到改善安全生产环境、减少和杜绝安全生产事故的目标而采取的措施和规定。

一、风险分级管控的基本原则

风险分级管控的基本原则是：风险越大，管控级别越高；上一级负责管控的风险，下一级必须负责管控，并逐级落实具体措施。

一般地，风险分为蓝色风险、黄色风险、橙色风险和红色风险四个等级，其中红色风险最高。通过系统的识别风险、控制风险，及时治理风险管控过程出现的缺失、漏洞及失效环节等形成的事故隐患，把风险控制挺在隐患前面、把隐患消除在事故发生前面，切实提高防范和遏制安全生产事故的能力和水平。

发电企业要针对本单位危险化学品安全管理实际，科学制定工作程序和方法，根据风险管控的内在要求，从源头上全面开展危险（有害）因素辨识和风险评估，采取技术、管理等措施对安全风险实施分类分级管控，及时对事故隐患进行整改，形成安全风险受控、事故隐患有效治理的企业双重预防机制和运行模式。

发电企业要根据本企业特点，制定并形成统一、规范、高效的双重预防机制建设制度体系；建立功能科学适用的安全生产监管信息平台，实现对企业风险管控和隐患排查治理工作的高效、动态监管；结合企业风险管控及隐患排查治理等情况，对企业安全生产状况进行整体评估，确定企业安全风险等级，明确高风险等级行业领域企业和区域，实现安全生产差异化分类分级监管。

二、风险分级管控的基本步骤

（一）筹划准备阶段

1. 成立组织机构

按照统一组织、分工负责的原则，成立由企业负责人、安全管理人员、专业技术人员以及专家组成的领导小组，同时，根据实际工作需要可按工艺或区域分别成立专业小组，细化分工、明确任务。企业应充分发挥专业人员的技术优势，立足自主建设，在企业自身技术力量或人员能力暂时不足的情况下，可聘请外部机构或专家帮助开展相关工作。

2. 制定工作方案

企业应制定或完善本单位双重预防机制建设的相关工作制度和工作方案，明确工作目标、实施内容、责任部门、保障措施、工作进度和工作要求等相关内容。

3. 收集整理信息

收集相关信息，是开展危险（有害）因素辨识、风险评估的一项基础性工作，主要有企业外部信息、内部信息两大类，外部信息包括政策、标准、规范，国内外同类企业发生的典型事故等，内部信息包括本单位生产工艺流程、主要设备、设施、管理现状等，为开展辨识评估提供依据。

4. 做好教育培训

企业要对全体员工开展风险管理知识、危险（有害）因素辨识的方法、风险评估办法、防控措施等内容的培训，使全体员工掌握双重预防机制建设相关知识，增强参与风险辨识、评估和管控的能力，做到全员参与，为双重预防机制建设奠定坚实的基础。

（二）开展危险（有害）因素辨识和风险评估

危险有害因素是风险的载体，安全风险源于可能导致人员伤亡或财产损失的危险源或各种危险有害因素。企业开展风险管控必须从源头上辨识危险（有害）因素，在此基础上对其事故发生的可能性及后果严重性的安全风险进行分析评估。

1. 合理划分辨识单元

企业要对整个生产系统根据生产工艺特点和作业活动方式划分辨识单元，单元划分应该分层次逐级进行，一般可以将整个生产系统依次划分成主单元、分单元、子单元、岗位（设备、作业）单元。

2. 编制辨识清单开展辨识

根据国家安监总局《较大危险因素辨识与防范指导手册》以及本单位生产工艺和岗位等特点分别编制危险（有害）因素排查辨识清单，采取全员参与、专家指导相结合的方式，全面、详细地排查辨识各个岗位、各个生产环节存在的各类危险（有害）因素。

3. 开展风险评估

科学选择评估方法，综合分析事故发生的途径、条件、可能及其后果严重程度等，对危险（有害）因素风险大小进行评定。

（三）实施安全风险管控

企业根据风险评价的结果，针对安全风险特点，从组织、制度、技术、应急等方面对安全风险进行有效管控。要通过隔离危险源、采取技术手段、实施个体防护、设置监控设施等措施，达到规避、降低和监测风险的目的。要对安全风险分级、分层、分类、分专业进行管理，逐一落实企业、车间、班组和岗位的管控责任，尤其要强化对重大危险源和存在重大安全风险的生产经营系统、生产区域、岗位的重点管控。要高度关注运营状况和危险源变化后的风险状况，动态评估、调整风险等级和管控措施，确保安全风险始终处于受控范围内。

（四）制定管控措施及清单

对不同级别的风险都要结合实际采取多种措施进行控制，并逐步降低风险，直至可以接受。风险控制措施包括工程技术措施、管理措施、教育措施、个体防护措施。

一般地，建立如下制定风险管控等级及控制措施，见表 4–1。

表 4–1　　风险管控等级及控制措施

风险等级		应采取的行动 / 控制措施	实施期限
E/1 级	极其危险（红色）	在采取措施降低危害前，不能继续作业，对改进措施进行评估	立刻
D/2 级	高度危险（橙色）	采取紧急措施降低风险，建立运行控制程序，定期检查、测量及评估	立即或近期整改
C/3 级	显著危险（黄色）	可考虑建立目标、建立操作规程，加强培训及沟通	2 年内治理

续表

风险等级		应采取的行动 / 控制措施	实施期限
B/4 级	轻度危险（蓝色）	可考虑建立操作规程、作业指导书但需定期检查	有条件、有经费时治理
A/5 级	稍有危险（绿色）	无需采用控制措施	需保存记录

企业在风险辨识评估基础上，制定防控措施，包括技术、管理、应急处置等，建立相应的风险管控清单，内容包括风险名称、风险位置、风险类别、风险等级、管控主体、管控措施等。其中，重大风险要单独汇总，登记造册，并对重大风险存在的作业场所或作业活动、工艺技术条件、技术保障措施、管理措施、应急处置措施、责任部门及工作职责等进行详细说明。

（五）分类分级管控

企业安全风险分级管控应遵循“分类、分级、分层、分专业”的方法，按照风险分级管控基本原则开展。

建立安全风险分级管控工作制度，制定工作方案，明确安全风险分级管控原则和责任主体，分别落实领导层、管理层、员工层的风险管控职责和风险管控清单，分类别、分专业制定部门、车间、班组、岗位的安全风险技术、管理、应急等防控措施。重大风险工艺、环节、设备设施和重大危险源要实施重点管理。

（六）公告警示

企业可以建立完善的安全风险公告制度，风险的公告，一般实行企业（厂）、车间（班组）、岗位三级公告，公告内容应及时更新和建档。

企业可以根据风险评估结果，集中对重大以上风险实施企业（厂）级公示，在醒目位置设置公告栏，公告内容包括危险有害因素、事故类型、后果、影响范围、风险等级、管控措施和应急处理方式、措施落实责任人、有效期、报告电话等，同时要制作安全风险分布图，将生产设施、作业场所等区域存在的不同等级风险，使用红、橙、黄、蓝四种颜色，标示在总平面布置图或地理坐标图中；车间（班组）要在醒目位置设置公告栏对较大以上安全风险进行公示；岗位要制作安全风险告知卡，标明岗位主要安全风险、可能引发的事故类别、管控措施、安全操作规程及应急措施等内容；对存有较大以上风险的场所、设备设施，要设立安全警示标志，其中对存在重大风险（重大危险源）的重点区域或设备设施要增设公告牌，便于随时进行安全风险确认，指导员工安全规范操作。要将岗位安全风险告知卡内容作为岗位人员安全风险教育和技能培训的基础资料之一，并在应用中不断补充完善。

（七）建立持续改进工作机制

要定期组织对双重预防机制运行情况进行评估，及时修正发现问题和偏差，做到持续改进。要制定企业安全风险清单、事故隐患清单和安全风险图动态更新制度，制定双重预防机制相关制度文件定期评估制度，确保双重预防机制不断完善，持续保持有效运行。

凡是企业生产工艺流程、关键设备设施等出现变化，要重新开展全面的风险辨识，完善风险分级管控措施；凡是企业组织机构发生变化，要对风险管控、隐患排查治理等管理制度、责任体系重新制定完善；凡是企业发生伤亡事故，一律要对风险分级管控和隐患排查治理的运行情况进行重新评估，针对事故原因全链条修正完善双重预防机制各个环节。

第四节　安全风险隐患排查治理的依据及隐患分级

风险管控措施失效或弱化极易形成隐患，酿成事故。发电企业要建立完善危险化学品隐患排查治理制度，制定符合企业实际的隐患排查治理清单，明确和细化隐患排查的事项、内容和频次，并将责任逐一分解落实，推动全员参与自主排查隐患，尤其要强化对危险化学品重大危险源及存在重大风险的场所、环节、部位的隐患排查。对于排查发现的重大事故隐患，应当在向负有安全生产监督管理职责的部门报告的同时，制定并实施严格的隐患治理方案，做到责任、措施、资金、时限和预案“五落实”，实现隐患排查治理的闭环管理。

一、开展隐患排查治理工作的法律依据

（一）《安全生产法》

第四十三条明确规定：“生产经营单位的安全生产管理人员应当根据本单位的生产经营特点，对安全生产状况进行经常性检查；对检查中发现的安全问题，应当立即处理；不能处理的，应当及时报告本单位有关负责人，有关负责人应当及时处理。检查及处理情况应当如实记录在案。”

“生产经营单位的安全生产管理人员在检查中发现重大事故隐患，依照前款规定向本单位有关负责人报告，有关负责人不及时处理的，安全生产管理人员可以向主管的负有安全生产监督管理职责的部门报告，接到报告的部门应当依法及时处理。”

（二）危险化学品企业相关文件

为进一步推动和规范危险化学品企业开展安全检查和隐患排查治理工作，国家安全监管总局组织制定了《危险化学品企业事故隐患查治理实施导则》（安监总管三〔2012〕103 号）、《化工（危险化学品）企业安全检查重点指导目录》（安监总管三〔2015〕113 号）、《化工和危险化学品生产经营单位重大生产安全事故隐患判定标准（试行）》（安监总管三〔2017〕121 号）、《危险化学品企业安全风险隐患排查治理导则》（应急〔2019〕78 号）等重要的规范性文件，要求危险化学品企业要高度重视并做好安全检查和隐患排查治理工作，建立安全检查和隐患排查治理工作责任制，完善安全检查和隐患排查治理制度，规范各项工作程序，建立安全检查和隐患排查治理的常态化机制。

尽管这些文件主要针对危险化学品生产经营企业，但有些要求同样适用于具有危化品重大危险源的发电企业。

（三）《电力安全隐患监督管理暂行规定》

《电力安全隐患监督管理暂行规定》（电监安全〔2013〕5 号）要求发电企业要贯彻落实“安全第一、预防为主、综合治理”方针，明确安全隐患（以下简称隐患）分级分类标准、规

范隐患排查治理工作，建立隐患监督管理的长效机制，防止电力事故和电力安全事件的发生。但对危险化学品风险隐患排查治理未进行明确要求。

（四）《危险化学品企业事故隐患排查治理实施导则》

《危险化学品企业事故隐患排查治理实施导则》（2012 年版）明确，该导则适用于生产、使用和储存危险化学品企业的事故隐患排查治理工作，企业应切实落实安全生产主体责任，促进危险化学品企业建立事故隐患排查治理的长效机制，及时排查、消除事故隐患，有效防范和减少事故。但是，在 2019 年又印发了《危险化学品企业安全风险隐患排查治理导则》（应急〔2019〕78 号），将适用范围明确为危险化学品生产、经营、使用发证企业的安全风险隐患排查治理工作，其他化工企业参照执行。由于发电企业不属于危险化学品生产、经营、使用发证企业，因此，从依法合规上讲，发电企业可以不执行该导则。

鉴于当前尚无明确的适用于发电企业危险化学品隐患排查治理的相关法律法规，作者认为，发电企业可以在电力行业隐患排查治理的有关规定的基础上，参考该导则对企业危险化学品开展风险隐患排查治理工作。

二、事故隐患的分级

从隐患分级上，事故隐患分为一般事故隐患和重大事故隐患。

一般事故隐患：是指危害和整改难度较小，发现后能够立即整改排除的隐患。

重大事故隐患：是指危害和整改难度较大，应当全部或者局部停产停业，并经过一定时间整改治理方能排除的隐患，或者因外部因素影响致使生产经营单位自身难以排除的隐患。

从隐患内容上，事故隐患一般分为基础管理类隐患和生产现场类隐患。

1. 基础管理类隐患

基础管理类隐患包括以下方面存在的问题或缺陷：

（1）生产经营单位资质证照。

（2）安全生产管理机构及人员。

（3）安全生产责任制。

（4）安全生产管理制度。

（5）教育培训。

（6）安全生产管理档案。

（7）安全生产投入。

（8）应急管理。

（9）职业卫生基础管理。

（10）相关方安全管理。

（11）基础管理其他方面。

2. 生产现场类隐患

生产现场类隐患包括以下方面存在的问题或缺陷：

（1）设备设施。

（2）场所环境。

（3）从业人员操作行为。
（4）消防及应急设施。
（5）供配电设施。
（6）职业卫生防护设施。
（7）辅助动力系统。
（8）现场其他方面。

第五节　安全风险隐患排查治理体系的建立

一、编制隐患排查清单

发电企业可以依据确定的各类风险的全部控制措施和基础安全管理要求，编制包含全部应该排查的项目清单。隐患排查项目清单包括生产现场类隐患排查清单和基础管理类隐患排查清单。应以各类风险点为基本单元，依据风险分级管控体系中各风险点的控制措施和标准、规程要求，编制该排查单元的排查清单。至少应包括：

（1）与风险点对应的设备设施和作业名称。
（2）排查内容。
（3）排查标准。
（4）排查方法。

二、组织实施

1. 排查类型

排查类型主要包括日常隐患排查、综合性隐患排查、专业性隐患排查、专项或季节性隐患排查、专家诊断性检查和企业各级负责人履职检查等。

2. 排查要求

隐患排查应做到全面覆盖、责任到人，定期排查与日常管理相结合，专业排查与综合排查相结合，一般排查与重点排查相结合。

3. 组织级别

企业应根据自身组织架构和有关规定确定不同的排查组织级别和频次。排查组织级别一般包括企业（厂）级、部门级、车间级、班组级。

三、隐患治理要求

隐患治理实行分级治理、分类实施的原则。主要包括岗位纠正、班组治理、车间治理、部门治理、企业治理等。

隐患治理应做到方法科学、资金到位、治理及时有效、责任到人、按时完成。能立即整改的隐患必须立即整改，无法立即整改的隐患治理前要研究制定防范措施，落实监控责任，按照“五定”原则开展隐患治理，防止隐患发展为事故。

按照隐患排查治理要求，企业各相关层级的部门和单位对照隐患排查清单进行隐患排查，填写隐患排查记录。

根据排查出的隐患类别，提出治理建议，一般应包含针对排查出的每项隐患，明确治理责任单位和主要责任人。

经排查评估后，提出初步整改或处置建议，依据隐患治理难易程度或严重程度，确定隐患治理期限。

四、隐患治理流程

事故隐患治理流程包括通报隐患信息、下发隐患整改通知、实施隐患治理、治理情况反馈、验收等环节。

隐患排查结束后，将隐患名称、存在位置、不符合状况、隐患等级、治理期限及治理措施要求等信息向从业人员进行通报。隐患排查组织部门应制发隐患整改通知书，应对隐患整改责任单位、措施建议、完成期限等提出要求。隐患存在单位在实施隐患治理前应当对隐患存在的原因进行分析，并制定可靠的治理措施。隐患整改通知制发部门应当对隐患整改效果组织验收。

1. 一般隐患治理

对于一般事故隐患，根据隐患治理的分级，由企业各级（公司、车间、部门、班组等）负责人或者有关人员负责组织整改，整改情况要安排专人进行确认。

2. 重大隐患治理

经判定或评估属于重大事故隐患的，企业应当及时组织评估，并编制事故隐患评估报告书。评估报告书应当包括事故隐患的类别、影响范围和风险程度以及对事故隐患的监控措施、治理方式、治理期限的建议等内容。

企业应根据评估报告书制定重大事故隐患治理方案。治理方案应当包括下列主要内容：

（1）治理的目标和任务。

（2）采取的方法和措施。

（3）经费和物资的落实。

（4）负责治理的机构和人员。

（5）治理的时限和要求。

（6）防止整改期间发生事故的安全措施。

五、隐患治理验收

隐患治理完成后，应根据隐患级别组织相关人员对治理情况进行验收，实现闭环管理。重大隐患治理工作结束后，企业应当组织对治理情况进行复查评估。对政府或上级公司督办的重大隐患，按有关规定执行。

六、文件管理

企业在隐患排查治理体系策划、实施及持续改进过程中，应完整保存体现隐患排查全过程的记录资料，并分类建档管理。至少应包括：

（1）隐患排查治理制度。

（2）隐患排查治理台账。

（3）隐患排查项目清单等内容的文件成果。

（4）重大事故隐患排查、评估记录，隐患整改复查验收记录等，应单独建档管理。

七、隐患排查的效果

通过隐患排查治理体系的建设，企业应至少在以下方面有所改进：

（1）风险控制措施全面持续有效。

（2）风险管控能力得到加强和提升。

（3）隐患排查治理制度进一步完善。

（4）各级排查责任得到进一步落实。

（5）员工隐患排查水平进一步提高。

（6）对隐患频率较高的风险重新进行评价、分级，并制定完善控制措施。

（7）生产安全事故明显减少；职业健康管理水平进一步提升。

八、持续改进

1. 评审

企业应适时和定期对隐患排查治理体系运行情况进行评审，以确保其持续适宜性、充分性和有效性。评审应包括体系改进的可能性和对体系进行修改的需求。评审每年应不少于一次，当发生更新时应及时组织评审。应保存评审记录。

2. 更新

企业应主动根据以下情况对隐患排查治理体系的影响，及时更新隐患排查治理的范围、隐患等级和类别、隐患信息等内容，主要包括：

（1）法律法规及标准规程变化或更新。

（2）政府规范性文件提出新要求。

（3）企业组织机构及安全管理机制发生变化。

（4）企业生产工艺发生变化、设备设施增减、使用原辅材料变化等。

（5）企业自身提出更高要求。

（6）事故事件、紧急情况或应急预案演练结果反馈的需求。

（7）其他情形出现应当进行评审。

第六节　安全风险隐患排查治理的实施

发电企业应结合日常安全管理工作，把危险化学品安全风险分级防控及隐患排查治理工作作为重点之一，充分发挥各级管理人员、岗位运行人员、专业技术人员，深入参与危险化学品风险辨识，依靠专业技术力量，制定可靠的风险防控措施，从专业技术层面加强危险化学品相关装置隐患排查的深度和广度。

一、风险隐患排查治理基本要求

1. 完善治理制度

企业要建立风险管控与隐患排查治理有机结合的工作机制，制定符合企业实际的风险防控检查与隐患排查治理相统一的清单，明确和细化隐患排查的事项、内容和频次；完善隐患排查治理责任制，明确主要负责人、分管负责人、部门和岗位人员隐患排查治理的职责范围和工作任务，对发现的隐患要及时实施重点整治；建立资金投入和使用制度，保障隐患整改资金的需求；完善事故隐患排查治理激励约束机制，鼓励从业人员发现、报告事故隐患；完善事故隐患的排查、治理、评估、核销全过程的信息档案管理制度等。

2. 强化闭环管理

企业要建立和完善隐患排查治理闭环的运行机制，建立健全事故隐患闭环管理制度，对现有的隐患排查治理工作流程进行完善改进，实现隐患排查、登记、评估、治理、验收、报告、销号等持续改进的闭环管理，制定并实施严格的隐患治理方案，做到责任、措施、资金、时限和预案“五落实”。

3. 加强管理信息平台建设

企业可根据企业经济条件，建立安全风险管控与隐患排查治理一体化的信息平台，立足风险管控和隐患整治过程的实际应用，为企业危险（有害）因素辨识、风险分类分级日常检查、隐患信息的登记、整改、跟踪等工作提供支持。

二、发电企业危险化学品风险隐患排查治理

1. 基本要求

发电企业是危险化学品安全风险隐患排查治理的主体，应逐级落实安全风险隐患排查治理责任，对安全风险全面管控，对事故隐患治理实行闭环管理，保证危险化学品安全。应建立健全危险化学品安全风险隐患排查治理工作机制，建立危险化学品安全风险隐患排查治理制度并严格执行，涉及人员应按照安全生产责任制要求参与危险化学品安全风险隐患排查治理工作。

发电企业可借鉴或利用安全检查表（SCL）、工作危害分析（JHA）、故障类型和影响分析（FMEA）等定性或定量安全风险分析方法，或多种方法的组合，分析危险化学品安全管理过程中存在的安全风险；选用风险评估矩阵（RAM）、作业条件危险性分析（LEC）等方法进行风险评估，有效实施危险化学品安全风险分级管控。

2. 安全风险隐患排查方式

发电企业可根据安全生产法律法规和电力行业风险隐患排查治理要求，结合企业危险化学品涉及环节，针对可能发生危险化学品安全事故的风险点，全面开展安全风险隐患排查工作，做到安全风险隐患排查全覆盖，责任到人。

一般地，危险化学品安全风险隐患排查形式与企业例行安全风险隐患排查形式基本一致，可以单独进行危险化学品安全风险隐患排查，也可以结合企业例行工作开展安全风险隐患排

查。危险化学品安全风险隐患排查形式可以包括日常排查、综合性排查、专业性排查、季节性排查、重点时段及节假日前排查、事故类比排查、复产复工前排查和外聘专家诊断式排查等。

（1）日常排查。是指基层单位班组、岗位员工的交接班检查和班中巡回检查，以及基层单位（厂）管理人员和各专业技术人员的日常性检查；日常排查应加强涉及危险化学品的关键装置、重点部位、关键环节、重大危险源的检查和巡查。

（2）综合性排查。是指以安全生产责任制、各项专业管理制度、安全生产管理制度落实情况为重点开展的全面检查。

（3）专业性排查。是指涉及危险化学品的工艺、设备、电气、仪表、储运、消防和公用工程等专业对生产各系统进行的检查。

（4）季节性排查。是指根据各季节特点开展的专项检查，主要包括：春季以防雷、防静电、防解冻泄漏、防解冻坍塌为重点；夏季以防雷暴、防设备容器超温超压、防台风、防洪、防暑降温为重点；秋季以防雷暴、防火、防静电、防凝保温为重点；冬季以防火、防爆、防雪、防冻防凝、防滑、防静电为重点。

（5）重点时段及节假日前排查。是指在重大活动、重点时段和节假日前，对装置生产是否存在异常状况和事故隐患、备用设备状态、备品备件、生产及应急物资储备、保运力量安排、安全保卫、应急、消防等方面进行的检查，特别是要对节假日期间领导干部带班值班、机电仪保运及紧急抢修力量安排、备件及各类物资储备和应急工作进行重点检查。

（6）事故类比排查。是指对企业内或同类企业发生危险化学品安全事故后举一反三的安全检查。

（7）复产复工前排查。是指节假日、设备检修、生产原因等停产较长时间，在重新恢复生产前，需要进行人员培训，对生产工艺、设备设施等进行综合性隐患排查。

（8）外聘专家排查。是指聘请外部专家对危险化学品进行的安全检查。

3. 安全风险隐患排查频次

发电企业可以根据如下情况确定危险化学品安全风险隐患排查的频次：

（1）危险化学品相关装置操作人员现场巡检间隔不得大于 2 h，涉及危险化学品重大危险源的使用、储存装置和部位的操作人员现场巡检间隔不得大于 1 h。

（2）基层车间（装置）直接管理人员（工艺、设备技术人员）、电气、仪表人员每天至少两次对装置现场进行相关专业检查。

（3）基层车间应结合班组安全活动，至少每周组织一次安全风险隐患排查；基层单位（厂）应结合岗位责任制检查，至少每月组织一次安全风险隐患排查。

（4）企业应根据季节性特征及本单位的生产实际，每季度开展一次有针对性的季节性安全风险隐患排查；重大活动、重点时段及节假日前必须进行安全风险隐患排查。

（5）企业至少每半年组织一次，基层单位至少每季度组织一次综合性排查和专业排查，两者可结合进行。

（6）当同类企业发生危险化学品安全事故时，应举一反三，及时进行事故类比安全风险隐患专项排查。

（7）当危险化学品领域发生以下情形之一时，应根据情况及时组织进行相关危险化学品专业性排查：

1）公布实施有关危险化学品新法律法规、标准规范或原有适用法律法规、标准规范重新修订的。

2）组织机构和人员发生重大调整的。

3）危险化学品相关装置工艺、设备、电气、仪表、公用工程或操作参数发生重大改变的。

4）外部安全生产环境发生重大变化的。

5）发生危险化学品安全事故或对安全事故、事件有新认识的。

6）气候条件发生大的变化或预报可能发生重大自然灾害前。

三、安全风险隐患排查内容和排查信息

发电企业可结合自身安全风险及管控水平，参照企业其他专业安全风险隐患排查表，编制符合自身实际的危险化学品安全风险隐患排查表，开展安全风险隐患排查工作，也可以与其他专业一起开展安全风险隐患排查工作。排查内容包括但不限于以下方面：

（1）安全领导能力。

（2）安全生产责任制。

（3）岗位安全教育和操作技能培训。

（4）安全生产信息管理。

（5）安全风险管理。

（6）设计管理。

（7）试生产管理。

（8）装置运行安全管理。

（9）设备设施完好性。

（10）作业许可管理。

（11）承包商管理。

（12）变更管理。

（13）应急管理。

（14）安全事故事件管理。

发电企业应当全面准确排查、辨识和记录所有与危险化学品相关的安全风险隐患的信息并建立台账，方式可以通过企业自查、外聘安全专家或者安全中介服务机构检查、各级政府监管部门执法检查等。排查信息应主要包括：

（1）排查的时间，组织实施的单位和人员。

（2）安全风险隐患的名称、内容、地点（装置和设施、部位和区域）、判定依据、有关图像资料、整改时限及有关要求。

（3）安全风险隐患的分级管理，属于一般安全风险隐患，还是重大安全风险隐患。

隐患排查治理台账是企业安全风险隐患源头治理的基础资料，与双重预防体系所建立的隐患排查治理台账可以是一本台账，也可以单独另建台账。

第七节　安全风险隐患的整改与治理

发电企业应建立隐患排查治理台账，台账要素一般包括：隐患排查日期、隐患排查实施部门、隐患排查人员、隐患名称、隐患内容、隐患地点、隐患等级、判定依据、整改期限要求；整改责任单位、整改责任人、整改资金及来源、整改落实情况、整改完成日期、评估验收单位、评估验收人员。根据管理需要另附整改前、后图像资料；对于不能立即整改的隐患要制定防范措施和应急措施。

一、安全风险隐患产生的原因分析

发电企业应当及时组织研判分析，确定每条、每类安全风险隐患产生的大概时间，找出每条、每类安全风险隐患产生的根本原因。主要包括：

（1）建设项目阶段设计、施工、监理、检测检验和安全评价等方面的原因。

（2）生产运行阶段“人、机（物）、环境和管理”等方面的原因，如人员素质、工艺技术、设施设备、生产运行、安全管理、变更管理、物资采购、外部环境等。

在查明每条、每类安全风险隐患产生的原因后，应当定期组织归纳分析，综合确定安全风险隐患的产生根源。

二、安全风险隐患产生的规律分析

发电企业可以根据企业实际及各级要求，按照季度、年度和三年以上的周期，统计分析安全风险隐患出现的时间（时期）、地点（装置和设施、部位和区域）、次数、类别、专业和负有管理职责的部门（单位）等信息，以及重大安全风险隐患的情况，由此确定安全风险隐患易发的薄弱环节和重点装置设施、区域部位，找出安全风险隐患的产生规律。

三、举一反三排查安全风险隐患

发电企业可以根据分析确定的安全风险隐患产生原因、规律，举一反三进行排查，深入查找尚未发现的同种原因导致、规律性产生的其他安全风险隐患。可以根据自身实际，对安全风险隐患源头治理要素的管理要求细化分解，落实到本企业的安全管理体系中。

企业自身能力不足的，可以外聘安全专家或者安全中介服务机构，对安全风险隐患产生的原因、规律进行分析，并制定相应的整改和管控措施。

四、安全风险隐患的整改和报告

发电企业可以按照安全风险隐患排查治理和安全标准化、双重预防体系标准等有关要求，组织安全风险隐患整改落实，实现闭环管理。应依法向属地应急管理部门或相关部门上报安全风险隐患整改情况、存在的重大安全风险隐患及安全风险隐患排查治理长效机制的建立情况。

对于重大安全风险隐患，还应及时报告：

（1）隐患的现状及其产生原因。

（2）隐患的危害程度和整改难易程度分析。

（3）隐患的治理方案。

（4）安全风险隐患整改前后法规标准符合性对比的文字、图纸、照片或影像资料，并由企业负责人签字。

五、安全风险隐患的整改和管控

发电企业应当制定和落实有针对性的措施，整改消除和严密管控安全风险隐患产生的原因、规律。如：针对制度规程缺失或不完善、安全管理缺陷等，应当及时修订完善制度规程、补齐安全管理缺陷和短板等；针对设备失效（腐蚀、疲劳等原因）的周期性规律，应当提前预防、定期监测、严密管控。

对于因自然灾害可能导致事故灾难的隐患，应按照有关法规标准排查治理，制定应急预案，采取可靠预防措施。

发电企业可以编制安全风险隐患产生原因、规律分析和举一反三情况报告，主要内容可以包括：

（1）隐患名称和类型、产生的大概时间。

（2）隐患产生原因和规律分析。

（3）季度、年度和三年以上的周期同类隐患出现次数。

（4）隐患产生原因和规律的管控消除情况。

（5）根据隐患产生原因和规律分析，进一步排查治理同类型隐患情况。

（6）对举一反三排查治理同类型隐患的情况，按照双重预防体系标准要求登记建档和奖惩。

六、检查、考核与奖惩

发电企业可以定期组织检查，将安全风险隐患源头治理情况纳入对企业内各单位（部门、车间、班组）和各级、各类人员的绩效考核，严格落实奖惩措施。

根据安全风险隐患的风险程度、整改难度、资金投入等，对安全风险隐患产生原因负有责任的单位和人员严肃追责，倒逼企业员工落实好职责范围内的隐患源头管控责任。

可以建立考核与奖惩台账，台账要素可以包括：奖惩日期、实施奖惩的部门（单位）、奖惩对象、奖惩内容、奖惩原因（包括发现和整改隐患的奖励激励，隐患产生的责任追究等）。

七、信息化管理

发电企业应当利用信息化手段，对安全风险隐患的排查信息、原因和规律分析、举一反三排查情况，以及整改验收、原因管控和消除、考核奖惩、责任追究等情况，实行信息化管理，形成源头治理全过程记录信息数据库，并按规定要求将有关数据信息录入应急管理部门的安全监管信息平台。

第五章　发电企业危险化学品重大危险源安全管理

目前，国内燃煤发电厂危险化学品使用量较大，在设有烟气脱硝系统的发电企业中，为脱硝系统提供液氨的氨罐（区）有可能构成危险化学品重大危险源。危险化学品重大危险源是安全管理工作中的重中之重，必须高度重视。发电企业危险化学品从业人员应熟悉和掌握危险化学品重大危险源相关知识。

本章共分为四节，重点介绍危险化学品重大危险源的概念、辨识、评估、备案、重大危险源安全管理、重大危险源的法律责任等。

第一节　重大危险源的概念及辨识标准

一、危险化学品重大危险源的概念

危险化学品重大危险源是指长期地或临时地生产、储存、使用和经营危险化学品，且危险化学品的数量等于或超过临界量的单元。

二、危险化学品重大危险源的辨识标准

危险化学品重大危险源的辨识是依据相关国家标准进行辨识。《危险化学品重大危险源辨识》（GB 18218—2018）（以下简称《辨识》）于 2019 年 3 月 1 日起开始实施。

《辨识》（2018 版）中明确适用于生产、储存、使用和经营危险化学品的生产经营单位。依据此规定，发电企业危险化学品重大危险源应以《辨识》为依据，对企业所涉及的危险化学品储存和使用装置、设施或者场所进行重大危险源辨识，并记录辨识过程与结果。

《辨识》（2018 版）明确了 85 种化学品的临界量，并公布了重大危险源分级指标的计算方法，达到这个量就构成危险化学品重大危险源。对比 2009 版，在很多方面进行了较大修订，主要修订内容如下。

1. 修改了有关术语的定义

（1）把“危险化学品”的定义修改为：具有毒害、腐蚀、爆炸、燃烧、助燃等性质，对人体、设施、环境具有危害的剧毒化学品和其他化学品。

（2）把“危险化学品重大危险源”的定义修改为：长期地或临时地生产、储存、使用和经营危险化学品，且危险化学品的数量等于或超过临界量的单元。

2. 重大危险源的判断依据发生变化

由原来的《危险货物品名表》《化学品分类、警示标签和警示性说明安全规范》变为《化学品分类和标签规范》系列国家标准。

3. 单元划分上发生变化

《辨识》(2018 版) 对生产单元和储存单元分别辨识，前者包括生产装置和设施，以切断阀作为分割界限划分为独立的单元；后者包括储罐区和仓库，以罐区防火堤、独立库房（独立建筑物）为界限划分为独立的单元。危险化学品实际存在量明确按照设计最大量确定。对于2009版标准对危险单元的500m绝对距离范围内的装置、设施、场所的划分定义，不再适用。

4. 对混合物进行了明确

《辨识》(2018 版) 明确，如果危险化学品混合物与其纯物质属于相同危险类别，则视为纯物质，按混合物整体进行计算；如果混合物与其纯物质不属于相同危险类别，则按新危险类别考虑临界量，并整合了重大危险源分级方法。

第二节　重大危险源的有关法律法规要求及责任主体

一、重大危险源的有关法律法规要求

（1）《国务院关于进一步加强企业安全生产工作的通知》（国发〔2010〕23号）第16条要求企业要对重大危险源和重大隐患要报当地安全生产监管监察部门、负有安全生产监管职责的有关部门和行业管理部门备案。

（2）《国务院关于坚持科学发展安全发展促进安全生产形势持续稳定好转的意见》（国发〔2011〕40号）第13条要求各地区要建立重大危险源管理档案，实施动态全程监控。

（3）《危险化学品安全管理条例》（国务院令第591号）第十九条规定：危险化学品生产装置或者储存数量构成重大危险源的危险化学品储存设施（运输工具加油站、加气站除外），与下列场所、设施、区域的距离应当符合国家有关规定：

1）居住区以及商业中心、公园等人员密集场所。

2）学校、医院、影剧院、体育场（馆）等公共设施。

3）饮用水源、水厂以及水源保护区。

4）车站、码头（依法经许可从事危险化学品装卸作业的除外）、机场以及通信干线、通信枢纽、铁路线路、道路交通干线、水路交通干线、地铁风亭以及地铁站出入口。

5）基本农田保护区、基本草原、畜禽遗传资源保护区、畜禽规模化养殖场（养殖小区）、渔业水域以及种子、种畜禽、水产苗种生产基地。

6）河流、湖泊、风景名胜区、自然保护区。

7）军事禁区、军事管理区。

8）法律、行政法规规定的其他场所、设施、区域。

已建危险化学品的生产装置和储存数量构成重大危险源的储存设施不符合前款规定的，由所在地设区的市级人民政府负责危险化学品安全监督管理综合工作的部门监督其在规定期限内进行整顿；需要转产、停产、搬迁、关闭的，报本级人民政府批准后实施。

（4）《危险化学品安全管理条例》第二十四条要求，剧毒化学品以及储存数量构成重大危

险源的其他危险化学品，应当在专用仓库内单独存放，并实行双人收发、双人保管制度。

第二十五条规定：对剧毒化学品以及储存数量构成重大危险源的其他危险化学品，储存单位应当将其储存数量、储存地点以及管理人员的情况，报所在地县级人民政府安全生产监督管理部门（在港区内储存的，报港口行政管理部门）和公安机关备案。

第四十八条规定：危险化学品生产、储存企业以及使用剧毒化学品和数量构成重大危险源的其他危险化学品的单位，应当向国务院经济贸易综合管理部门负责危险化学品登记的机构办理危险化学品登记。

（5）《安全生产法》第三十七条规定：生产经营单位对重大危险源应当登记建档，进行定期检测、评估、监控，并制定应急预案，告知从业人员和相关人员在紧急情况下应当采取的应急措施。生产经营单位应当按照国家有关规定将本单位重大危险源及有关安全措施、应急措施报有关地方人民政府安全生产监督管理部门和有关部门备案。

（6）《关于开展提升危险化学品领域本质安全水平专项行动的通知》（安监总管三〔2012〕87号）要求：开展危险化学品重大危险源自动化监控系统改造工作要按照《危险化学品重大危险源监督管理暂行规定》（国家安全监管总局令第40号）的要求，改造危险化学品重大危险源的自动化监测监控系统，完善监控措施，2014年底前全面实现危险化学品重大危险源温度、压力、液位、流量、可燃有毒气体泄漏等重要参数自动监测监控、自动报警和连续记录。

二、重大危险源的责任主体

《危险化学品重大危险源监督管理暂行规定》第四条规定：危险化学品单位是本单位危险化学品重大危险源安全管理的责任主体，其主要负责人对本单位的重大危险源安全管理工作负责，并保证重大危险源安全生产所必需的安全投入。

《安全生产法》第二十二条规定，生产经营单位的安全生产管理机构以及安全生产管理人员应履行督促落实本单位重大危险源的安全管理措施的职责。

因此，涉及危险化学品重大危险源的发电企业应按照上述有关规定，落实好重大危险源安全管理的主体责任，其主要负责人及安全管理人员应履行好相应的重大危险源安全管理职责。

第三节 危险化学品重大危险源的辨识

一、重大危险源的辨识范围及规定

1. 辨识范围

危险化学品重大危险化学辨识范围划分为生产单元和储存单元，包括危险化学品的生产、储存装置、设施或场所。

2. 辨识单元的划分

危险化学品的生产、加工及使用等的装置及设施，当装置及设施之间有切断阀时，以切断阀作为分隔界限划分为独立的单元。用于储存危险化学品的储罐或仓库组成的相对独立的区域，储罐区以罐区隔堤为界限划分为独立的单元，仓库以独立库房为界限划分为独立的单元。

3. 有关规定

（1）关于实际存在量的规定。危险化学品储罐以及其他容器、设备或仓储区的危险化学品的实际存在量按设计最大量确定。

（2）关于混合物的规定。对于危险化学品混合物，如果混合物与其纯物质属于相同危险类别，则视混合物为纯物质，按混合物整体进行计算。如果混合物与其纯物质不属于相同危险类别，则应按新危险类别考虑其临界量。

4. 辨识流程

危险化学品重大危险源分为生产单元危险化学品重大危险源和储存单元危险化学品重大危险源。

一般地，危险化学品重大危险源辨识及分级流程如图 5-1 所示。

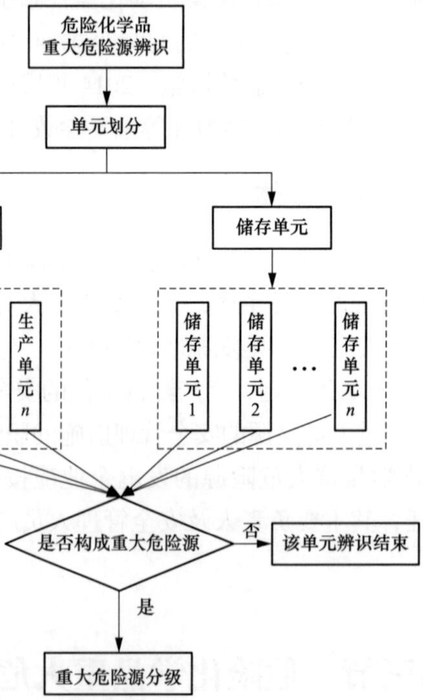

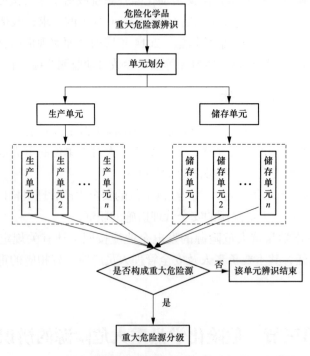

图 5-1　危险化学品重大危险源辨识及分级流程示意图

二、危险化学品重大危险源辨识依据及方法

1. 辨识依据

危险化学品重大危险源的辨识依据是危险化学品的危险特性及其数量，具体见表 5-1 和表 5-2。危险化学品为纯物质及其混合物按照 GB 30000.2、GB 30000.3、GB 30000.4、GB 30000.5、GB 30000.7、GB 30000.8、GB 30000.9、GB 30000.10、GB 30000.11、GB 30000.12、GB 30000.13、GB 30000.14、GB 30000.15、GB 30000.16、GB 30000.18 标准进行分类。

2. 临界量的确定

危险化学品临界量的确定方法严格按照辨识标准执行：

（1）在表 5–1 范围内的危险化学品，其临界量应按表 5–1 确定。

（2）未在表 5–1 范围内的危险化学品，依据其危险性，按表 5–2 确定临界量；若一种危险化学品具有多种危险性，按其中最低的临界量确定。

3. 辨识指标

生产单元、储存单元内存在危险化学品的数量等于或超过表 5–1、表 5–2 规定的临界量，即被定为重大危险源。单元内存在的危险化学品的数量根据危险化学品种类的多少区分为以下两种情况：

（1）生产单元、储存单元内存在的危险化学品为单一品种时，该危险化学品的数量即为单元内危险化学品的总量，若等于或超过相应的临界量，则定为重大危险源。

（2）生产单元、储存单元内存在的危险化学品为多品种时，按式（5–1）计算，若满足式（5–1），则定为重大危险源：

$$S=q_1/Q_1+q_2/Q_2+\cdots+q_n/Q_n \geqslant 1 \tag{5–1}$$

式中　S——辨识指标；

q_1，q_2，…，q_n——每种危险化学品的实际存在量，t；

Q_1，Q_2，…，Q_n——与各危险化学品相对应的临界量，t。

三、重大危险源的分级

1. 重大危险源的分级指标

危险化学品重大危险源的分级指标采用单元内各种危险化学品实际存在量与其相对应的临界量比值，经校正系数校正后的比值之和 R 作为分级指标。

2. 重大危险源分级指标的计算方法

重大危险源的分级指标按照按式（5–2）计算。

$$R=\alpha\left(\beta_1\frac{q_1}{Q_1}+\beta_2\frac{q_2}{Q_2}+\cdots+\beta_n\frac{q_n}{Q_n}\right) \tag{5–2}$$

式中　R——重大危险源分级指标；

q_1，q_2，…，q_n——每种危险化学品实际存在量，t；

Q_1，Q_2，…，Q_n——与各危险化学品相对应的临界量，t；

β_1，β_2，…，β_n——与各危险化学品相对应的校正系数；

α——该危险化学品重大危险源厂区外暴露人员的校正系数。

根据单元内危险化学品的类别不同，设定校正系数 β 值。在表 5–3 范围内的危险化学品，其 β 值按表 5–3 确定；未在表 5–3 范围内的危险化学品，其 β 值按表 5–4 确定。根据危险化学品重大危险源的厂区边界向外扩展 500m 范围内常住人口数量，按照表 5–5 设定暴露人员校正系数 α 值。

3. 重大危险源的分级

根据计算出来的 R 值，把危险化学品重大危险源分为四级：

（1）当 $R \geqslant 100$ 时，确定为一级重大危险源。

（2）当 $100>R \geqslant 50$ 时，确定为二级重大危险源。

（3）当 $50>R \geqslant 10$ 时，确定为三级重大危险源。

（4）当 $R<10$ 时，确定为四级重大危险源。

表 5-1　危险化学品名称及其临界量

序号	危险化学品名称和说明	别名	CAS 号	临界量（t）
1	氨	液氨；氨气	7664-41-7	10
2	二氟化氧	一氧化二氟	7783-41-7	1
3	二氧化氮		10102-44-0	1
4	二氧化硫	亚硫酸酐	7446-09-5	20
5	氟		7782-41-4	1
6	碳酰氯	光气	75-44-5	0.3
7	环氧乙烷	氧化乙烯	75-21-8	10
8	甲醛（含量 >90%）	蚁醛	50-00-0	5
9	磷化氢	磷化三氢；膦	7803-51-2	1
10	硫化氢		7783-06-4	5
11	氯化氢（无水）		7647-01-0	20
12	氯	液氯；氯气	7782-50-5	5
13	煤气（CO，CO 和 H_2、CH_4 的混合物等）			20
14	砷化氢	砷化三氢、胂	7784-42-1	1
15	锑化氢	三氢化锑；锑化三氢；䏲	7803-52-3	1
16	硒化氢		7783-07-5	1
17	溴甲烷	甲基溴	74-83-9	10
18	丙酮氰醇	丙酮合氰化氢；2- 羟基异丁腈；氰丙醇	75-86-5	20
19	丙烯醛	烯丙醛；败脂醛	107-02-8	20
20	氟化氢		7664-39-3	1
21	1- 氯 -2，3- 环氧丙烷	环氧氯丙烷（3- 氯 -1，2- 环氧丙烷）	106-89-8	20
22	3- 溴 -1，2- 环氧丙烷	环氧溴丙烷；溴甲基环氧乙烷；表溴醇	3132-64-7	20
23	甲苯二异氰酸酯	二异氰酸甲苯酯；TDI	26471-62-5	100
24	一氯化硫	氯化硫	10025-67-9	1
25	氰化氢	无水氢氰酸	74-90-8	1

续表

<table>
<tr><th>序号</th><th>危险化学品名称和说明</th><th>别名</th><th>CAS 号</th><th>临界量（t）</th></tr>
<tr><td>26</td><td>三氧化硫</td><td>硫酸酐</td><td>7446–11–9</td><td>75</td></tr>
<tr><td>27</td><td>3– 氨基丙烯</td><td>烯丙胺</td><td>107–11–9</td><td>20</td></tr>
<tr><td>28</td><td>溴</td><td>溴素</td><td>7726–95–6</td><td>20</td></tr>
<tr><td>29</td><td>乙撑亚胺</td><td>吖丙啶；1– 氮杂环丙烷；氮丙啶</td><td>151–56–4</td><td>20</td></tr>
<tr><td>30</td><td>异氰酸甲酯</td><td>甲基异氰酸酯</td><td>624–83–9</td><td>0.75</td></tr>
<tr><td>31</td><td>叠氮化钡</td><td>叠氮钡</td><td>18810–58–7</td><td>0.5</td></tr>
<tr><td>32</td><td>叠氮化铅</td><td></td><td>13424–46–9</td><td>0.5</td></tr>
<tr><td>33</td><td>雷汞</td><td>二雷酸汞；雷酸汞</td><td>628–86–4</td><td>0.5</td></tr>
<tr><td>34</td><td>三硝基苯甲醚</td><td>三硝基茴香醚</td><td>28653–16–9</td><td>5</td></tr>
<tr><td>35</td><td>2，4，6– 三硝基甲苯</td><td>梯恩梯；TNT</td><td>118–96–7</td><td>5</td></tr>
<tr><td>36</td><td>硝化甘油</td><td>硝化丙三醇；甘油三硝酸酯</td><td>55–63–0</td><td>1</td></tr>
<tr><td>37</td><td>硝化纤维素［干的或含水（或乙醇）<25%］</td><td rowspan="5">硝化棉</td><td rowspan="5">9004–70–0</td><td>1</td></tr>
<tr><td>38</td><td>硝化纤维素（未改型的，或增塑的，含增塑剂 <18%）</td><td>1</td></tr>
<tr><td>39</td><td>硝化纤维素（含乙醇 ≥ 25%）</td><td>10</td></tr>
<tr><td>40</td><td>硝化纤维素（含氮 ≤ 12.6%）</td><td>50</td></tr>
<tr><td>41</td><td>硝化纤维素（含水≥ 25%）</td><td>50</td></tr>
<tr><td>42</td><td>硝化纤维素溶液（含氮量 ≤ 12.6%，含硝化纤维素 ≤ 55%）</td><td>硝化棉溶液</td><td>9004–70–0</td><td>50</td></tr>
<tr><td>43</td><td>硝酸铵（含可燃物 >0.2%，包括以碳计算的任何有机物，但不包括任何其他添加剂）</td><td></td><td>6484–52–2</td><td>5</td></tr>
<tr><td>44</td><td>硝酸铵（含可燃物≤ 0.2%）</td><td></td><td>6484–52–2</td><td>50</td></tr>
<tr><td>45</td><td>硝酸铵肥料（含可燃物 ≤ 0.4%）</td><td></td><td></td><td>200</td></tr>
<tr><td>46</td><td>硝酸钾</td><td></td><td>7757–79–1</td><td>1000</td></tr>
<tr><td>47</td><td>1，3– 丁二烯</td><td>联乙烯</td><td>106–99–0</td><td>5</td></tr>
<tr><td>48</td><td>二甲醚</td><td>甲醚</td><td>115–10–6</td><td>50</td></tr>
</table>

续表

序号	危险化学品名称和说明	别名	CAS 号	临界量（t）
49	甲烷，天然气		74-82-8（甲烷）8006-14-2（天然气）	50
50	氯乙烯	乙烯基氯	75-01-4	50
51	氢	氢气	1333-74-0	5
52	液化石油气（含丙烷、丁烷及其混合物）	石油气（液化的）	68476-85-7	50
53	一甲胺	氨基甲烷；甲胺	74-89-5	5
54	乙炔	电石气	74-86-2	1
55	乙烯		74-85-1	50
56	氧（压缩的或液化的）	液氧；氧气	7782-44-7	200
57	苯	纯苯	71-43-2	50
58	苯乙烯	乙烯苯	100-42-5	500
59	丙酮	二甲基酮	67-64-1	500
60	2-丙烯腈	丙烯腈；乙烯基氰；氰基乙烯	107-13-1	50
61	二硫化碳		75-15-0	50
62	环己烷	六氢化苯	110-82-7	500
63	1，2-环氧丙烷	氧化丙烯；甲基环氧乙烷	75-56-9	10
64	甲苯	甲基苯；苯基甲烷	108-88-3	500
65	甲醇	木醇；木精	67-56-1	500
66	汽油（乙醇汽油、甲醇汽油）		86290-81-5（汽油）	200
67	乙醇	酒精	64-17-5	500
68	乙醚	二乙基醚	60-29-7	10
69	乙酸乙酯	醋酸乙酯	141-78-6	500
70	正己烷	己烷	110-54-3	500
71	过乙酸	过醋酸；过氧乙酸；乙酰过氧化氢	79-21-0	10
72	过氧化甲基乙基酮（10%<有效氧含量≤10.7%，含A型稀释剂≥48%）		1338-23-4	10
73	白磷	黄磷	12185-10-3	50
74	烷基铝	三烷基铝		1
75	戊硼烷	五硼烷	19624-22-7	1

续表

序号	危险化学品名称和说明	别名	CAS 号	临界量（t）
76	过氧化钾		17014-71-0	20
77	过氧化钠	双氧化钠；二氧化钠	1313-60-6	20
78	氯酸钾		3811-04-9	100
79	氯酸钠		7775-09-9	100
80	发烟硝酸		52583-42-3	20
81	硝酸（发红烟的除外，含硝酸 >70%）		7697-37-2	100
82	硝酸胍	硝酸亚氨脲	506-93-4	50
83	碳化钙	电石	75-20-7	100
84	钾	金属钾	7440-09-7	1
85	钠	金属钠	7440-23-5	10

表 5-2　　未在表 5-1 中列举的危险化学品类别及其临界量

类别	符号	危险性分类及说明	临界量（t）
健康危害	J（健康危害性符号）	—	—
急性毒性	J1	类别 1，所有暴露途径，气体	5
	J2	类别 1，所有暴露途径，固体、液体	50
	J3	类别 2、类别 3，所有暴露途径，气体	50
	J4	类别 2、类别 3，吸入途径，液体（沸点 ≤ 35℃）	50
	J5	类别 2，所有暴露途径，液体（除 J4 外）、固体	500
物理危险	W（物理危险性符号）	—	—
爆炸物	W1.1	不稳定爆炸物 1.1 项爆炸物	1
	W1.2	1.2、1.3、1.5、1.6 项爆炸物	10
	W1.3	1.4 项爆炸物	50
易燃气体	W2	类别 1 和类别 2	10
气溶胶	W3	类别 1 和类别 2	150（净重）
氧化性气体	W4	类别 1	50

续表

类别	符号	危险性分类及说明	临界量（t）
易燃液体	W5.1	类别 1 类别 2 和类别 3，工作温度高于沸点	10
	W5.2	类别 2 和类别 3，具有引发重大事故的特殊工艺条件包括危险化工工艺、爆炸极限范围或附近操作、操作压力大于 1.6MPa 等	50
	W5.3	不属于 W5.1 或 W5.2 的其他类别 2	1000
	W5.4	不属于 W5.1 或 W5.2 的其他类别 3	5000
自反应物质和混合物	W6.1	A 型和 B 型自反应物质和混合物	10
	W6.2	C 型、D 型、E 型自反应物质和混合物	50
有机过氧化物	W7.1	A 型和 B 型有机过氧化物	10
	W7.2	C 型、D 型、E 型、F 型有机过氧化物	50
自燃液体和自燃固体	W8	类别 1 自燃液体 类别 1 自燃固体	50
氧化性固体和液体	W9.1	类别 1	50
	W9.2	类别 2、类别 3	200
易燃固体	W10	类别 1 易燃固体	200
遇水放出易燃气体的物质和混合物	W11	类别 1 和类别 2	200

表 5-3　毒性气体校正系数 β 取值表

毒性气体名称	校正系数 β
一氧化碳	2
二氧化硫	2
氨	2
环氧乙烷	2
氯化氢	3
溴甲烷	3
氯	4
硫化氢	5
氟化氢	5
二氧化氮	10
氰化氢	10

续表

毒性气体名称	校正系数 β
碳酰氯	20
磷化氢	20
异氰酸甲酯	20

表 5-4　　未在表 5-3 中列举的危险化学品校正系数 β 取值表

类别	符号	校正系数 β
急性毒性	J1	4
	J2	1
	J3	2
	J4	2
	J5	1
爆炸物	W1.1	2
	W1.2	2
	W1.3	2
易燃气体	W2	1.5
气溶胶	W3	1
氧化性气体	W4	1
易燃液体	W5.1	1.5
	W5.2	1
	W5.3	1
	W5.4	1
自反应物质和混合物	W6.1	1.5
	W6.2	1
有机过氧化物	W7.1	1.5
	W7.2	1
自燃液体和自燃固体	W8	1
氧化性固体和液体	W9.1	1
	W9.2	1
易燃固体	W10	1
遇水放出易燃气体的物质和混合物	W11	1

表 5–5　　校正系数 α 取值表

厂外可能暴露人员数量	α
100 人以上	2.0
50 ～ 99 人	1.5
30 ～ 49 人	1.2
1 ～ 29 人	1.0
0 人	0.5

第四节　重大危险源的安全管理

《危险化学品重大危险源监督管理暂行规定》（原国家安全监管总局令第 40 号，2015 年 5 月 27 日修正）中第二条规定：从事危险化学品生产、储存、使用和经营的单位的危险化学品重大危险源的辨识、评估、登记建档、备案、核销及其监督管理，适用该规定。发电企业属于危险化学品使用单位，《危险化学品重大危险源监督管理暂行规定》适用于发电企业。因此，发电企业在危险化学品重大危险源安全管理方面，除按照《安全生产法》《危险化学品安全管理条例》等有关要求外，应重点按照《危险化学品重大危险源监督管理暂行规定》开展危险化学品重大危险源安全管理工作。

一、重大危险源的安全评估及备案

发电企业作为危险化学品使用单位，是本单位重大危险源安全管理的责任主体，其主要负责人对本单位的重大危险源安全管理工作负责，并保证重大危险源安全生产所必需的安全投入，并应当对重大危险源进行安全评估并确定重大危险源等级。

发电企业可以组织本单位的注册安全工程师、技术人员或者聘请有关专家进行安全评估，也可以委托具有相应资质的安全评价机构进行安全评估。依照法律、行政法规的规定，发电企业需要进行重大危险源安全评价的，重大危险源安全评估可以与本单位的安全评价一起进行，以安全评价报告代替安全评估报告，也可以单独进行重大危险源安全评估。

重大危险源有下列情形之一的，应当委托具有相应资质的安全评价机构，按照有关标准的规定采用定量风险评价方法进行安全评估，确定个人和社会风险值：

（1）构成一级或者二级重大危险源，且毒性气体实际存在（在线）量与其在《危险化学品重大危险源辨识》中规定的临界量比值之和大于或等于 1 的。

（2）构成一级重大危险源，且爆炸品或液化易燃气体实际存在（在线）量与其在《危险化学品重大危险源辨识》中规定的临界量比值之和大于或等于 1 的。

重大危险源安全评估报告应当客观公正、数据准确、内容完整、结论明确、措施可行，并包括下列内容：

（1）评估的主要依据。

（2）重大危险源的基本情况。

（3）事故发生的可能性及危害程度。

（4）个人风险和社会风险值（仅适用定量风险评价方法）。

（5）可能受事故影响的周边场所、人员情况。

（6）重大危险源辨识、分级的符合性分析。

（7）安全管理措施、安全技术和监控措施。

（8）事故应急措施。

（9）评估结论与建议。

以安全评价报告代替安全评估报告的，其安全评价报告中有关重大危险源的内容应当符合有关规定要求。

当有下列情形之一的，应当对重大危险源重新进行辨识、安全评估及分级：

（1）重大危险源安全评估已满三年的。

（2）构成重大危险源的装置、设施或者场所进行新建、改建、扩建的。

（3）危险化学品种类、数量、生产、使用工艺或者储存方式及重要设备、设施等发生变化，影响重大危险源级别或者风险程度的。

（4）外界生产安全环境因素发生变化，影响重大危险源级别和风险程度的。

（5）发生危险化学品事故造成人员死亡，或者 10 人以上受伤，或者影响公共安全的。

（6）有关重大危险源辨识和安全评估的国家标准、行业标准发生变化的。

在完成重大危险源安全评估报告或者安全评价报告后 15 日内，应当填写重大危险源备案申请表，连同重大危险源档案材料，报送所在地县级人民政府安全生产监督管理部门备案。

新建、改建和扩建危险化学品建设项目，应当在建设项目竣工验收前完成重大危险源的辨识、安全评估和分级、登记建档工作，并向所在地县级人民政府安全生产监督管理部门备案。

二、重大危险源的安全管理重点

（一）管理制度与操作规程

发电企业应当建立完善重大危险源安全管理规章制度和安全操作规程，并采取有效措施保证其得到执行。

（二）安全监控体系的建立

发电企业应当根据构成重大危险源的危险化学品种类、数量、生产、使用工艺（方式）或者相关设备、设施等实际情况，按照以下要求建立健全安全监测监控体系，完善控制措施。

（1）重大危险源配备温度、压力、液位、流量、组分等信息的不间断采集和监测系统，以及可燃气体和有毒有害气体泄漏检测报警装置，并具备信息远传、连续记录、事故预警、信息存储等功能；一级或者二级重大危险源，具备紧急停车功能。记录的电子数据的保存时间不少于 30 天。

（2）重大危险源的化工生产装置装备满足安全生产要求的自动化控制系统；一级或者二级重大危险源，装备紧急停车系统。此项发电企业可参照执行。

（3）对重大危险源中的毒性气体、剧毒液体和易燃气体等重点设施，设置紧急切断装置；毒性气体的设施，设置泄漏物紧急处置装置。涉及毒性气体、液化气体、剧毒液体的一级或者二级重大危险源，配备独立的安全仪表系统（SIS）。

（4）重大危险源中储存剧毒物质的场所或者设施，设置视频监控系统。

（5）安全监测监控系统符合国家标准或者行业标准的规定。

发电企业应当按照国家有关规定，定期对重大危险源的安全设施和安全监测监控系统进行检测、检验，并进行经常性维护，保证重大危险源的安全设施和安全监测监控系统有效、可靠运行。维护、检测应当做好记录，并由有关人员签字。

（三）检查与培训

发电企业应当明确重大危险源中关键装置、重点部位的责任人或者责任机构，并对重大危险源的安全生产状况进行定期检查，及时采取措施消除事故隐患。事故隐患难以立即排除的，应当及时制定治理方案，落实整改措施、责任、资金、时限和预案。

发电企业应当对重大危险源的管理和操作岗位人员进行安全操作技能培训，使其了解重大危险源的危险特性，熟悉重大危险源安全管理规章制度和安全操作规程，掌握本岗位的安全操作技能和应急措施。

（四）重大危险源应急管理

发电企业应当在重大危险源所在场所设置明显的安全警示标志，写明紧急情况下的应急处置办法。应当将重大危险源可能发生的事故后果和应急措施等信息，以适当方式告知可能受影响的单位、区域及人员。

发电企业应当依法制定重大危险源事故应急预案，建立应急救援组织或者配备应急救援人员，配备必要的防护装备及应急救援器材、设备、物资，并保障其完好和方便使用；配合地方人民政府安全生产监督管理部门制定所在地区涉及本单位的危险化学品事故应急预案。

对存在吸入性有毒、有害气体的重大危险源，应当配备便携式浓度检测设备、空气呼吸器、化学防护服、堵漏器材等应急器材和设备；涉及剧毒气体的重大危险源，还应当配备两套以上（含本数）气密型化学防护服；涉及易燃易爆气体或者易燃液体蒸气的重大危险源，还应当配备一定数量的便携式可燃气体检测设备。

发电企业应当制定重大危险源事故应急预案演练计划，并按照下列要求进行事故应急预案演练：

（1）对重大危险源专项应急预案，每年至少进行一次演练。

（2）对重大危险源现场处置方案，每半年至少进行一次演练。

应急预案演练结束后，应当对应急预案演练效果进行评估，撰写应急预案演练评估报告，分析存在的问题，对应急预案提出修订意见，并及时修订完善。

（五）档案记录与管理

发电企业应当对辨识确认的重大危险源及时、逐项进行登记建档。重大危险源档案应当包括下列文件、资料：

（1）辨识、分级记录。

（2）重大危险源基本特征表。

（3）涉及的所有化学品安全技术说明书。

（4）区域位置图、平面布置图、工艺流程图和主要设备一览表。

（5）重大危险源安全管理规章制度及安全操作规程。

（6）安全监测监控系统、措施说明、检测、检验结果。

（7）重大危险源事故应急预案、评审意见、演练计划和评估报告。

（8）安全评估报告或者安全评价报告。

（9）重大危险源关键装置、重点部位的责任人、责任机构名称。

（10）重大危险源场所安全警示标志的设置情况。

（11）其他文件、资料。

发电企业应当及时更新档案，并向所在地县级人民政府安全生产监督管理部门重新备案。

三、重大危险源的核销管理

重大危险源经过安全评价或者安全评估不再构成重大危险源的，发电企业应当向所在地县级人民政府安全生产监督管理部门申请核销。

申请核销重大危险源应当提交下列文件、资料：

（1）载明核销理由的申请书。

（2）单位名称、法定代表人、住所、联系人、联系方式。

（3）安全评价报告或者安全评估报告。

县级人民政府安全生产监督管理部门在收到申请核销的文件、资料之日起 30 日内进行审查，符合条件的，予以核销并出具证明文书；不符合条件的，说明理由并书面告知申请单位。必要时，县级人民政府安全生产监督管理部门会聘请有关专家进行现场核查。

第五节　重大危险源的法律责任

涉及危险化学品重大危险源的发电企业，应对重大危险源进行有效管控，否则将要承担相应的法律责任。

一、《安全生产法》

《安全生产法》中涉及危险化学品重大危险源的法律责任主要有：第九十八条第二款规定，生产经营单位对重大危险源未登记建档，或者未进行评估、监控，或者未制定应急预案的行为，责令限期改正，可以处 10 万元以下的罚款；逾期未改正的，责令停产停业整顿，并处 10 万元以上 20 万元以下的罚款，对其直接负责的主管人员和其他直接责任人员处 2 万元以上 5 万元以下的罚款；构成犯罪的，依照刑法有关规定追究刑事责任。

二、《危险化学品安全管理条例》

《危险化学品安全管理条例》中涉及危险化学品重大危险源的法律责任主要有：

（1）第七十八条规定：对储存数量构成重大危险源的其他危险化学品未实行双人收发、

双人保管制度的，由安监部门责令改正，可以处5万元以下的罚款；拒不改正的，处5万元以上10万元以下的罚款，情节严重的，责令停产停业整顿。

（2）第八十条规定：未将储存数量构成重大危险源的其他危险化学品在专用仓库内单独存放的，由安监部门责令改正，处5万元以上10万元以下的罚款；拒不改正的，责令停产停业整顿直至由原发证机关吊销其相关许可证件，并由工商行政部门责令其办理经营范围变更登记或者吊销其营业执照，有关责任人员构成犯罪的，依法追究刑事责任。

（3）第八十一条规定：储存危险化学品的单位未将储存数量构成重大危险源的其他危险化学品的储存数量、储存地点以及管理人员的情况报安监部门备案的，由公安机关责令改正，可以处1万元以下的罚款；拒不改正的，处1万元以上5万元以下的罚款。

三、《危险化学品重大危险源监督管理暂行规定》

《危险化学品重大危险源监督管理暂行规定》中涉及危险化学品重大危险源的法律责任主要有：

（1）第三十二条规定：有下列行为之一的，由县级以上人民政府安全生产监督管理部门责令限期改正，可以处10万元以下的罚款；逾期未改正的，责令停产停业整顿，并处10万元以上20万元以下的罚款，对其直接负责的主管人员和其他直接责任人员处2万元以上5万元以下的罚款；构成犯罪的，依照刑法有关规定追究刑事责任。

1）未按照本规定要求对重大危险源进行安全评估或者安全评价的。

2）未按照本规定要求对重大危险源进行登记建档的。

3）未按照本规定及相关标准要求对重大危险源进行安全监测监控的。

4）未制定重大危险源事故应急预案的。

（2）第三十三条规定：有下列行为之一的，由县级以上人民政府安全生产监督管理部门责令限期改正，可以处5万元以下的罚款；逾期未改正的，处5万元以上20万元以下的罚款，对其直接负责的主管人员和其他直接责任人员处1万元以上2万元以下的罚款；情节严重的，责令停产停业整顿；构成犯罪的，依照刑法有关规定追究刑事责任。

1）未在构成重大危险源的场所设置明显的安全警示标志的。

2）未对重大危险源中的设备、设施等进行定期检测、检验的。

（3）第三十四条规定：有下列情形之一的，由县级以上人民政府安全生产监督管理部门给予警告，可以并处5000元以上3万元以下的罚款。

1）未按照标准对重大危险源进行辨识的。

2）未按照本规定明确重大危险源中关键装置、重点部位的责任人或者责任机构的。

3）未按照本规定建立应急救援组织或者配备应急救援人员，以及配备必要的防护装备及器材、设备、物资，并保障其完好的。

4）未按照本规定进行重大危险源备案或者核销的。

5）未将重大危险源可能引发的事故后果、应急措施等信息告知可能受影响的单位、区域及人员的。

6）未按照本规定要求开展重大危险源事故应急预案演练的。

（4）第三十五条规定：未按照本规定对重大危险源的安全生产状况进行定期检查，采取措施消除事故隐患的，责令立即消除或者限期消除；拒不执行的，责令停产停业整顿，并处 10 万元以上 50 万元以下的罚款，对其直接负责的主管人员和其他直接责任人员处 2 万元以上 5 万元以下的罚款。

第六章　危险化学品事故应急管理

危险化学品具有易燃易爆、有毒有害、有腐蚀性等特点，事故一般包括火灾、爆炸、泄漏、中毒、窒息、灼伤等，一旦管理和操作失误易酿成事故，极易造成人员伤亡、生态环境污染和财产损失，并可能影响社会稳定。建立健全危险化学品应急管理体系和机制，强化发电企业在日常管理中的危险化学品应急管理，一旦发生危险化学品事故，迅速控制事故源，采取正确有效的防火防爆、现场环境处理、抢险人员个体防护措施等，对于遏制事故发展、减少事故损失、防止次生事故发生，具有十分重要的作用。

本章共分为三节，重点介绍危险化学品事故特点、应急救援与应急预案编制、危险化学品事故应急处置等。

第一节　危险化学品事故特点

危险化学品自身具有特定危险特性，当受到摩擦、撞击、振动、接触热源或火源、日光暴晒、遇水受潮等外界条件作用时，会引发燃烧、爆炸、中毒、灼伤及污染环境事故。由于危险化学品毒害特性，危险化学品大量排放或泄漏后，可能引起火灾、爆炸，造成人员伤亡，以及污染空气、水、地面和土壤或食物，同时可以经呼吸道、消化道、皮肤或黏膜进入人体，引起群体中毒甚至死亡事故发生。

发生危险化学品事故，必然有危险化学品的意外的、失控的、人们不希望的化学或物理变化，这些变化是导致事故的最根本的能量。危险化学品事故主要发生在危险化学品生产、经营、储存、运输、使用和处置废弃危险化学品的单位或过程中，但并不局限于上述单位或过程。

一般地，危险化学品事故可大致分为六类，分别是危险化学品火灾事故、危险化学品爆炸事故、危险化学品中毒和窒息事故、危险化学品灼伤事故、危险化学品泄漏事故和其他危险化学品事故。通过对大量危险化学品相关事故的统计分析，危险化学品事故通常具有以下特点。

1. 能量的意外释放导致事故发生

危险化学品事故中的能量主要包括机械能、热能和化学能。此外，危险化学品发生事故时或事故后，还具有阻隔能力、腐蚀能力、污染环境能力。

（1）机械能。主要是指压缩气体或液化气体产生物理爆炸的势能，或化学反应的爆炸产生的热量。

（2）热能。主要是指危险化学品爆炸、燃烧、酸碱腐蚀或其他化学反应产生的热能，或氧化剂和过氧化物与其他物质反应发生燃烧或爆炸产生的热量。

（3）毒性化学能。主要是指有毒化学品或化学品反应后产生的有毒物质，与体液或组织发生生物化学作用或生物物理学变化，扰乱或破坏肌体的正常生理功能的能力。

（4）阻隔能力。不燃性气体可阻隔空气，造成窒息事故。

（5）腐蚀能力。危险化学品与人体或金属等物品的表面接触发生化学反应，并在短时间内造成明显破损的现象。

（6）污染环境能力。有毒有害危险化学品泄漏后，往往对水体、土壤、大气等环境造成污染或破坏。

2. 危险化学品事故具有突发性、延时性和长期性

（1）突发性。危险化学品事故往往是在没有先兆的情况下突然发生的，不需要一段时间的酝酿。

（2）延时性。危险化学品中毒的后果，有的在当时并没有明显地表现出来，而是在几小时甚至几天以后逐渐严重起来。

（3）长期性。危险化学品对环境的污染有时极难消除，因而对环境和人的危害是长期的。

由于危险化学品易燃、易爆、有毒等特殊危险性，危险化学品事故往往造成惨重的人员伤亡和巨大的经济损失，特别是有毒气体的大量意外泄漏的灾难性中毒事故，以及爆炸品或易燃易爆气体液体的灾难性爆炸事故等。

第二节　危险化学品事故应急救援与事故应急预案

危险化学品事故应急救援是危险化学物品由于各种原因造成或可能造成众多人员的伤亡及其他较大社会危害时，为及时控制危险源，抢救受害人员，指导群众防护和组织撤离，消除危害后果而组织的救援活动。

一、应急救援的基本原则、任务和形式

1. 基本原则

救援工作应在预防为主的前提下，贯彻统一指挥，分级负责，单位自救与社会救援相结合的原则，其中预防工作是应急救援工作的基础，日常管理工作中做好救援工作的各项准备措施。当事故发生时确保能够及时落实各项措施，立即实施救援。救援工作应迅速、准确和有效，建立健全事故应急体系和机制，实行统一指挥下的分级负责制，根据事故的发展情况，采取单位自救与社会救援相结合的形式，将会确保事故发生后实施有效救援。

危险化学品事故应急救援是一项涉及面广、专业性很强的工作，必须把各方面的力量组织起来，建立统一的应急救援组织机构，形成统一的救援指挥力量，在组织机构的统一指挥下开展救援工作，相关机构或部门协同作战，迅速、有效地组织和实施应急救援，尽可能地避免和减少损失。

2. 基本任务

危险化学品事故应急救援的基本任务通常包括如下部分：

（1）抢救受害人员。抢救受害人员是应急救援的首要任务。在紧急救援行动中，及时、有序、有效地实施现场急救与安全转送伤员是降低伤亡率、减少事故损失的关键。

（2）控制危险源。及时控制造成事故的危险源，是应急救援工作的重要任务。只有及时控制住危险源，防止事故的继续扩展，才能及时、有效地进行救援。

（3）防护与撤离。由于危险化学品事故发生突然、扩散迅速、涉及面广、危害大，应及时指导和组织群众采取各种措施进行自身防护，并向上风向迅速撤离出危险区或可能受到危害的区域。在撤离过程中应积极组织群众开展自救和互救工作。

（4）现场清消，消除危害后果。对事故外逸的有毒有害物质和可能对人和环境继续造成危害的物质应及时组织人员予以清消，消除危害后果，防止对人的二次危害和对环境的次生污染。

3. 基本形式

危险化学品事故应急救援按事故波及范围及其危害程度，可采取单位自救和社会救援两种形式。

（1）事故单位自救。事故单位自救是化学事故应急救援最基本、最重要的救援形式，这是因为事故单位最了解事故现场的情况，即使事故危害已经扩大到事故单位以外区域，事故单位仍需全力组织自救，特别是尽快控制危险源。通常，对于危险化学品生产、使用、储存、运输等高危单位必须成立应急救援专业队伍，负责事故时的应急救援工作。对于发电企业来说，企业可以根据有关规定和自身需要，结合地方应急机构和资源，建立适用于自身企业的专门或依托于外部力量的应急救援组织机构。

（2）社会救援。目前，国家安全生产应急救援指挥中心和各省（区、市）应急办、安全生产应急救援指挥中心，负责安全生产应急救援综合监督管理和应急救援协调指挥工作。发电企业可以充分利用社会救援力量。

二、应急救援的管理职责及组织机构

一般地，发电企业应建立完善有效的应急管理体系，有相应的应急指挥机构或应急管理机构。危险化学品应急救援应作为重点纳入企业应急管理体系。

（一）管理职责

发电企业是应急管理工作的主体，具体职责包括如下内容：

（1）执行国家和上级部门关于应急工作的有关要求。

（2）制定企业应急管理制度，针对企业可能存在的各种危险因素，按照集团公司要求，制定相应的综合应急预案、专项应急预案、现场处置方案及应急处置卡。

（3）完善应急管理体系，组织成立专（兼）职应急队伍，并进行专门的技能培训和演练，组织日常应急准备工作，负责抢险和生产、生活恢复等各项工作。

（4）规范消防、防汛、药品等应急物资管理，建立完善应急物资管理清单、台账，定期检查更新应急物资，确保应急物资完好、可用。

（5）按规定向政府部门和上级公司如实报告应急发生及处理情况。

（6）应急处理完毕后，认真分析事件发生的原因，总结事件处理过程中的经验教训，形成总结报告，及时上报。

（7）在政府部门统一领导下参与社会应急的应急处置与救援。

（二）组织机构

涉及危险化学品的发电企业应建立本单位的救援组织机构，可以与企业整体应急救援组织机构综合考虑，明确救援执行部门和专用电话，编制救援协作网，疏通纵横关系，以提高应急救援行动中协同作战的效能，便于做好自救。

发电企业危险化学品事故应急救援组织机构一般有以下几种形式：

（1）应急救援指挥中心或办公室。在危险化学品事故应急救援行动中，负责组织和指挥事故应急救援工作。平时应组织编制化学事故应急救援预案；做好应急救援专家队伍和互救专业队伍的组织、训练与演练；开展对群众进行自救和互救知识的宣传和教育；会同有关部门做好应急救援的装备、器材物品、经费的管理和使用；对事故进行调查，核发事故通报。

（2）应急救援专家委员会（组）。在危险化学品事故应急救援行动中，对事故危害进行预测，为救援的决策提供依据和方案。

（3）应急救护站（队）。在事故发生后，尽快赶赴事故地点，设立现场医疗急救站，对伤员进行现场分类和急救处理，并及时向医院转送。

（4）应急救援专业队。在应急救援行动中，应急救援队伍应尽快地测定出事故的危险区域，检测化学危险物品的性质及危害程序，在做好自身防护的基础上快速、有效实施救援，并做好毒物的清消、将伤员救出危险区域和组织群众撤离、疏散等工作。

三、应急救援的组织实施

危险化学品事故的特点是发生突然，扩散迅速，持续时间长，涉及面广。一旦发生化学品事故，往往会引起人们的慌乱，若处理不当，会引起二次灾害。因此，各企业应制订和完善化学品事故应急计划，定期进行培训教育，让每一个职工都熟悉应急方案，提高广大职工对突发性灾害的应变能力，做到遇灾不慌，临阵不乱，正确判断，妥当处理，增强人员自我保护意识，减少伤亡。

危险化学品事故应急救援一般包括报警与接警、应急救援队伍出动、实施应急处理、现场急救、溢出或泄漏处理和火灾控制等几个方面。

1. 事故报警与接警

事故报警是否及时与准确是能否及时控制事故的关键环节。当发生危险化学品事故时，现场人员必须根据各自企业制定的事故应急预案采取控制措施，尽量减少事故的蔓延，同时向有关部门报告。主要负责人应根据事故地点、事态的发展决定应急救援形式，采取单位自救还是采取社会救援。对于重大的或灾难性的危险化学品事故，以及依靠个体单位力量不能控制或不能及时消除事故后果的危险化学品事故，应尽早争取社会支援，以便尽快控制事故的发展。

2. 出动应急救援队伍

各主管单位在接到事故报警后，应迅速组织应急救援队伍赶赴现场，在做好自身防护的基础上，快速实施救援，控制事故发展，并将伤员救出危险区域和组织群众撤离、疏散，做好危险化学品的清除工作。

3. 紧急疏散

（1）建立警戒区域。事故发生后，应根据化学品泄漏的扩散情况或火焰辐射热所涉及的范围建立警戒区域，并在通往事故现场的主要干道上实行交通管制。建立警戒区域时应注意以下几点：

1）警戒区域的边界应设警示标志并有专人警戒。

2）除消防、应急处理人员以及必须坚守岗位人员外，其他人员禁止进入警戒区。

3）泄漏溢出的化学品为易燃品时，警戒区域内应严禁火种。

（2）紧急疏散。迅速将警戒区及污染区内与事故应急处理无关的人员撤离，以减少不必要的人员伤亡。为使疏散工作顺利进行，每个车间应至少有两个以上畅通无阻的紧急出口，并有明显标志。紧急疏散时应注意以下几点：

1）如事故物质有毒时，需要穿戴个体防护用品或采用简易有效的防护措施，并有相应的监护措施。

2）应向上风方向转移，明确专人引导和护送疏散人员到安全区，并在疏散或撤离的路线上设立哨位，指明方向。

3）不要在低洼处滞留。

4）要查清是否有人留在污染区与着火区。

4. 现场急救

在事故现场，危险化学品对人体可能造成的伤害有中毒、窒息、冻伤、化学灼伤、烧伤等，进行急救时，不论患者还是救援人员都需要进行适当的防护。

5. 泄漏处理

危险化学品泄漏后，不仅污染环境，对人体造成伤害，对可燃物质还有引发火灾爆炸的可能。因此，对泄漏事故应及时、正确处理，防止事故扩大。泄漏处理一般包括泄漏源控制及泄漏物处理两大部分。

6. 火灾控制

危险化学品容易发生火灾、爆炸事故，但不同的危险化学品以及在不同情况下发生火灾时，其扑救方法差异很大，若处置不当，不仅不能有效扑灭火灾，反而会使灾情进一步扩大。此外，由于危险化学品本身及其燃烧产物大多具有较强的毒害性和腐蚀性，极易造成人员中毒灼伤。因此，扑救危险化学品火灾是一项极其重要又非常危险的工作。发电企业危险化学品从业人员应熟悉和掌握危险化学品的主要危险特性及其相应的灭火措施，并定期进行防火演习，加强紧急事态的应变能力。

应急处理过程并非是按部就班地按以上顺序进行，而是根据实际情况尽可能同时进行，如危险化学品泄漏，应在报警的同时尽可能切断泄漏源等。

四、危险化学品事故应急预案

《生产经营单位生产安全事故应急预案编制导则》（GB/T 29639—2020）规定了生产经营单位生产安全事故应急预案的编制程序、体系构成和综合应急预案、专项应急预案、现场处置方案的主要内容以及附件信息，发电企业可参照此标准开展危险化学品事故应急预案编制工作，按照相关规定进行评审和备案。

第三节　危险化学品事故的应急处置

一、应急处置的基本程序

（一）报警

当发生突发性危险化学品事故时，应立即向企业应急指挥中心或 119 报警。报警时应讲清发生事故的单位、地址、事故引发物质、事故简要情况、人员伤亡情况等。

（二）隔离和警戒

事故发生后，应根据危险化学品泄漏的扩散情况或火焰辐射热所涉及的范围建立警区域，并在通往事故现场的主要干道上实行交通管制。

一般易燃气体、蒸气泄漏是以下风向气体浓度达到该气体或蒸气爆炸下限浓度 25% 处作为扩散区域的边界；有毒气体、蒸气是以能达到“立即危及生命或健康的浓度（IDLH）”处作为泄漏发生后最初 30min 内的急性中毒区的边界，或通过气体监测仪监测气体浓度变化来决定扩散区域。

在实际应急过程中，一般在扩散区域的基础上再加上一定的缓冲区，作为警戒区域。

（三）人员疏散

疏散包括撤离和就地保护两种。

撤离是指把所有可能受到威胁的人员从危险区域转移到安全区域。一般是从侧上风向撤离，撤离工作必须有组织、有秩序地进行。

就地保护是指人进入建筑物或其他设施内，直至危险过去。当撤离比就地保护更危险或撤离无法进行时，可采取就地保护。指挥建筑物内的人，关闭所有门窗，并关闭所有通风、加热、冷却系统。

（四）现场控制

针对不同事故开展现场控制工作，应急人员应根据事故特点和事故引发物质的不同，采取不同的防护措施。

事故发生后，有关人员要立即准备相关技术资料（安全技术说明书和安全标签），咨询有关专家或向化学事故应急咨询机构咨询，了解事故引发物质的危险特性和正确的应急处置措施，为现场决策提供依据。

二、泄漏和中毒事故的应急处置原则

（一）泄漏事故处置的一般原则

泄漏控制包括泄漏源控制和泄漏物控制。

1. 泄漏源控制

泄漏源控制是应急处理的关键。只有成功地控制泄漏源，才能有效地控制泄漏。企业内部发生泄漏事故，可根据生产情况及事故情况分别采取停车、局部打循环、改走副线、降压堵漏等措施控制泄漏源。如果泄漏发生在储存容器上或运输途中，可根据事故情况及影响范围采取转料、套装、堵漏等措施控制泄漏源。

进入事故现场实施泄漏源控制的应急人员必须穿戴适当的个体防护用品，配备本安型的通信设备，不能单兵作战，要有监护人。

2. 泄漏物控制

泄漏物控制应与泄漏源控制同时进行。对于气体泄漏物，可以采取喷雾状水、释放惰性气体等措施，降低泄漏物的浓度或燃爆危害；喷雾状水的同时，筑堤收容产生的大量废水，防止污染水体。对于液体泄漏物，可以采取适当的收容措施如筑堤、挖坑等阻止其流动，若液体易挥发，可以使用适当的泡沫覆盖，减少泄漏物的挥发，若泄漏物可燃，还可以消除其燃烧、爆炸隐患。最后需将限制住的液体清除，彻底消除污染。与液体和气体相比较，固体泄漏物的控制要容易得多，只要根据物质的特性采取适当方法收集起来即可。

进入事故现场实施泄漏物控制的应急人员必须穿戴适当的个体防护用品，配备本安型的通信设备，不能单兵作战，要有监护人。当发生水体泄漏时，可用以下方法处理：

（1）比水轻并且不溶于水的，可采用围栏吸附收容。

（2）溶于水的，一般用化学方法处置。

（二）中毒窒息事故救治的基本原则

1. 现场救治

（1）将染毒者迅速撤离现场，转移到上风向或侧上风向空气无污染地区。

（2）有条件时应立即进行呼吸道及全身防护，防止继续吸入染毒。

（3）对呼吸、心跳停止者，应立即进行人工呼吸和心脏按压，采取心肺复苏措施，并给予吸氧。

（4）立即脱去被污染者的服饰，皮肤污染者，用流动的清水或肥皂水彻底冲洗；眼睛污染者，用大量流动的清水或生理盐水彻底冲洗。

2. 医院救治

经上述现场救治后，严重者送医院观察治疗。

三、典型危险化学品事故应急处置

（一）爆炸品事故应急处置

爆炸品由于内部结构特性，爆炸性强、敏感度高，受摩擦、撞击、振动、高温等外界因素诱发而发生爆炸，遇明火则更危险。其特点是反应速度快，瞬间即完成猛烈的化学反应，同时放出大量的热量，产生大量的气体，且火焰温度相当高。

发生爆炸品火灾时，一般应采取以下处置方法：

（1）迅速判断再次发生爆炸的可能性和危险性，紧紧抓住爆炸后和再次发生爆炸之前的有利时机，采取一切可能的措施，全力制止再次爆炸的发生。

（2）凡有搬移的可能，在人身安全确有可靠保证的情况下，应迅速组织力量，在水枪的掩护下及时搬移着火源周围的爆炸品至安全区域，远离住宅、人员集聚、重要设施等地方，使着火区周围形成一个隔离带。

（3）禁止用沙土类的材料进行盖压，以免增强爆炸品爆炸式的威力。扑救爆炸品堆垛时，水流应采用吊射，避免强力水流直接冲击堆垛，造成堆垛倒塌引起再次爆炸。

（4）灭火人员应积极采取自我保护措施，尽量利用现场的地形、地物作为掩体和尽量采用卧姿等低姿射水；消防设备、设施及车辆不要停靠离爆炸品太近的水源处。

（5）灭火人员发现有再次爆炸的危险时，应立即撤离并向现场指挥报告，现场指挥应迅速作出准确判断，确有发生再次爆炸征兆或危险时，应立即下达撤退命令，迅速撤离灭火人员至安全地带。来不及撤退的灭火人员，应迅速就地卧倒，等待时机和救援。

（二）压缩气体和液化气体事故应急处置

为了便于使用和储运，通常将气体用降温加压法压缩或液化后储存在钢瓶或储罐等容器中。在容器中处于气体状态的称为压缩气体，处于液体状态的称为液化气体。另外，还有加压溶解的气体。常见压缩、液化或加压溶解的气体有氧气、氯气、液化石油气、液化天然气、乙炔等。储存在容器中的压缩气体压力较高，储存在容器中的液化气体当温度升高时液体汽化、膨胀导致容器内压力升高。因此，储存压缩气体和液化气体的压力容器受热或受火焰熏烤容易发生爆炸。压缩气体和液化气体的另一种输送形式是通过管道。它比移动方便的钢瓶容器稳定性强，但同样具有易燃易爆的危险特点。压缩气体和液化气体泄漏后，与着火源已形成稳定燃烧时，其发生爆炸或再次爆炸的危险性与可燃气体泄漏未燃时相比要小得多。遇到压缩气体或液化气体火灾时，一般应采取以下处置方法：

（1）及时设法找到气源阀门。阀门完好时，只要关闭气体阀门，火势就会自动熄灭。在关阀无效时，切忌盲目灭火，在扑救周围火势以及冷却过程中不小心把泄漏处的火焰扑灭了，在没有采取堵漏措施的情况下，必须立即将火点燃，使其继续稳定燃烧。否则大量可燃气体泄漏出来与空气混合，遇着火源就会发生爆炸，后果将不堪设想。

（2）选用水、干粉、二氧化碳等灭火剂扑灭外围被火源引燃的可燃物火势，切断火势蔓延途径，控制燃烧范围。

（3）如有受到火焰热辐射威胁的压缩气体或液化气体压力容器，特别是多个压力容器存放在一起的地方，能搬移且安全有保障的，应迅速组织力量，在水枪的掩护下，将压力容器搬移到安全地带，远离住宅、人员集聚、重要设施等地方。抢救搬移出来的储存压缩气体或存储液化气体的压力容器时还要注意防火降温和防碰撞等措施。同时，要及时搬移着火源周围的其他易燃易爆物品至安全区域，使着火区周围形成一个隔离带。不能搬移的储存压缩气体或液化气体的压力容器，应部署足够的水枪进行降温冷却保护，以防止潜伏的爆炸危险。对卧式储罐或管道冷却时，为防止压力容器或管道爆裂伤人，进行冷却的人员应尽量采用低姿势射水或利用现场坚实的掩体防护，选择储罐侧角作为射水阵地。

（4）现场指挥应密切注意各种危险征兆，遇有或是熄灭后较长时间未能恢复稳定燃烧或受辐射的容器安全阀火焰变亮耀眼、尖叫、晃动等爆裂征兆时，指挥员必须作出准确判断，及时下达撤退命令。现场人员看到或听到事先规定的撤退信号后，应迅速撤退至安全地带。

（5）在关闭气体阀门后储罐或管道仍泄漏时，应根据火势大小判断气体压力和泄漏口的大小及其形状，准备好相应的堵漏材料，如软木塞、橡皮塞、气囊塞、黏合剂等。堵漏工作准备就绪后，即可用水扑救火势，也可用干粉、二氧化碳灭火，但仍需要水冷却烧烫的管壁。

火扑灭后，应立即用堵漏材料堵漏同时用雾状水稀释和驱散泄漏出来的气体。

（6）碰到一次堵漏不成功，需一定时间再次堵漏时，应继续将泄漏处点燃，使其恢复稳定燃烧，以防止发生潜伏爆炸的危险，并准备再次灭火堵漏。如果确认泄漏口较大时无法堵漏，只需冷却着火源周围管道和可燃物品，控制着火范围，直到燃气燃尽火势自动熄灭。

（7）气体储罐或管道阀门处泄漏着火时，在特殊情况下，只要判断阀门还有效，也可违反常规，先扑灭火势，再关闭阀门。一旦发现关闭已无效，一时又无法堵漏时，应迅速点燃，继续恢复稳定燃烧。

（三）易燃液体事故应急处置

易燃液体通常储存在容器内或用管道输送。液体容器有的密闭有的敞开，一般是常压，只有反应锅（炉、釜）及输送管道内的液体压力较高。液体不管是否着火，如果发生泄漏或溢出，都将顺着地面流淌或水面飘散，而且易燃液体还有相对密度和水溶性等涉及能否用水和普通泡沫扑救以及危险性很大的沸溢和喷溅等问题。

（1）首先应切断火势蔓延的途径，冷却和疏散受火势威胁的密闭容器和可燃物，控制燃烧范围，并积极抢救受伤和被困人员。如有液体流淌时，应筑堤（或用围油栏）拦截漂散流淌的易燃液体或挖沟导流。

（2）及时了解和掌握着火液体的品名、相对密度、水溶性以及有无毒害、腐蚀、沸溢喷溅等危险性，以便采取相应的灭火和防护措施。

（3）对较大的储罐或流淌火灾，应准确判断着火面积。大面积（大于 50 ㎡）液体火灾则必须根据其相对密度、水溶性和燃烧面积大小，选择正确的灭火剂扑救。对于不溶于水的液体（如汽油、苯等），用直流水、雾状水灭火往往无效。可用普通氟蛋白泡沫或轻水泡沫扑灭。用干粉扑救时，灭火效果要视燃烧面积大小和燃烧条件而定，最好用水冷却罐壁。比水重又不溶于水的液体起火时可用水扑救，水能覆盖在液面上灭火。用泡沫也有效。用干粉扑救时灭火效果要视燃烧条件而定，最好用水冷却罐壁，降低燃烧强度。具有水溶性的液体（如醇类、酮类等），虽然从理论上讲能用水稀释扑救，但用此法要使液体闪点消失，水必须在溶液中占很大比例，这不仅需要大量的水，也容易使液体溢出流淌；而普通泡沫又会受到水溶性液体的破坏（如果普通泡沫强度加大，可以减弱火势）。因此最好用抗溶性泡沫扑救，用干粉扑救时，灭火效果要视燃烧面积大小和燃烧条件而定，也需用水冷却罐壁，降低燃烧强度。与水起作用的易燃液体，如乙硫醇、乙酰氯、有机硅烷等禁用含水灭火剂。

（4）扑救有害性、腐蚀性或燃烧产物毒害性较强的易燃液体火灾，扑救人员必须佩戴防护面具，采取防护措施。对特殊物品的火灾，应使用专用防护服。考虑到过滤式防毒面具的局限性，在扑救毒害品火灾时应尽量使用隔离式空气呼吸器。为了在火场上正确使用和适应，平时应进行严格的适应性训练。

（5）扑救闪点不同黏度较大的介质混合物，如原油和重油等具有沸溢和喷溅危险的液体火灾，必须注意观察发生沸溢、喷溅的征兆，估计可能发生沸溢、喷溅的时间。一旦发生危险征兆时现场指挥应迅速作出准确判断，及时下达撤退命令，避免造成人员伤亡和装备损失。扑救人员看到或听到统一撤退信号后，应立即撤退至安全地带。

（6）遇易燃液体管道或储罐泄漏着火，在切断蔓延方向并把火势限制在指定范围内的同时，应设法找到输送管道并关闭进、出阀门，如果管道阀门已损坏或储罐泄漏，应迅速准备好堵漏器材，先用泡沫、干粉、二氧化碳或雾状水等扑灭地上的流淌火焰，为堵漏扫清障碍；然后再扑灭泄漏处的火焰，并迅速采取堵漏措施。与气体堵塞不同的是，液体一次堵漏失败，可连续堵几次，只要用泡沫覆盖地面，并堵住液体流淌和控制好周围着火源，不必点燃泄漏处的液体。

（四）易燃固体、自燃物品事故应急处置

易燃固体、自燃物品一般都可用水和泡沫扑救，相对其他种类的危险化学品而言是比较容易扑救的，只要控制住燃烧范围，逐步扑灭即可。但也有少数易燃固体、自燃物品的扑救方法比较特殊。

遇到易燃固体、自燃物品火灾，一般应采取以下基本处置方法：

（1）积极抢救受伤和被困人员，迅速撤离疏散；将着火源周围的其他易燃易爆物品搬移至安全区域，远离火灾区，避免扩大人员伤亡和受灾范围。

（2）一些能升华的易燃固体受热后能产生易燃蒸气。火灾时应用雾状水、泡沫扑救，切断火势蔓延途径。但要注意，明火扑灭后，因受热后升华的易燃蒸气能在不知不觉中飘逸，能在上层与空气形成爆炸性混合物，尤其是在室内，易发生爆燃。因此，扑救此类物品火灾时，应不时地向燃烧区域上空及周围喷射雾状水，并用水扑灭燃烧区域及其周围的一切火源。

（3）少数易燃固体和自燃物质不能用水和泡沫扑救，应根据具体情况区别处理。宜选用干砂和不用压力喷射的干粉扑救。

（4）抢救搬移出来的易燃固体、自燃物质时要注意采取防火降温、防水散流等措施。

（五）遇湿易燃物品事故应急处置

遇湿易燃物品遇水或者潮湿放出大量可燃、易燃气体和热量，有的遇湿易燃物品不需要明火，即能自动燃烧或爆炸。有的遇湿易燃物品与酸反应更加剧烈，极易引起燃烧爆炸。因此，这类物质达到一定数量时，绝对禁止用水、泡沫等湿性灭火剂扑救。这类物品的这一特殊性给其火灾的扑救工作带来了很大的困难。对遇湿易燃物品火灾，一般应采取以下基本处置方法：

（1）首先应了解清楚遇湿易燃物品的品名、数量、是否与其他物品混存、燃烧范围火势蔓延途径，以便采取相对应的灭火措施。

（2）在施救、搬移着火的遇湿易燃物品时，应尽可能将遇湿易燃物品与其他非遇湿易燃物品或易燃易爆物品分开。如果其他物品火灾威胁到相邻的遇湿易燃物品，应将遇湿易燃物品迅速疏散转移至安全地点。如遇湿易燃物品较多，一时难以转移，应先用油布或塑料膜等防水布将遇湿易燃物品遮盖好，然后再在上面盖上毛毡、石棉被、海藻席（或棉被）并淋上水。如果遇湿易燃物品堆放处地势不太高，可在其周围用土筑一道防水堤。在用水或泡沫扑救火灾时，对相邻的遇湿易燃物品应留有一定的力量监护。

（3）如果只有极少量的遇湿易燃物品，在征求有关专业人员同意后，可用大量的水或泡沫扑救。水或泡沫刚接触着火点时，短时间内可能会使火势增大，但少量遇湿易燃物品燃尽后，火势很快就会熄灭或减小。

（4）如果遇湿易燃物品数量较多，且未与其他物品混存时，则绝对禁止用水或泡沫等湿

性灭火剂扑救。遇湿易燃物品起火时应用干粉、二氧化碳扑救，但金属锂、钾、钠、铷铯、锶等物品由于化学性质十分活泼，能夺取二氧化碳中的氧而引起化学反应，使燃烧更猛烈，所以也不能用二氧化碳扑救。固体遇湿易燃物品应用水泥、干砂、干粉、硅藻土和蛭石等进行覆盖。水泥、砂土是扑救固体遇湿易燃物品火灾比较容易得到的灭火剂且效果也比较理想。

（5）对遇湿易燃物品中的粉尘火灾，切忌使用有压力的灭火剂进行喷射，这样极易将粉尘吹扬起来，与空气形成爆炸性混合物而导致爆炸事故的发生。通常情况下，遇湿易燃物品由于其发生火灾时的灭火措施特殊，在储存时要求分库或隔离分堆单独储存，但在实际操作中有时往往很难完全做到，尤其是在生产和运输过程中更难以做到。对包装坚固、封口严密、数量又少的遇湿易燃物品，在储存时往往同室分堆或同柜分格储存。这就给其火灾扑救工作带来了更大的困难，灭火人员在扑救中应谨慎处置。

（六）氧化剂和有机过氧化物事故应急处置

从灭火角度讲，氧化剂和有机过氧化物，既有固体、液体，又有气体。既不像遇湿易燃物品一概不能用水和泡沫扑救，也不像易燃固体几乎都可用水和泡沫扑救。有些氧化剂本身虽然不会燃烧，但遇可燃、易燃物品或酸碱却能着火和爆炸。有机过氧化物（如过氧化二苯甲酰等）本身就能着火、爆炸，危险性特别大，施救时要注意人员的防护措施。对于不同的氧化剂和有机过氧化物火灾，有的可用水（最好是雾状水）和泡沫扑救，有的不能用水和泡沫扑救，还有的不能用二氧化碳扑救。如有机过氧化物类、氯酸盐类、硝酸盐类、高锰酸盐类、亚硝酸盐类、重铬酸盐类等氧化剂遇酸会发生反应，产生热量，同时游离出更不稳定的氧化性酸，在火场上极易分解爆炸。因这类氧化剂在燃烧中自动放出氧，故二氧化碳的窒息作用也难以奏效。因卤代烷在高温时游离出的卤素离子与这类氧化剂中的钾、钠等金属离子结合成盐，同时放出热量，故卤代烷灭火剂的效果也较差，但有机过氧化物使用卤代烷仍有效。金属过氧化物类遇水分解，放出大量热量和氧，反而助长火势；遇酸强烈分解，反应比遇水更为剧烈，产生热量更多，并放出氧，往往发生爆炸；卤代烷灭火剂遇高温分解，游离出卤素离子，极易与金属过氧化物中的活泼金属元素结合成金属卤化物，同时产生热量和放出氧，使燃烧更加剧烈。因此金属过氧化物火灾禁用水、卤代烷灭火剂和酸碱、泡沫灭火剂，二氧化碳灭火剂的效果也不佳。

遇到氧化剂和有机过氧化物火灾，一般应采取以下基本处置方法：

（1）迅速查明着火的氧化剂和有机过氧化物，以及其他燃烧物的品名、数量、主要危险特性、燃烧范围、火势蔓延途径、能否用水或泡沫灭火剂等扑救。

（2）尽一切可能将不同类别、品种的氧化剂和有机过氧化物与其他非氧化剂和有机过氧化物或易燃易爆物品分开、阻断，以便采取相对应的灭火措施。

（3）能用水或泡沫扑救时，应尽可能切断火势蔓延方向，使着火源孤立起来，限制其燃烧的范围。如有受伤和被困人员时，应迅速积极抢救。

（4）不能用水、泡沫、二氧化碳扑救时，应用干粉、水泥、干砂进行覆盖。用水泥、干砂覆盖时，应先从着火区域四周开始，尤其是从下风处等火势主要蔓延的方向起覆盖形成孤立火势的隔离带，然后逐步向着火点逼近。

（5）由于大多数氧化剂和有机过氧化物遇酸类会发生剧烈反应，甚至爆炸，如过氧化钠、过氧化钾、氯酸钾、高锰酸钾、过氧化二苯甲酰等。因此，专门生产、经营、储存、运输、使用这类物品的企业和场所，应谨慎配备泡沫、二氧化碳等灭火剂，遇到这类物品的火灾时也要慎用。

（七）毒害品事故应急处置

毒害品对人体有严重的危害。毒害品主要是经口吸入蒸气或通过皮肤接触引起人体中毒的。有些毒害品本身能着火，还有发生爆炸的危险；有的本身并不能着火，但与其他可燃易燃物品接触后能着火。这类物品发生火灾时通常扑救不是很困难，但着火后或与其他可燃、易燃物品接触着火后，甚至爆炸后，会产生毒害气体。因此，特别需要注意人体的防护措施。

遇到毒害品火灾，一般应采取以下基本处置方法：

（1）毒害品火灾极易造成人员中毒和伤亡事故。施救人员在确保安全的前提下，应采取有效措施迅速投入寻找、抢救受伤或被困人员，并采取清水冲洗、洗漱、隔开医治等措施。严格禁止其他人员擅自进入灾区，避免人员中毒、伤亡和受灾范围的扩大。同时，积极控制毒害品燃烧和蔓延的范围。

（2）施救人员必须穿着防护服，佩戴防护面具，采取全身防护，对有特殊要求的毒害品火灾，应使用专用防护服。考虑到过滤式防毒面具防毒范围的局限性，在扑救毒害品火灾时应尽量使用隔绝式氧气或空气呼吸器。为了在火场上能正确使用这些防护器具，平时应进行严格的适应性训练。

（3）积极限制毒害品燃烧区域，应尽量使用低压水流或雾状水，严格避免毒害品溅出造成灾害区域扩大。喷射时干粉易将毒害品粉末吹起，增加危险性，所以慎用干粉灭火剂。

（4）遇到毒害品容器泄漏，要采取一切有效的措施，用水泥、泥土、砂袋等材料进行筑堤拦截，或收集、稀释，将其控制在最小的范围内。严禁泄漏的毒害品流淌至河流水域。有泄漏的容器应及时采取堵漏、严控等有效措施。

（5）毒害品的灭火施救应多采用雾状水、干粉、砂土等，慎用泡沫、二氧化碳灭火剂，严禁使用酸碱类灭火剂灭火。

（6）严格做好现场监护工作，灭火中和灭火完毕都要认真检查，以防疏漏。

（八）腐蚀品事故处置

腐蚀品具有强烈的腐蚀性、毒性、易燃性、氧化性。有些腐蚀品本身能燃烧，有的本身并不能燃烧，但与其他可燃物品接触后可以燃烧。部分有机腐蚀品遇明火易燃烧，有的有机腐蚀品遇热极易爆炸，有的无机酸性腐蚀品遇还原剂、受热等也会发生爆炸。腐蚀品对人体都有一定的危害，它会通过皮肤接触给人体造成化学灼伤。这类物品发生火灾时通常扑救不很困难，但它对人体的腐蚀伤害是严重的。因此，接触时特别需要注意人体的防护。

遇到腐蚀品火灾，一般应采取以下基本处置方法：

（1）腐蚀品火灾极易造成人员伤亡。施救人员在采取防护措施后应立即寻找和抢救受伤、被困人员，被抢救出来的受伤人员应马上采取清水冲洗、医治等措施；同时，迅速控制腐蚀品燃烧范围，避免受灾范围的扩大。

（2）施救人员必须穿着防护服，佩戴防护面具。一般情况下采取全身防护即可，对有特殊要求的物品火灾，应使用专用防护服。考虑到腐蚀品的特点，在扑救腐蚀品火灾时应尽量使用防腐蚀的面具、手套、长筒靴等。为了在火场上能正确使用这些防护器具，平时应进行严格的适应性训练。

（3）扑救腐蚀品火灾时，应尽量使用低压水流或雾状水，避免因腐蚀品的溅出而扩大灾害区域。

（4）遇到腐蚀品容器泄漏，在扑灭火势的同时应采取堵漏措施。腐蚀品堵漏所需材料一定要注意选用具有防腐性的。

（5）浓硫酸遇水能放出大量的热量，会导致沸腾飞溅，需特别注意防护。扑救浓硫酸与其他可燃物品接触发生的火灾，且浓硫酸数量不多时，可用大量低压水快速扑救。如果浓硫酸量很大，应先用二氧化碳、干粉等灭火剂进行灭火，然后再把着火物品与浓硫酸分开。

（6）严格做好现场监护工作，灭火中和灭火完毕都要认真检查，以防疏漏。

第七章　发电企业危险化学品安全技术

安全技术是安全管理工作的基础，内容广泛。本章共分六节，重点介绍与发电企业危险化学品及重大危险源安全管理相关技术基础知识。

第一节　防火防爆安全技术

一、燃烧与爆炸

（一）燃烧

燃烧是指可燃物与氧化剂作用发生的放热反应，通常伴随有火焰、发光和发烟现象。因此，“燃烧”包括各种类型的氧化反应或类似于氧化的反应以及分解放热反应等。从燃烧的定义而言，物质不一定在“氧气”中燃烧，如很多金属可在氟气或氯气中燃烧。因此，燃烧过程主要是指放出热量的化学过程，它既是我们取得能量的一种普遍的重要方法，也是火灾爆炸过程的重要形式。

燃烧必须同时具备存在可燃物质、存在有助燃物质、有能导致燃烧的能源（点火源）3个条件，缺少其中任何一个，燃烧便不能发生。对于已经进行着的燃烧，若消除其中任何一个条件，燃烧便会终止，这就是灭火的基本原理。

燃烧反应在温度、压力、组成和点火能等方面都存在着极限值，在某些情况下，如可燃物未达到一定的含量，助燃物数量不够，点火源不具备足够的温度或热量，即使具备了3个条件，燃烧也不会发生。

可燃气体、液体和固体（包括粉尘等），在空气中燃烧时，可以有多种燃烧形式，主要有扩散燃烧、蒸发燃烧、分解燃烧、表面燃烧、混合燃烧、阴燃等。

燃烧因起因不同分为闪燃、着火和自燃。

（二）爆炸

物质由一种状态迅速转变成为另一种状态，并在极短的时间内以机械功的形式放出巨大的能量，或者是气体在极短的时间内发生剧烈膨胀，压力迅速下降到常温的现象，都称为爆炸。按爆炸能量的来源分类，爆炸可分为化学性爆炸、物理性爆炸和核爆炸3种。

可燃气体、蒸气和粉尘与空气（或氧气）的混合物，在一定的浓度范围内能发生爆炸。可燃物质在爆炸性混合物中能够发生爆炸的最低浓度，称为爆炸下限；能够发生爆炸的最高浓度，称为爆炸上限。爆炸下限和爆炸上限之间的范围，称为爆炸极限。可燃气体爆炸极限通常用在空气中的体积百分比（V%）表示其爆炸上、下限值。可燃粉尘爆炸极限通常用单位体积内可燃粉尘的质量 g/cm^3 来表示其爆炸上、下限值。

二、防火防爆的基本安全措施

（一）控制与消除着火源的措施

（1）严格明火管理。为防止明火引起的火灾爆炸事故，企业应根据自身布局特点划定禁火区域，并设立明显的禁火标志，严格管理火种，禁火区域特别是易燃易爆物质储存场所，应禁止电瓶车进入，在允许车辆进入的区域，车辆排气管上必须装有阻火罩。危险化学品储存、装卸场所严禁吸烟，烟囱周围不能堆放可燃物质，也不准搭建易燃建筑物，防止烟囱飞火引起火灾爆炸。易燃易爆场所动火作业必须报批。

（2）避免摩擦、撞击产生火花。在易燃易爆场所使用撞击工具时，不能用铁器，而应用青铜材料；搬运盛有可燃气体或易燃液体的铁桶、气瓶时要轻拿轻放，严禁抛掷，防止相互碰推；在易燃易爆场所不能穿带有铁钉的鞋子。特别危险的防爆场所，地面应采用不发火的材质铺成。

（3）消除电火花。在存放易燃易爆物质的场所，一般都设有动力、照明及其他电气设备，其产生的电火花引起火灾爆炸事故发生率很高。因此，必须根据爆炸和火灾危险场所的区域等级和爆炸物质的性质，对电气设备及其配线认真选择防爆类型和仔细安装，同时还要采取严格的使用、维护、检修制度和其他防火防爆措施，把电火花的危害降到最低程度。

（二）限制火灾爆炸蔓延的措施

危险化学品使用场所和储存场所的建筑物必须具有一定的耐火等级，有爆炸危险的场所应具有符合标准的泄压措施，在靠近可能发生爆炸的部位，设置大面积的泄压轻质屋盖、轻质外墙、泄压窗，但不能朝向人员较多的地方和主要交通道路。这样一旦发生爆炸，这些构配件首先遭受爆破，瞬时向外释放大量气体和热量，室内爆炸产生的压力骤然下降，从而可以减轻承重结构受到的爆炸压力，避免遭受倒塌破坏。

储存场所与使用场所或生活区之间、储存场所之间应有一定的安全距离，根据品种和设施的特点采用防火墙、防火门、防火堤、防火帽以及储罐顶部的呼吸阀和阻火器的组合装置等阻火措施。这些都是限制火灾蔓延的基本措施。

（三）防止可燃物质的“跑、冒、滴、漏”

排除可燃气体、蒸气、粉尘一类物质形成爆炸的条件，最有效的方法就是设法使储存容器严密，装卸、搬运轻拿轻放，防止造成容器破损；加强对储存期间商品包装的检查，发现包装不严应立即更换，防止产生“跑、冒、滴、漏”现象。同时要保持储存场所自然通风良好，排除可燃气体、蒸气、粉尘一类物质的积聚。压力容器须在安全阀、压力表、液位计等安全装置保持完好的情况下才能使用。

（四）掌握灭火的基本方法

发生了火灾，要运用正确的方法进行灭火。灭火的基本原理，主要是破坏燃烧过程及维持物质燃烧的条件，通常采用隔离法、窒息法、冷却法、化学抑制法 4 种方法。

上述 4 种方法有时是可以同时采用的。例如，用水或灭火器扑救火灾，就同时具有两个方面以上的灭火的作用，但是，在选择灭火方法时，还要视火灾的原因采取适当的方法，不然，就可能适得其反，扩大灾害，如对电器火灾，就不能用水浇的方法，而宜用窒息法；对油品火灾，宜用化学灭火剂。在危险化学品经营、储存场所应按《建筑灭火器配置设计规范》的要求配置灭火器材。

（五）设置防火防爆检测报警仪器

在可能发生火灾爆炸危险的场所设置火灾探测器，建立火灾自动报警系统；设置可燃气体（蒸气、粉尘）浓度检测报警仪器，一旦浓度超标（一般将报警浓度定为气体爆炸下限的25%）即报警，以便采取紧急防范措施。

第二节　压力容器和工业管道安全技术

发电企业危险化学品压力容器和工业管道的安全管理与企业其他压力容器和工业管道一样，都应按照国家相关法律法规使用和维护管理，所不同的是要特别注意所涉及危险化学品介质的危险特性，并根据规定做好与之相关的安全措施。

一、压力容器和压力容器安全装置

（一）压力容器的概念

压力容器是指盛装气体或者液体，承载一定压力的密闭设备，其范围规定为最高工作压力大于或等于0.1MPa（表压），且压力与容积的乘积大于或等于2.5MPa·L的气体、液化气体和最高工作温度高于或等于标准沸点的液体的固定式容器和移动式容器；盛装公称工作压力大于或等于0.2MPa（表压），且压力与容积的乘积大于或等于1.0MPa·L的气体、液化气体和标准沸点等于或低于60℃液体的气瓶、氧舱等。

（二）压力容器的安全装置

压力容器的安全装置是指为了使压力容器能够安全运行而装设在设备上的一种附属装置，所以又常称为安全附件。常用的安全泄压装置有安全阀、爆破片，计量显示装置有压力表、液位计等。安全装置在选用与使用上应满足《压力容器安全技术监察规程》和相应国家标准、行业标准的规定，特别要注意对易燃和毒性程度为极度、高度或中度危害介质的压力容器，应在安全阀或爆破片的排出口装设导管，将排放介质排至安全地点并进行妥善处理，不得直接排入大气。

（三）压力容器的运行和管理

1. 压力容器安全管理基础工作

压力容器安全管理基础工作主要包括压力容器的选购、验收、安装调试，技术档案、使用登记等。

2. 压力容器的日常操作使用操作

要动作平稳，保持压力和温度的相对稳定，禁止超压、超温、超负荷，巡回检查，及时发现和消除缺陷，做好紧急停止运行管理。要特别注意危险化学品泄漏等带来的危害，做好应急处置措施。

3. 压力容器的维护保养与定期检验

包括压力容器运行期间的维护保养、压力容器停用期间的维护保养、压力容器的定期检验。压力容器的使用安全与其维护保养工作密切相关。做好容器的维护保养工作，使容器在完好状态下运行，就能防患于未然，提高容器的使用效率，延长使用寿命。

二、压力管道与压力管道的管理

根据《特种设备安全监察条例》（国务院令第 549 号）的规定：压力管道是指利用规定的压力，用于输送气体或者液体的管状设备，其范围规定为最高工作压力大于或等于 0.1MPa（表压）的气体、液化气体、蒸气介质或者可燃、易爆、有毒、有腐蚀性、最高工作温度高于或等于标准沸点的液体介质，且公称直径大于 50mm 的管道。

压力管道纳入《中华人民共和国特种设备安全法》和《特种设备安全监察条例》（国务院令第 549 号）的法律法规监管中。《质检总局关于修订〈特种设备目录〉的公告》（2014 年第 114 号）中列入了长输管道（输油管道、输气管道）、公用管道（燃气管道、热力管道）、工业管道（工艺管道、动力管道、制冷管道）。目前的安全技术规范有《压力管道安全技术监察规程——工业管道》（TSGD0001）、《压力管道定期检验规则——工业管道》（TSGD7005）、《压力管道定期检验规则——长输（油气）管道》（TSGD7003）、《特种设备使用管理规则》（TSG08）、《压力管道元件制造监督检验规则》（TSGD7001）等。

第三节　电气防火防爆安全技术

一、电气防火防爆安全技术

1. 防爆电气设备类型

危险化学品企业经常使用各种易燃、易爆的化学物质，由于各种原因导致生产过程中发生化学品的泄漏、挥发等情况，从而在电气设备周边形成爆炸性环境，因此，在企业生产中要求在爆炸性环境使用的电气设备应当具有一定的防爆功能。爆炸性环境使用的电气设备与爆炸危险物质的分类相对应，被分为Ⅰ类、Ⅱ类、Ⅲ类。

（1）Ⅰ类电气设备。用于煤矿瓦斯气体环境。Ⅰ类防爆型式考虑了甲烷和煤粉的点燃及地下用设备的机械增强保护措施。

（2）Ⅱ类电气设备。用于爆炸性气体环境。具体分为ⅡA、ⅡB、ⅡC 三类。ⅡB 类的设备可适用于ⅡA 类设备的使用条件，ⅡC 类的设备可用于ⅡA 或ⅡB 类设备的使用条件。

（3）Ⅲ类电气设备。用于爆炸性粉尘环境。具体分为ⅢA、ⅢB、ⅢC 三类。ⅢB 类的设备可适用于ⅢA 设备的使用条件，ⅢC 类的设备可用于ⅢA 或ⅢB 类设备的使用条件。

2. 设备保护等级（EPL）

引入设备保护等级（EPL）目的在于指出设备的固有点燃风险，区别爆炸性气体环境、爆炸性粉尘环境和煤矿有甲烷的爆炸性环境的差别。

用于煤矿有甲烷的爆炸性环境中的Ⅰ类设备 EPL 分为 Ma、Mb 两级。

用于爆炸性气体环境的Ⅱ类设备的 EPL 分为 Ga、Gb、Gc 三级。

用于爆炸性粉尘环境的Ⅲ类设备的 EPL 分为 Da、Db、Dc 三级。

其中，Ma、Ga、Da 级的设备具有“很高”的保护等级，该等级具有足够的安全程度，使设备在正常运行过程中、在预期的故障条件下或者在罕见的故障条件下不会成为点燃源。对 Ma 级来说，甚至在气体突出时设备带电的情况下也不可能成为点燃源。

Mb、Gb、Db 级的设备具有“高”的保护等级，在正常运行过程中，在预期的故障条件下不会成为点燃源。对 Mb 级来说，在从气体突出到设备断电的时间范围内，预期的故障条件下不可能成为点燃源。

Gc、Dc 级的设备具有爆炸性气体环境用设备。具有“加强”的保护等级，在正常运行过程中不会成为点燃源，也可采取附加保护，保证在点燃源有规律预期出现的情况下（如灯具的故障），不会点燃。

3. 防爆电气设备防爆结构形式

（1）爆炸性气体环境防爆电气设备结构形式及符号。用于爆炸性气体环境的防爆电气设备结构形式及符号分别是：

1）隔爆型（d）。

2）增安型（e）。

3）本质安全型（i，对应不同的保护等级分为 ia、ib、ic）。

4）浇封型（m，对应不同的保护等级分为 ma、mb、mc）。

5）无火花型（nA）。

6）火花保护（nC）。

7）限制呼吸型（nR）。

8）限能型（nL）。

9）油浸型（o）。

10）正压型（p，对应不同的保护等级分为 px、py、pz）。

11）充砂型（q）等设备。

各种防爆型式及符号的防爆电气设备有其各自对应的保护等级，供电气防爆设计时选用。

（2）爆炸性粉尘环境防爆电气设备结构形式及符号。用于爆炸性粉尘环境的防爆电气设备结构形式及符号分别是：

1）隔爆型（t，对应不同的保护等级分为 ta、tb、te）。

2）本质安全型（i，对应不同的保护等级分为 ia、ib、ic）。

3）浇封型（m，对应不同的保护等级分为 ma、mh、mc）。

4）正压型（P）等设备。

4. 防爆电气设备的标志

防爆电气设备的标志应设置在设备外部主体部分的明显地方，且应设置在设备安装之后能看到的位置。标志应包含：制造商的名称或注册商标、制造商规定的型号标识、产品编号或批号、颁发防爆合格证的检验机构名称或代码、防爆合格证号、Ex 标志、防爆结构形式符号、类别符号、表示温度组别的符号（对于Ⅱ类电气设备）或最高表面温度及单位，前面加符号 T（对于Ⅲ类电气设备）、设备的保护等级（EPL）、防护等级（仅对于Ⅲ类，例如 IP54）。

表示Ex标志、防爆结构形式符号、类别符号、温度组别或最高表面温度、保护等级、防护等级的示例：

ExdⅡBT3Gb——表示该设备为隔爆型“d”，保护等级为Gb，用于ⅡB类T3组爆炸性气体环境的防爆电气设备。

ExpⅢCT120℃DbIP65——表示该设备为正压型“P”，保护等级为Db，用于有JDC导电性粉尘的爆炸性粉尘环境的防爆电气设备，其最高表面温度低于120℃，外壳防护等级为IP65。

用于含有爆炸性气体（即除甲烷外）时，应按照Ⅰ类和Ⅱ类相应可燃性气体的要求进行制造和检验。该类电气设备应有相应的标志，如“ExdⅠ/ⅡBT3”或者“ExdⅠ/Ⅱ（NH3）”。

二、静电危害及消除

（一）静电的产生与危害

当两个不同的物体相互接触时就会使得一个物体失去一些电荷（如电子转移到另一个物体）使其带正电，而另一个物体得到一些电荷而带负电。若在分离的过程中电荷难以中和，电荷就会积累使物体带上静电。所以任何两个不同材质的物体接触后都会发生电荷的转移和积累，形成静电。

可能引起各种危害的静电如未能采用科学方法加以防护，则会造成各种严重事故：静电火花会引起爆炸与火灾；静电放电还可能直接给人以电击而造成伤亡；静电的产生和积聚会妨碍正常生产与工作的进行。

（二）静电的危害

1. 爆炸和火灾

静电放电出现电火花，在有爆炸性气体、爆炸性粉尘或可燃性物质且浓度达到爆炸或燃烧极限时，可能发生爆炸和火灾。

静电在一定条件下引起爆炸和火灾，其充分和必要条件是：

（1）周围空间必须有可燃性物质存在。

（2）具有产生和积累静电的条件，包括物体本身和周围环境有产生和积累静电的条件。

（3）静电积累到足够高的电压后，发生局部放电，产生静电火花。

（4）静电火花能量大于或等于可燃物的最小点火能量。

2. 静电电击

当人体接近静电体或带静电的人体接近接地体时，都可能遭到电击，但由于静电能量很小，电击本身对人体不致造成重大伤害，然而很容易造成坠落等二次伤害事故。

（三）静电的安全防护

静电安全防护主要是对爆炸和火灾的防护。静电防护的主要措施如下。

1. 静电控制

（1）保持传动带的正常拉力，防止打滑，带轮及输送带或传动带应选用导电性好的材料制作。

（2）以齿轮传动代替带传动，减少摩擦。

（3）灌注液体的管道通至容器底部或紧贴侧壁，避免液体冲击和飞溅。

（4）降低气体、液体或粉尘物质的流速。

（5）在不影响工艺过程、产品质量和经济许可的情况下，尽量用不可燃介质代替易燃介质。

（6）在爆炸和火灾危险环境，采用通风装置或抽气装置及时排出爆炸性混合物，使混合物的浓度不超过爆炸下限。

2. 增湿

增湿适用于绝缘体上静电的消除。但增湿主要是增强静电沿绝缘体表面的泄漏，而不是增加通过空气的泄漏。因此，增湿对于表面容易形成水膜或表面容易被水润湿的绝缘体有效，如醋酸纤维、硝酸纤维素、纸张、橡胶等。而对于表面不能形成水膜、表面水分蒸发极快的绝缘体或孤立的带静电绝缘体，增湿也是无效的。从消除静电危害的角度考虑，保持相对湿度在 70% 以上较好。

3. 抗静电添加剂

抗静电添加剂是化学药剂，具有良好的导电性或较强的吸湿性。因此，在容易产生静电的高绝缘材料中加入抗静电添加剂，能降低材料的电阻，加速静电的泄漏。如在橡胶中加人导电炭黑，火药药粉中一般加入石墨，石油中一般加入环烷酸盐或合成脂肪酸盐等。

4. 静电中和器

静电中和是利用静电中和器产生电子或离子来中和物体上的静电电荷。静电中和器主要用来中和非导体上的静电。按照工作原理和结构的不同，大体上可以分为感应式中和器、高压式中和器、放射线式中和器和离子风式中和器。与抗静电添加剂相比，静电中和器不影响产品质量，使用也很方便。

5. 静电接地

接地是消除静电危害最常见、简便、有效的方法。在静电危险场所，所有属于静电导体的物体必须接地。对金属物体应采用金属导体与大地做导通性连接，对金属以外的静电导体及亚导体则应做间接接地。静电接地系统静电接地电阻值在通常情况下不应大于 $1\times10^6\Omega$。专设的静电接地体的接地电阻值一般不应大于 100Ω，在山区等土壤电阻率较高的地区，其接地电阻值也不应大于 1000Ω。

除以上措施外，工作人员在静电危险场所还可穿上抗静电的工作服和工作靴。

第四节 设备检修阶段的安全技术

电力生产行业已经形成了一套完整的设备检维修管理体系，很多是通用的，但与危险化学品相关的作业，化工行业的一些要求更充分考虑了危险化学品相关作业的特殊性。本节主要参考《化学品生产单位特殊作业安全规范》（GB 30871）、《化学品生产单位设备检修作业规范》（AQ 3026）和《生产区域设备检修作业安全规范》（HG 30017），对危险化学品设备检修相关安全技术进行简单介绍，具体见相关规范。

一、动火作业

1. 动火作业危险性

根据《化学品生产单位特殊作业安全规范》（GB 30871），动火作业是指直接或间接产生明火的生产装置以外的禁火区内可能产生火焰、火花和炽热表面的非常规作业，如使用电焊、气焊（割）、喷灯、电钻、砂轮等作业。

2. 动火作业分级

（1）固定动火区外的动火作业一般分为二级动火、一级动火、特殊动火三个级别，遇节假日或其他特殊情况，动火作业应升级管理。

（2）二级动火作业：除特殊动火作业和一级动火作业以外的动火作业。凡生产装置或系统全部停车，装置经清洗、置换、取样分析合格并采取安全隔离措施后，可根据其火灾、爆炸危险性大小，经厂安全管理部门批准，动火作业可按二级动火作业管理。

（3）一级动火作业：在易燃易爆场所进行的除特殊动火作业以外的动火作业。厂区管廊上的动火作业按一级动火作业管理。

（4）特殊动火作业：在生产运行状态下的易燃易爆生产装置、输送管道、储罐、容器等部位上及其他特殊危险场所进行的动火作业。带压不置换动火作业按特殊动火作业管理。

3. 作业基本要求

（1）动火作业应有专人监火，作业前应清除动火现场及周围的易燃物品，或采取其他有效安全防火措施，并配备消防器材，满足作业现场应急需求。

（2）动火点周围或其下方的地面如有可燃物、空洞、窨井、地沟、水封等，应检查分析并采取清理或封盖等措施；对于动火点周围有可能泄漏易燃、可燃物料的设备，应采取有效的隔离措施。

（3）凡在盛有或盛装过危险化学品的设备、管道等生产、储存设施及处于 GB 50016、GB 50160、GB 50074 规定的甲、乙类区域的生产设备上动火作业，应将其与生产系统彻底隔离，并进行清洗、置换，取样分析合格后方可作业；因条件限制无法进行清洗、置换而确需动火作业时按特殊动火作业要求执行。

（4）拆除管线进行动火作业时，应先查明其内部介质及其走向，并根据所要拆除管线的情况制定安全防火措施。

（5）在有可燃物构件和使用可燃物做防腐内衬的设备内部进行动火作业时，应采取防火隔绝措施。

（6）在生产、使用、储存氧气的设备上进行动火作业时，设备内氧含量不应超过 23.5%。

（7）动火期间距动火点 30 m 内不应排放可燃气体；距动火点 15 m 内不应排放可燃液体；在动火点 10 m 范围内及用火点下方不应同时进行可燃溶剂清洗或喷漆等作业。

（8）铁路沿线 25 m 以内的动火作业，如遇装有危险化学品的火车通过或停留时，应立即停止。

（9）使用气焊、气割动火作业时，乙炔瓶应直立放置，氧气瓶与之间距不应小于 5 m，二者与作业地点间距不应小于 10 m，并应设置防晒设施。

（10）作业完毕应清理现场，确认无残留火种后方可离开。

（11）五级风以上（含五级）天气，原则上禁止露天动火作业。因生产确需动火，动火作业应升级管理。

4. 特殊动火作业要求

特殊动火作业在符合上述规定的同时，还应符合以下规定：

（1）在生产不稳定的情况下不应进行带压不置换动火作业。

（2）应预先制定作业方案，落实安全防火措施，必要时可请专职消防队到现场监护。

（3）动火点所在的生产车间（分厂）应预先通知工厂生产调度部门及有关单位，使之在异常情况下能及时采取相应的应急措施。

（4）应在正压条件下进行作业。

（5）应保持作业现场通排风良好。

5. 动火分析及合格标准

（1）作业前应进行动火分析，要求如下：

1）动火分析的监测点要有代表性，在较大的设备内动火，应对上、中、下各部位进行检测分析；在较长的物料管线上动火，应在彻底隔绝区域内分段取样。

2）在设备外部动火，应在不小于动火点 10 m 范围内进行动火分析。

3）动火分析与动火作业间隔不应超过 30 min，如现场条件不允许，间隔时间可适当放宽，但不应超过 60min。

4）作业中断时间超过 60min，应重新分析，每日动火前均应进行动火分析；特殊动火作业期间应随时进行监测。

5）使用便携式可燃气体检测仪或其他类似手段进行分析时，检测设备应经标准气体样品标定合格。

（2）动火分析合格标准：

1）当被测气体或蒸气的爆炸下限大于或等于 4% 时，其被测浓度应不大于 0.5%（体积分数）。

2）当被测气体或蒸气的爆炸下限小于 4% 时，其被测浓度应不大于 0.2%（体积分数）。

二、压力容器检修

压力容器必须实行定期检验，发现有缺陷应及时消除。压力容器定期检验期限、内容方法等应按国家有关规定执行。在压力容器检验和检修中要注意的问题，大致可归纳为以下几点。

1. 有效切断

在检验和检修压力容器前，容器与其他设备的连接管道必须彻底切断。凡是与易燃或有毒气体设备的通路，不但要关闭阀门，还必须加设盲板严密封闭，以免因阀门泄漏，使易燃或有毒气体漏进被检验或检修中的容器，引起爆炸、着火或中毒事故。

2. 泄压

检验或检修压力容器时，如需要卸下或上紧承压部件，必须将容器内部的压力全部排净以后才能进行。不可在有压力的容器上拆卸或拧紧螺栓或其他紧固件，以免发生意外事故。

3. 清洗、置换

压力容器内的介质为有毒或易燃气体，检验或检修前应先进行妥善处理。进入有毒气体容器的内部进行检验前必须将介质排净，经过清洗、置换，并分析检查合格后方可进行。

对可燃气体容器进行动火作业（如焊接），或更换附件后用空气作气密性试验前，都应将容器内的介质排净，然后对容器进行清洗和置换，不能在容器内还残存有可燃物的情况下施焊或用空气试压，以免发生容器内燃烧爆炸事故。

4. 紧固件齐全

容器作耐压试验或气密性试验时，各连接紧固件必须齐全完整。在紧固件螺栓未全部配齐的情况下进行试压，可能会导致重大伤亡事故的发生。

5. 清理

压力容器经检验和检修后，在投入运行前必须做彻底清理，特别要防止容器或管道内残留有能与工作介质发生化学反应或能引起腐蚀的物质。如氧容器中的残油、氯气容器中的残余水分等。

三、防爆电气设备检修

防爆电气检修具体问题比较复杂，这里不作展开，但是从安全管理角度，应注意以下几个方面：

（1）防爆电气线路检修后不应改道，穿过的楼板、墙壁等处的孔洞应采用不燃材料严密封堵。

（2）线路导线铜芯截面积不得减小，不应增加中间接头，必须增加中间接头时，必须采用不低于原来防爆等级的防爆接头。

（3）如果防爆线路原先在同一接线箱内接线的，检修后必须仍有完好的绝缘隔板分隔，间距至少 50mm。

（4）防爆电气线路中的本安型电路与非本安型电路绝对不得混接或接错，两者如果是分开的电缆不应敷设在同一根钢管内。

（5）检修后的接地状况应恢复原先安装的状况，不得取消或减少。

（6）隔爆型电气设备检修时应认真检查隔爆接合面有无砂眼、损伤和严重锈蚀。一经发现，应立即报告防爆电气专业管理人员，不得涂漆或抹黄油（润滑油）作临时性处理。

（7）电动机经检修后，风扇和端罩之间不得产生摩擦。

（8）正压型防爆电气设备检修后，其取风口和排风口应维持原状，且都在非危险场所检修结束后必须先充分换气，正压达到规定要求后，才能通电。

（9）防爆电气设备检修中，原先配置的橡胶密封圈绝对不得丢失，仍应装妥。万一遇到应该装橡胶密封圈而未装的，应增补装妥并报告防爆电气专业管理人员。

（10）电缆外径应与密封圈的内径相配合，安装密封圈的部位不应有螺纹，以免降低密封的有效性。

（11）检修后，多余的电缆引入口的 2mm 厚金属堵板不得丢失，不能用其他堵封代替。

（12）线路检修后，不得将镀锌钢管改为黑铁管或塑料管，钢管的有效啮合应不小于 6 扣。

（13）防爆照明灯具检修后，灯泡功率应与原先功率一致，不可随意增加。

（14）检修中拧紧螺母时应对角拧，逐步均匀拧紧。不得先将某一螺母猛拧过紧，再拧其他螺母，以免破坏隔爆间隙。

（15）本安型、浇封型、气密型防爆电气一般由专业人员检修。充砂型电气设备检修后使用的砂应干燥、清洁，程度应符合要求，砂粒不宜过细。

四、动土作业

1. 动土作业的危险性

根据《化学品生产单位特殊作业安全规范》（GB 30871），动土作业指的是挖土、打桩、钻探、坑探、地锚入土深度在 0.5 m 以上；或使用推土机、压路机等施工机械进行填土或平整场地等可能对地下隐蔽设施产生影响的作业。

在危险化学品生产单位，地下设有动力、通信和仪表等不同规格的电缆，各种管道纵横交错，还有很多地下设施，是工厂的地下动脉。在工厂里进行动土作业（如挖土、打桩）、排放大量污水、重载运输和重物堆放等都可能影响地下设施的安全。如果没有一套完整的管理办法，在不明了地下设施的情况下随意作业，势必会发生挖断管道、破坏电缆、地下设施塌方毁坏等事故，不仅会造成停产，还有可能造成人员伤亡。

2. 动土作业有关规定

（1）作业前，应检查工具、现场支撑是否牢固、完好，发现问题应及时处理。

（2）作业现场应根据需要设置护栏、盖板和警告标志，夜间应悬挂警示灯。

（3）在破土开挖前，应先做好地面和地下排水，防止地面水渗入作业层面造成塌方。

（4）作业前应首先了解地下隐蔽设施的分布情况，动土临近地下隐蔽设施时，应使用适当工具挖掘，避免损坏地下隐蔽设施。如暴露出电缆、管线以及不能辨认的物品时，应立即停止作业，妥善加以保护，报告动土审批单位处理，经采取措施后方可继续动土作业。

（5）动土作业应设专人监护。挖掘坑、槽、井、沟等作业，应遵守下列规定：

1）挖掘土方应自上而下逐层挖掘，不应采用挖底脚的办法挖掘；使用的材料、挖出的泥土应堆放在距坑、槽、井、沟边沿至少 0.8 m 处，挖出的泥土不应堵塞下水道和窨井。

2）不应在土壁上挖洞攀登。

3）不应在坑、槽、井、沟上端边沿站立、行走。

4）应视土壤性质、湿度和挖掘深度设置安全边坡或固壁支撑。作业过程中应对坑、槽、井、沟边坡或固壁支撑架随时检查，特别是雨雪后和解冻时期，如发现边坡有裂缝、松疏或支撑有折断、走位等异常情况，应立即停止作业，并采取相应措施。

5）在坑、槽、井、沟的边缘安放机械、铺设轨道及通行车辆时，应保持适当距离，采取有效的固壁措施，确保安全。

6）在拆除固壁支撑时，应从下而上进行；更换支撑时，应先装新的，后拆旧的；

7）不应在坑、槽、井、沟内休息。

（6）作业人员在沟（槽、坑）下作业应按规定坡度顺序进行，使用机械挖掘时不应进入机械旋转半径内；深度大于 2m 时应设置人员上下的梯子等，保证人员能快速进出设施；作业人员为 2 人以上同时挖土时应相距 2 m 以上，防止工具伤人。

（7）作业人员发现异常时，应立即撤离作业现场。

（8）在危险化学品场所动土时，应与有关操作人员建立联系，当危险化学品装置发生突然排放有害物质时，操作人员应立即通知动土作业人员停止作业，迅速撤离现场。

五、进入受限空间作业

1. 进入受限空间作业的危险性

根据《化学品生产单位特殊作业安全规范》（GB 30871），受限空间指的是进出口受限，通风不良，可能存在易燃易爆、有毒有害物质或缺氧，对进入人员的身体健康和生命安全构成威胁的封闭、半封闭设施及场所，如反应器、塔、釜、槽、罐、炉膛、锅筒、管道、容器以及地下室、窨井、坑（池）、下水道或其他封闭、半封闭场所。凡是进入或探入受限空间进行的作业均为进入受限空间作业。

2. 受限空间作业有关规定

（1）作业前，应对受限空间进行安全隔绝，具体要求如下：

1）与受限空间连通的可能危及安全作业的管道应采用插入盲板或拆除一段管道进行隔绝。

2）与受限空间连通的可能危及安全作业的孔、洞应进行严密地封堵。

3）受限空间内的用电设备应停止运行并有效切断电源，在电源开关处上锁并加挂警示牌。

（2）作业前，应根据受限空间盛装（过）的物料特性，对受限空间进行清洗或置换，并达到如下要求：

1）氧含量一般为 18% ～ 21%，在富氧环境下不应大于 23.5%。

2）有毒气体（物质）浓度不得超过《工作场所有害因素执业接触限值　第一部分：化学有害因素》（GBZ 2.1）规定的接触限值（H_2S 最高允许浓度不大于 mg/m^3）。

3）可燃气体浓度：当被测气体或蒸气的爆炸下限大于或等于 4% 时，其被测浓度应不大于 0.5%（体积分数）；当被测气体或蒸气的爆炸下限小于 4% 时，其被测浓度应不大于 0.2%（体积分数）。

（3）应保持受限空间空气流通良好，可采取如下措施：

1）打开人孔、手孔、料孔、风门、烟门等与大气相通的设施进行自然通风。

2）必要时，应采用风机强制通风或管道送风，管道送风前应对管道内介质和风源进行分析确认。

（4）应对受限空间内的气体浓度进行严格监测，监测要求如下：

1）作业前 30 min 内，应对受限空间进行气体采样分析，分析合格后方可进入；如现场条件不允许，时间可适当放宽，但不应超过 60min。

2）监测点应有代表性，容积较大的受限空间，应对上、中、下各部位进行监测分析。

3）分析仪器应在校验有效期内，使用前应保证其处于正常工作状态。

4）规定的个体防护措施。

5）作业中应定时监测，至少每 2h 监测一次，如监测分析结果有明显变化，应立即停止作业，撤离人员，对现场进行处理，分析合格后方可恢复作业。

6）对可能释放有害物质的受限空间，应连续监测，情况异常时应立即停止作业，撤离人员，对现场进行处理，并取样分析合格后方可恢复作业。

7）涂刷具有挥发性溶剂的涂料时，应作连续分析，并采取强制通风措施。

8）作业中断时间超过 60 min 时，应重新进行取样分析。

（5）进入下列受限空间作业应采取如下防护措施：

1）缺氧或有毒的受限空间经清洗或置换达不到规定要求的，应佩戴隔绝式呼吸器，必要时应拴带救生绳。

2）易燃易爆的受限空间经清洗或置换达不到规定要求的，应穿防静电工作服及防静电工作鞋，使用防爆型低压灯具及防爆工具。

3）酸碱等腐蚀性介质的受限空间，应穿戴防酸碱防护服、防护鞋、防护手套等防腐蚀护品。

4）有噪声产生的受限空间，应佩戴耳塞或耳罩等防噪声护具。

5）有粉尘产生的受限空间，应佩戴防尘口罩、眼罩等防尘护具。

6）高温的受限空间，进入时应穿戴高温防护用品，必要时采取通风、隔热、佩戴通信设备等防护措施。

7）低温的受限空间，进入时应穿戴低温防护用品，必要时采取供暖、佩戴通信设备等措施。

（6）照明及用电安全要求如下：

1）受限空间照明电压应小于或等于 36V，在潮湿容器、狭小容器内作业电压应小于或等于 12V。

2）在潮湿容器中，作业人员应站在绝缘板上，同时保证金属容器接地可靠。

（7）作业监护要求如下：

1）在受限空间外应设有专人监护，作业期间监护人员不应离开。

2）在风险较大的受限空间作业，应增设监护人员，并随时与受限空间内作业人员保持联络。

（8）应满足的其他要求如下：

1）受限空间外应设置安全警示标志，备有空气呼吸器（氧气呼吸器）、消防器材和清水等相应的应急用品。

2）受限空间出入口应保持畅通。

3）作业前后应清点作业人员和作业工器具。

4）作业人员不应携带与作业无关的物品进入受限空间；作业中不应抛掷材料、工器具等物品；在有毒、缺氧环境下不应摘下防护面具；不应向受限空间充氧气或富氧空气；离开受限空间时应将气割（焊）工器具带出。

5）难度大、劳动强度大、时间长的受限空间作业应采取轮换作业方式。

6）作业结束后，受限空间所在单位和作业单位共同检查受限空间内外，确认无问题后方可封闭受限空间。

7）最长作业时限不应超过 24h，特殊情况超过时限的应办理作业延期手续。

六、高处作业

在离地面垂直距离2m以上位置的作业，与地面距离在2m以下但在作业地段坡度大于45° 的斜坡下面，或附近有坑、井和有风雪袭击、机械振动的地方以及有转动机械或有堆放物品易伤人的地段作业，均属高处作业，都应按照高处作业规定执行。

特别是，在临近排放有毒、有害气体、粉尘的放空管线或烟囱等危险化学品相关场所进行作业时，应预先与作业所在地有关人员取得联系、确定联络方式，并为作业人员配备必要的且符合相关国家标准的防护器具（如空气呼吸器、过滤式防毒面具或口罩等）。在酸、碱、废液、有毒、易燃物料等危险化学品槽罐的上方从事高空作业时，还需采取防止危险化学品危害的措施。在易散发有毒气体的厂房、设备上方施工时，要设专人监护。如发现有害气体排放时，应立即停止作业。

第五节　气瓶安全技术

气瓶属于压力容器的一种，由于它具有流动性强、使用领域广、数量大、风险大等特点，国家制定专门法规、技术规范和标准进行监管。目前，气瓶的专门法规和规范有：《气瓶安全监察规定》《气瓶安全技术监察规程》（TSG R0006）、《气瓶附件安全技术监察规程》（TSG RF001）、《特种设备生产和充装单位许可规则》（TSG 07）等。

一、气瓶

《气瓶安全技术监察规程》（TSG R0006）规定：本规程适用于正常环境温度（–40～60℃）下使用、公称容积为0.4～3000L、公称工作压力为0.2～35MPa（表压，下同）且压力与容积的乘积大于或等于1.0MPa·L，盛装压缩气体、高（低）压液化气体、低温液化气体、溶解气体、吸附气体、标准沸点等于或低于60℃的液体以及混合气体（两种或者两种以上气体）的无缝气瓶、焊接气瓶、焊接绝热气瓶、缠绕气瓶、内部装有填料的气瓶以及气瓶附件。

二、气瓶的安全附件

气瓶的安全附件对气瓶的安全使用至关重要，应严格遵守《气瓶附件安全技术监察规程》（TSG RF001）等技术规范的有关规定。

（一）安全泄压装置

气瓶的安全泄压装置，是为了防止气瓶在遇到火灾等高温时瓶内气体受热膨胀而发生破裂爆炸。气瓶常见的泄压附件有爆破片和易熔塞。爆破片装在瓶阀上，其爆破压力略高于瓶内气体的最高温升压力。爆破片多用于高压气瓶上，《气瓶安全技术监察规程》（TSG R0006）对是否必须装设爆破片，未做明确规定。易熔塞一般装在低压气瓶的瓶肩上，当周围环境温度超过气瓶的最高使用温度时，易熔塞的易熔合金熔化，瓶内气体排出，避免气瓶爆炸。注意：剧毒气体的气瓶不得装易熔塞。

（二）其他附件

气瓶其他附件包括防振圈、瓶帽、瓶阀。

气瓶装有两个防振圈是气瓶瓶体的保护装置。气瓶在充装、使用、搬运过程中，常常会因滚动、振动、碰撞而损伤瓶壁，以致发生脆性破坏。这是气瓶发生爆炸事故常见的一种直接原因。

瓶帽是瓶阀的防护装置，它可避免气瓶在搬运过程中因碰撞而损坏瓶阀，保护出气口螺纹不被损坏，防止灰尘、水分或油脂等杂物落入阀内。

瓶阀是控制气体出入的装置，一般采用黄铜或钢制造。充装可燃气体的气瓶的瓶阀，其出气口螺纹为左旋；盛装助燃气体的气瓶，其出气口螺纹为右旋。瓶阀的这种结构可有效地防止可燃气体与非可燃气体的错装。

三、气瓶的颜色和标记

《气瓶颜色标志》（GB/T 7144）对气瓶的颜色和标志作了明确的规定，《气瓶安全技术监察规程》（TSG R0006）对气瓶的颜色和标志的应用又作了进一步的规定。主要规定如下：气瓶标志包括制造标志和定期检验标志。制造标志通常有制造钢印标记（含铭牌上的标记）、标签标记（粘贴于瓶体上或者透明的保护层下）、印刷标记（印刷在瓶体上）以及气瓶颜色标志等；定期检验标志通常有检验钢印标记、标签标记、检验标志环以及检验色标等。

1. 气瓶制造标志

（1）气瓶的钢印标记、标签标记或者印刷标记。气瓶的制造标志是识别气瓶的依据，标记的排列方式和内容应当符合《气瓶安全技术监察规程》（TSG R0006）附件 B 及相应标准的规定，其中，制造单位代号（如字母、图案等标记）应当报中国气瓶标准化机构备查。鼓励气瓶制造单位或者充装单位采用信息化手段对气瓶实行全寿命周期安全管理。

（2）气瓶外表面的颜色标志、字样和色环。气瓶外表面的颜色标志、字样和色环，应当符合《气瓶颜色标志》（GB/T 7144）的规定；对颜色标志、字样和色环有特殊要求的，应当符合相应气瓶产品标准的规定，详见表 7–1。

表 7–1　几种常见气瓶漆色（GB/T 7144）

序号	气瓶名称	化学式	外表面颜色	字样	字样颜色	色环
1	氢	H_2	深绿	氢	红	p=14.7MPa，不加色环 p=19.8MPa，黄色环一道 p=29.4MPa，黄色环二道
2	氧	O_2	天蓝	氧	黑	p=14.7MPa，不加色环 p=19.6MPa，白色环一道 p=29.4MPa，白色环二道
3	氨	NH_3	黄	液氨	黑	
4	氯	Cl_2	草绿	液氯	白	

续表

序号	气瓶名称	化学式	外表面颜色	字样	字样颜色	色环
5	空气	—	黑	空气	白	p=14.7MPa，不加色环 p=19.6MPa，白色环一道 p=29.4MPa，白色环二道
6	氮	N_2	黑	氮	黄	
7	硫化氢	H_2S	白	液化硫化氢	红	
8	二氧化碳	CO_2	铝白	液化二氧化碳	黑	p=14.7MPa，不加色环 p=19.6MPa，黑色环一道

（3）焊接绝热气瓶（含车用焊接绝热气瓶）标志：

1）充装液氧（O_2）、氧化亚氮（N_2O）和液化天然气（LNG）的气瓶，在外胆上封头便于观察的部位，应当压制明显凸起的“O_2”“N_2O”或者“LNG”等介质符号。

2）产品铭牌应当牢固地焊接在不可拆卸的附件上。

3）瓶体上需粘贴与铭牌介质相一致的产品标签，标签的底色和字色应当与 GB/T 7144 中相应介质的瓶体颜色和字色相一致。

2. 气瓶定期检验标志

气瓶的定期检验钢印标记、标签标记、检验标志环和检验色标，应当符合《气瓶安全技术监察规程》（TSG R0006）附件 B 的规定。气瓶定期检验机构应当在检验合格的气瓶上逐只打印检验合格钢印或者在气瓶上做出永久性的检验合格标志。

四、气瓶的安全管理

（一）气瓶储存安全

（1）气瓶的储存应有专人负责管理。管理人员、操作人员、消防人员应经安全技术培训，了解气瓶、气体的安全知识。

（2）气瓶的储存。空瓶、实瓶和不合格瓶应分别存放，并有明显的区域和标志。可燃性和氧化性的气体应分室存放，如液化石油气瓶与氧气瓶；有毒气体气瓶以及瓶内气体相互接触能引起燃烧、爆炸、产生毒物的气瓶，应分室存放，如乙炔瓶与氯气瓶。

（3）气瓶库（储存间）应符合《建筑设计防火规范》（GBJ 16），应采用耐火等级不低于二级的防火建筑。与明火或其他建筑物应有符合规定的安全距离。易燃、易爆、有毒、腐蚀性气体气瓶库的安全距离不得小于 15m。

（4）气瓶库应通风、干燥，防止雨（雪）淋、水浸，避免阳光直射，要有便于装卸、运输的设施。库内不得有暖气、水、煤气等管道通过，也不准有地下管道或暗沟。储存有易燃气体的，照明灯具及电气设备应是防爆的。

（5）地下室或半地下室不能储存气瓶。

（6）瓶库有明显的“禁止烟火”“当心爆炸”等各类必要的安全标志。

（7）瓶库应有运输和消防通道，设置消防栓和消防水池。在固定地点备有专用灭火器灭火工具和防毒用具。

（8）储气的气瓶应戴好瓶帽，最好戴固定瓶帽，套好防振圈。

（9）实瓶一般应立放储存。卧放时，应防止滚动，瓶头（有阀端）应朝向一方。垛放不得超过 5 层，并妥善固定。气瓶排放应整齐，固定牢靠。数量、号位的标志要明显。要留有通道。

（10）实瓶的储存数量应有限制，在满足当天使用量和周转量的情况下，应尽量减少储存量。容易起聚合反应的气体的气瓶，必须规定储存期限。

（11）瓶库账目清楚，数量准确，按时盘点，账物相符。

（12）建立并执行气瓶进出库制度。

（13）有毒、可燃气体的库房和氧气以及惰性气体的库房，应设置相应气体的危险性浓度检测报警装置。

（14）储存室应有温度、湿度检测仪。

（二）气瓶运输安全

一般地，气瓶在运输过程中，应注意如下事项并做好安全防护措施：

（1）装运气瓶的车辆应有“危险品”的安全标志。

（2）气瓶必须配戴好气瓶帽、防振圈，当装有减压器时应拆下，气瓶帽要拧紧，防止摔断瓶阀造成事故。

（3）气瓶应直立向上装在车上，妥善固定，防止倾斜、摔倒或跌落，车厢高度应在瓶高的 2/3 以上。

（4）运输气瓶的车辆停靠时，驾驶员与押运人员不得同时离开。运输气瓶的车不得在繁华市区、人员密集区附近停靠。

（5）不应长途运输乙炔气瓶。

（6）运输可燃气体气瓶的车辆必须备有灭火器材。

（7）运输有毒气体气瓶的车辆必须备有防毒面具。

（8）夏季运输时应有遮阳设施，适当覆盖，避免暴晒。

（9）所装介质接触能引燃爆炸，产生毒气的气瓶，不得同车运输。

（10）易燃品、油脂和带有油污的物品，不得与氧气瓶或强氧化剂气瓶同车运输。

（11）车辆上除驾驶员、押运人员外，严禁无关人员搭乘。

（12）驾乘人员严禁吸烟或携带火种。

（三）气瓶搬运安全

一般地，气瓶在搬运过程中，应注意如下事项：

（1）搬运气瓶时，要旋紧瓶帽，以直立向上的位置来移动，注意轻装轻卸，禁止从瓶帽处提升气瓶。

（2）近距离（5m 内）移动气瓶，应手扶瓶肩转动瓶底，并且要使用手套。移动距离较远时，应使用专用小车搬运，特殊情况下可采用适当的安全方式搬运。

（3）禁止用身体搬运高度超过 1.5m 的气瓶到手推车或专用吊篮等里面，可采用手扶瓶肩转动瓶底的滚动方式。

（4）卸车时应在气瓶落地点铺上软垫或橡胶垫，逐个卸车，严禁溜放。

（5）装卸氧气瓶时，工作服、手套和装卸工具、机具上不得粘有油脂。

（6）当提升气瓶时，应使用专用吊篮或装物架。不得使用钢丝绳或链条吊索。严禁使用电磁起重机和链绳。

（四）气瓶使用安全

（1）使用气瓶者应学习气体与气瓶的安全技术知识，在技术熟练人员的指导监督下进行操作练习，合格后才能独立使用。

（2）使用前应对气瓶进行检查，确认气瓶和瓶内气体质量完好，方可使用。如发现气瓶颜色、钢印等辨别不清，检验超期，气瓶损伤（变形、划伤、腐蚀），气体质量与标准规定不符等现象，应拒绝使用并作妥善处理。

（3）按照规定，正确、可靠地连接调压器、回火防止器、缓冲器、汽化器、焊割炬等，检查、确认没有漏气现象。连接上述器具前，应微开瓶阀吹除瓶阀出口的灰尘、杂物。

（4）气瓶使用时，一般应立放（乙炔瓶严禁卧放使用），不得靠近热源。与明火或可能产生火花的作业，距离不得小于 10m。

（5）使用易起聚合反应的气体的气瓶，应远离射线、电磁波、振动源。

（6）防止日光暴晒、雨淋、水浸。

（7）移动气瓶应手搬瓶肩转动瓶底，移动距离较远时可用轻便小车运送，严禁抛、滚滑、翻和肩扛、脚踹。

（8）禁止敲击、碰撞气瓶。绝对禁止在气瓶上焊接、引弧。不准用气瓶作支架和铁砧。

（9）注意操作顺序。开启瓶阀时应轻缓，操作者应站在瓶阀出口的侧后方；关闭瓶阀时应轻而严，不能用力过大，避免关得太紧、太死。

（10）瓶阀冻结时，不准用火烤。可把气瓶移入室内或温度较高的地方或用 40℃以下的温水浇淋解冻。注意保持气瓶及附件清洁、干燥，禁止沾染油脂、腐蚀性介质、灰尘等。

（11）瓶内气体不得用尽，应留有剩余压力（余压）。余压不应低于 0.05MPa。

（12）保护瓶外油漆防护层，既可防止瓶体腐蚀，也是识别标记，可以防止误用和混装。瓶帽、防振圈、瓶阀等附件都要妥善维护、合理使用。气瓶使用完毕，要送回瓶库或妥善保管。

（五）定期检验

气瓶的定期检验，应由取得检验资格的专门单位负责进行。未取得资格的单位和个人，不得从事气瓶的定期检验工作。各类气瓶的检验周期如下：盛装腐蚀性气体的气瓶，每 2 年检验 1 次。盛装一般气体的气瓶，每 3 年检验 1 次。液化石油气气瓶，使用未超过 20 年的，每 5 年检验 1 次；使用超过 20 年的，每 2 年检验 1 次。盛装惰性气体的气瓶，每 5 年检验 1 次。气瓶在使用过程中，发现有严重腐蚀、损伤或对其安全可靠性有怀疑时，应提前进行检验。库存和使用时间超过一个检验周期的气瓶，启用前应进行检验。气瓶检验单位，对要检验的气瓶逐只进行检验，并按规定出具检验报告。未经检验和检验不合格的气瓶不得使用。

第六节　过程控制和检测技术

国家对“两重点一重大”（重点监管的危险化工工艺、重点监管的危险化学品和重大危险源）仪表配置有明确要求，部分发电企业涉及重点监管的危险化学品和危险化学品重大危险源，因此对相关技术作简要介绍。

一、过程仪表及其日常管理

危险化学品企业仪表设备一般分为常规仪表、仪表控制系统、仪表联锁保护系统、分析仪表、安全环保仪表及其他仪表。常规仪表包括检测仪表、显示或报警仪表、控制仪表、辅助单元、执行器及其附件等。仪表控制系统包括集散控制系统（DCS）、可编程控制系统（PLC）、机组控制系统（CCS）、工业控制计算机系统（IPC）、监控和数据采集系统（SCADA）等。仪表联锁保护系统包括紧急停车系统（ESD）、安全仪表系统（SIS）、安全停车系统（SSD）、安全保护系统（SPS）、逻辑运算器、继电器等。分析仪表包括在线分析仪表、化验室分析仪器。安全环保仪表包括可燃气体检测报警器，有毒气体检测报警器，氨氮分析仪，化学需氧量（COD）分析仪，烟气排放二氧化硫分析仪，外排废水、废气流量计等，另外，还有振动 / 位移检测仪表、调速器、标准仪器、工业电视监控系统等。仪表的选型、电源、气源应满足相关规范要求，仪表设备施工单位必须具有相应的施工资质、施工能力，并具有健全的工程质量保证体系。

（一）常规仪表

常规仪表主要是指通过被测量与标准量相比较得到结果的原理制造的仪表。通过常规仪表可以对工艺生产过程中的温度、压力、流量、液位四大参数进行检测；控制仪表根据检测到的仪表示值与所要控制的示值进行偏差比较后，输出信号到执行器及其附件使其输出发生变化，直到变化后的参数符合生产的要求。

1. 防爆型仪表的管理

根据使用场所爆炸危险区域的划分，应按照相关规范要求，选择满足防爆等级的仪表。防爆型仪表的安装、配线及电缆应按安装场所爆炸性气体混合物的类别、级别、组别确定安装、敷设方式。防爆型仪表及其辅助设备、接线盒等均应有防爆合格证，其构成的系统应符合整体防爆的设计要求。

2. 放射性仪表的管理

放射性仪表现场 10m 之内要有明显的警示标识，维护人员应接受政府主管部门的专门培训并取得其颁发的放射工作人员证后，才能进行仪表的维护、检修、校准工作，并配备必要的防护用品和监测仪器。

3. 常规仪表的校准、检修

常规仪表的校准周期，原则上为所在装置大修周期；日常故障修复后必须校准，并做好校准记录；各种标准仪器应按有关计量法规要求进行周期检定。常规仪表设备校准后应进行回路试验及联校，参加联锁的仪表还应进行联锁回路的调试和确认。

（二）仪表控制系统

控制系统机房环境必须满足控制系统设计规定的要求，消防设施应配备齐全，有防小动物措施；进入机房作业人员宜采取静电释放措施，消除人身所带的静电；在装置运行期间，控制系统机房内应控制使用移动通信工具，并张贴警示标志；机房内严禁带入食品、液体、易燃易爆和有毒物品等，机房内禁止堆放杂物，机柜上禁放任何物品；无关人员不得进入机房；不得接放安装非控制系统的机柜或设备。控制系统的大修，原则上随装置停工大修同步进行。

严禁执行与控制系统无关的操作，严禁外来计算机接入控制网络，控制系统与信息管理系统间如需连接，应采取隔离措施，以防范外来计算机病毒侵害。电视监控系统、工业无线网络不应与控制移动存储设备一起接入控制系统计算机，如需接入，需专人负责，采用指定设备，严防病毒入侵。

（三）仪表联锁保护系统

仪表联锁保护系统用于监视生产装置或独立单元的操作，当过程变量（温度、压力、流量、液位等）超限，机械设备故障，系统本身故障或能源中断时，安全仪表系统能自动（必要时可手动）地完成预先设定的动作，使操作人员、工艺装置处于安全状态，确保装置或独立单元具有一定的安全度。

（四）分析仪表

分析仪表是指对物质的组成和性质进行分析和测量，并直接指示物质的成分及含量的仪表。实验室仪表是由人工现场采样，然后由人工进行分析，分析结果一般较为准确；在线分析仪表用于连续生产过程，能自动采样，自动分析，自动指示、记录、打印分析结果。

在线分析仪表的配置、选型应符合相关规范。当在线分析仪表需要与 DCS 进行数据通信时，应有通用的通信接口，其通信协议、通信速率应和 DCS 系统要求相匹配。在线分析仪表的维护、检修及校准应根据相关规程及相应在线分析仪表说明书中的要求进行。各种标准仪器应按有关计量法规规定的检定周期进行检定，标定时所采用的标准气体应符合相关规程要求。在线分析仪表的大修，原则上随装置停工大修进行；大修期间要对在线分析仪表进行全面彻底的清洗和系统的调试、诊断维护、联校。

（五）安全环保仪表

安全环保仪表可对生产过程中可能产生的废弃物或异常情况下可能泄漏或外排的气体、液体的成分进行分析及检测，以便于进行生产调整，减少影响环境的事件发生。

（六）就地式工业压力表

1. 压力表的选用

工作压力小于 2.45MPa 的锅炉及低压容器，压力表精度不得低于 2.5 级；工作压力等于或大于 2.45MPa 的锅炉及中高压容器，压力表精度不得低于 1.5 级；压力表的量程应与设备工作压力相适应，通常为工作压力的 1.5 ～ 3.0 倍。

2. 压力表分级

压力表根据 1988 年 10 月 10 日化学工业部、国家技术监督局发布的《化工部化学工业计量器具分级管理办法》(〔1988〕化生字第806号)进行分级，用于锅炉及三类压力容器设备的工业压力表列入A级管理，A类压力表需要画红线，检定周期半年。用于工艺过程压力控制回路的工业压力表（已列入A级的除外）列入B级管理，B类压力表需要画红线，随装置大检修周期进行检定。其余用于监视用的工业压力表列入C级管理，一次性故障更换。

3. 工业压力表检定

工业压力表应根据中华人民共和国国家计量检定规程《弹性元件式一般压力表压力真空表和真空表检定规程》(JJG52)的规定进行检定，并提供有效检定标识。工业压力表须有铅封、校验标签、检定记录，校验标签张贴在工业压力表上。工业压力表检定、校准仪器人员应取得有效的计量检定员证书。

二、检测报警设施安全技术

检测报警设施包括：压力、温度、液位、组分等报警设施，可燃气体和有毒气体检测报警系统，便携式可燃气体和有毒气体检测报警器，火灾报警系统，氧气检测报警器，放射源检测报警器，静电测试仪器（电荷密度计、静电电压表)，漏油检测报警器，对讲机，报警电话，电视监视系统等。通过设置可燃气体和有毒气体检测报警系统，可以检测泄漏的可燃气体或有毒气体的浓度并及时报警，预防人身伤害以及火灾与爆炸事故的发生。

2019年，国家住房和城乡建设部、国家市场监督管理总局联合发布了《石油化工可燃气体和有毒气体检测报警设计标准》(GB/T 50493)，重新明确了可燃气体和有毒气体的定义。可燃气体又称易燃气体，甲类气体或甲、乙λ类可燃液体汽化后形成的可燃气体或可燃蒸气；有毒气体是指劳动者在职业活动过程中，通过皮肤接触或呼吸可导致死亡或永久性健康伤害的毒性气体或毒性蒸气，常见的有毒气体有：一氧化碳、氯乙烯、硫化氢、氯、氰化氢、丙烯腈、二氧化氮、苯、氨、碳酰氯、二氧化硫、甲醛、环氧乙烷、溴等。

GB/T 50493对设置可燃气体和有毒气体检测报警系统、确定检（探）测点（生产设施、储运设施、其他有可燃气体、有毒气体的扩散与积聚场所)、检（探）测器和指示报警设备的选用、检（探）测器和指示报警设备的安装等做了规定。气体报警器的维护应注意以下问题：

（1）使用可燃气体和有毒气体检测报警器的企业，应配备必要的标定设备及标准气体。

（2）采用多点式指示报警器或信号引入系统时，应具有相对独立、互不影响的报警功能，并能区分和识别报警场所的位号。

（3）日常巡回检查时，要检查指示、报警是否工作正常，检查检测器是否意外进水。

（4）根据环境条件和仪表工作状况，定期通气，检查和试验检测报警器是否正常。

（5）可燃气体和有毒气体检测报警器的检定按照国家计量检定规程《可燃气体检测报警器》(JJG 693)、《硫化氢气体检测仪》(JJG 695)等要求进行。可燃气体和有毒气体检测报警器检查校准每季度一次。可燃气体和有毒气体检测报警器的检定由有资质单位按国家强检规定每年进行一次。检查、检定人员应取得有效的资格证书。

（6）可燃气体和有毒气体检测报警器的移位、停运、拆除、停用，必须由相应主管部门审批后方可实施。维护单位拆修在用可燃气体和有毒气体检测报警器时，必须通知使用单位，应在24h内修复；若不能修复，必须通知使用单位，并上报相关部门备案。

三、安全仪表系统

安全仪表系统（safety instrumented system，SIS）包括仪表保护系统（instrument protection system，IPS）、安全联锁系统（safety interlocking system，SIS）、紧急停车系统（emergency shut-down system，ESD）。国际电工委员会（IEC）标准 IEC61508 及 IEC61511 定义 SIS 为专门用于安全的控制系统。安全仪表系统在生产装置的开车、运行、维护操作和停车期间，对装置设备、人员健康及环境提供安全保护。无论是人为因素导致的危险，还是生产装置本身出现的故障危险以及一些不可抗因素引发的危险，SIS 都应按预先设定的程序立即做出正确的反应并给出相应的逻辑信号，使生产装置安全联锁或停车，阻止危险的发生及扩散，使危害降到最低。

（一）安全仪表系统及其作用

1. 安全仪表系统及其作用

安全仪表系统由传感器、逻辑运算器、最终执行元件及相应软件等组成，其作用是既可以降低事故发生的概率，又能监视生产过程的状态，在危险条件出现时采取相应的保护措施，以防止危险发生，避免潜在风险损害人身安全、设备损失、环境污染等。

为满足安全相关系统达到必要的风险降低，用一系列离散的等级，来满足分配到安全相关系统的安全完整性要求。IEC61508 中规定了 4 种安全完整性等级，安全完整性等级 1 为最低，安全完整性等级 4 为最高。

2. 安全仪表系统与基本过程控制系统

在工业中，绝大部分控制系统都是基本过程控制系统。它们的服务对象是同一套装置，两者之间需要建立数据联系，特别是安全仪表系统的动作条件、联锁结果、保护设施等都需要在上位机通过各种方式在线监视。如果想在线监视并记录与安全仪表系统关联的设备状态、事件顺序，就需要建立与安全仪表系统的通信，获取其设备的数据信息，并按事件顺序记录和处理，实现在线监控及故障追忆。虽然安全仪表系统和基本过程控制系统都属于控制系统的范畴，但是两者有很大的区别，基本过程控制系统用来执行系统的基本控制功能，是主动的、动态的。安全仪表系统是被动的、静态的，用来监视生产过程的状态，以保证整个系统的安全运行。

（二）紧急停车系统

紧急停车系统（emergency shut- down system，ESD）是 20 世纪 90 年代发展起来的一种专用的安全保护系统，以它的高可靠性和灵活性而受到一致好评和广泛应用。ESD 是一种专门的仪表保护系统，具有很高的可靠性和灵活性，当生产装置出现紧急情况时，保护系统能在允许的时间内做出响应，及时地发出保护联锁信号，对现场设备进行安全保护。

（三）仪表联锁保护系统

仪表联锁保护系统是指按装置的工艺过程要求和设备要求，使相应的执行机构动作，或自动启动备用系统，或实现安全停车。联锁保护系统既能保护装置和设备的正常开停、运转，又能在工艺过程出现异常情况时，按规定的程序保证安全生产，实现紧急操作（切断或排放）、安全停车、紧急停车或自动投入备用系统。危险化学品生产企业应按照相关规范的要求设置过程控制、安全仪表及联锁系统，并满足《石油化工安全仪表系统设计规范》（GB/T 50770）的要求。仪表联锁保护系统包括紧急停车系统（ESD）、安全仪表系统（SIS）、安全停车系统（SSD）、安全保护系统（SPS）、逻辑运算器、继电器等。

1. 联锁保护系统使用、故障管理、维护要求

（1）企业应该制定联锁保护系统的管理规定，明确各单位的职责，主管部门对执行情况进行经常性的监督检查和考核。

（2）联锁保护系统根据其重要性及安全完整性等级要求，宜实行分级管理并制定相应的分级管理细则。

（3）联锁保护系统应建立设备档案，记录联锁保护系统的全寿命运行过程信息。档案应详细记录联锁保护系统发生动作情况、故障情况、原因分析及整改措施。

（4）联锁保护系统软件和应用软件至少有两套备份，并异地妥善保管；软件备份要注明软件名称、版本、修改日期、修改人，并将有关修改设计资料存档。

（5）新装置或设备检修后投运之前、长期解除的联锁保护系统恢复之前，应对所有的联锁回路进行全面的检查和确认。对联锁回路的确认，由使用单位组织实施并填写联锁保护系统验收单，联锁保护系统验收单的内容可包括装置名称、验收时间、工艺位号、联锁内容、动作情况等，相关单位人员共同参加确认并会签。

（6）联锁保护系统所用器件（包括一次检测元件、线路和执行元件）、运算单元应随装置停车周期检修、校准、标定。新更换的元件、仪表、设备必须经过检验、标定之后方可装入系统，联锁保护系统检修后必须进行联校。

（7）为杜绝误操作，在进行解除或恢复联锁回路的作业时，必须实行监护操作，作业人员在操作过程中应与工艺操作人员保持密切联系。

（8）要明确联锁系统的盘前开关、按钮和盘后开关、按钮的操作权限，无关人员不得进入有联锁回路仪表、设备的仪表盘后。一般盘前开关、按钮由装置的操作工操作，盘后开关、按钮由仪表维护人员操作。

（9）使用单位及负责仪表维护的单位均需建立工艺联锁台账，台账的内容要包括位号、内容、一次仪表名称、型号、设定值等。

（10）联锁保护系统应配备适量的备品配件。

（11）仪表维护人员应定期检查联锁系统的诊断报警情况，保持系统的完好运行状态；环境条件应满足仪表正常运行要求；按规定周期做好设备的清洁工作；做好相关记录。

（12）工艺操作人员应随时监控联锁系统的报警信息。

（13）联锁保护系统运行出现异常或故障时，维护人员应及时处理，并对故障现象、原因、处理方法及结果做好记录。

（14）联锁保护系统仪表的维护和检修按《石油化工设备维护检修规程》要求进行，联锁保护系统的检修情况和结果都应有详细记录，为计划检修提供依据，并存档妥善保管。正在运行的装置中个别联锁回路需检修时，必须核实其检修过程不会对其他检测、控制回路造成不应有的影响。

（15）检修、校验、标定的各种记录、资料和联锁工作票，要存到设备档案中，妥善保管以备查用。

2. 联锁系统的变更

联锁保护系统对装置的安全运行发挥着重要的作用，其投用、摘除等变更往往决定着人身、设备安全及生产的连续性，因此必须采取严格的审批程序。

（1）联锁保护系统的变更（包括仪表器件 / 接线、联锁条件 / 方式、设定值修改、临时 / 长期解除、取消、恢复、新增），必须由使用单位提出并办理审批。解除联锁保护系统时应制定相应的安全防范措施及应急预案，须经使用单位 / 生产车间、仪表维护单位主管部门等相关单位会签审查、审批后方可实施。

（2）执行联锁保护系统的变更（包括仪表器件 / 接线、联锁条件 / 方式、设定值修改、临时 / 长期解除、取消、恢复、新增）等作业时，建议执行工作票制度，可以制定“仪表联锁工作票”，注明作业的依据、作业内容、作业执行人、检查 / 监护人、作业完成确认、时间等，并由仪表维护和使用单位分别保留归档。

（3）根据工艺生产操作法要求，在开、停工时需要临时切除的联锁，不属于联锁变更管理范围，但应严格按工艺生产操作法执行。

新增联锁保护系统或者联锁保护系统变更，必须做到图纸、资料齐全。

第二篇　实务篇

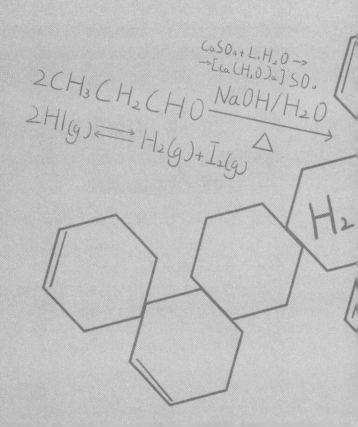

第八章　大型发电集团危险化学品安全管理模式研究与实践

随着我国社会经济的快速发展，危险化学品安全管理工作的重要性和紧迫性日益凸显。当前我国危险化学品安全生产依然处于事故易发多发时期，面临着诸多风险和挑战，危险化学品安全生产形势十分严峻。危险化学品安全管理是一项非常专业的工作，是企业安全管理的重中之重，做好危险化学品安全管理是企业应尽的责任。对于大型发电集团，研究建立危险化学品安全管理模式，实现危险化学品安全管理制度体系不断完善，危险化学品安全管理责任的落实不断加强，危险化学品和重大危险源风险分级管控和隐患排查治理双重预防机制不断巩固，事故风险防控水平和员工安全素质不断提高，危险化学品安全生产基础不断夯实，是落实企业危险化学品安全管理主体责任，提高危险化学品安全意识和管理水平，建立健全危险化学品安全管理长效机制，杜绝危险化学品事故发生的重要举措，具有重要的现实意义，也是大型发电集团应尽的社会责任。

本章以大型发电集团危险化学品安全管理为研究对象，针对发电企业涉及危险化学品的复杂情况，在调研危险化学品安全管理现状及存在问题的基础上，充分结合国家管理要求和发电企业管理特点，提出了建立安全管理模式应遵循“合法合规、符合实际、专业管理、简洁实用、落到实处、开放共享”的原则，并以此为指导提出了“依法依规、分级管理、双防管控、程序规范、动态调整”的危险化学品安全管理模式，设计了“组织管理体系、制度管理体系、信息管控平台”实施保障体系。实践证明，该模式能够实现危险化学品科学化、规范化、动态化的管理，能够为大型发电集团危险化学品安全管理水平提供技术基础和安全保障。

第一节　危险化学品安全管理模式的主要内容

一、管理模式应遵循的原则

危险化学品安全管理既是企业安全管理工作的一部分，又有其专业特点，应遵循以下原则。

（一）合法合规原则

危险化学品安全管理的任何行为都要符合国家法律法规，这是企业任何工作的前提，也是建立危险化学品安全管理模式的前提。

（二）符合实际原则

大型发电集团均有自己比较完善的管理体系，危险化学品安全管理作为安全管理工作的一部分，应符合各自企业的实际情况，各大型发电集团建立危险化学品安全管理模式时，既要考虑行业特点，又要符合管理实际。

（三）专业管理原则

危险化学品安全管理历来是各行各业安全管理的重点，比如对液氨使用的管理，化工、发电、制冷等行业都有自己的规定，专业性管理比较强。因此，在建立危险化学品安全管理模式时，要符合专业（行业）管理的要求。

（四）简洁实用原则

危险化学品安全管理涉及购买、储存、运输、生产、废弃处置等多个环节，其管理涉及多个层面，专业性强；同时企业安全管理是一个体系，危险化学品安全管理是其一部分，危险化学品安全管理模式要通盘考虑，强调满足需要，不吝管理形式，强调达到目标，推崇简洁实用。

（五）落到实处原则

危险化学品安全管理点多、面广，购买、储存、运输、生产、废弃处置等管理环节多，建立危险化学品管理模式必须保证职责到岗位、工作有标准、作业有程序，将危险化学品安全管理工作落到实处。

（六）开放共享原则

危险化学品安全管理是企业安全管理的一个重要组成部分，也是具有较强专业特点的管理体系，因此就注定了危险化学品安全管理基本信息、专业规定规范等要共享，对集团安全管理体系要开放、要能够随时根据需要进行调整，要受企业安全管理规定的约束。

二、管理模式的建立

按照上述原则，本文提出"依法依规、分级管理、双防管控、程序规范、动态调整"的危险化学品安全管理模式。即：依据国家法律法规，在集团公司、分子公司、基层企业三个层面，全面构建安全风险管控与事故隐患排查治理双重预防机制，实施规范的危险化学品安全管理责任体系、管理流程和作业程序，并不断改进提高，确保实现安全生产目标。

"依法依规"是指集团公司各级企业，必须依据国家法律法规、行业规定规范、当地政府各种要求开展危险化学品安全管理工作，这样才能做到"合法合规"，这是安全管理的前提。

"分级管理"是指根据集团公司管理特点和危险化学品特点，在集团公司系统内按集团公司、分子公司、基层企业三级进行管理。分级管理体现了大型发电集团公司管理的层次性，也符合管理实际。

"双防管控"是指企业全面构建安全风险管控与事故隐患排查治理双重预防机制，根据危险化学品种类、数量、环境等的变化，实时评估风险等级，将风险管控起来，将隐患排查出来、及时治理。这是行之有效的管理方法。

"程序规范"是指要根据发电集团涉及的危险化学品特点，建立规范的包含危险化学品安全管理的岗位责任制体系、岗位操作法、作业票、工作程序、奖惩规定以及合同（文件）模板等制度、文件，做到职责到岗位、工作有标准、作业有程序，保证危险化学品安全管理工作落到实处。规范程序不一定要单独制定文件，也可根据实际情况，在通用或已有的管理文件中加入危险化学品安全管理的内容，这样也体现了简洁实用的原则。

“动态调整”是指危险化学品管理信息、管理方法、管理程序等是动态的，要与时俱进，要根据外界的变化、管理的效果进行调整。

危险化学品安全管理模式中，“依法依规、分级管理、双防管控、程序规范、动态调整”是个整体，缺一不可。

三、管理模式支持保障体系

（一）组织管理体系

一般情况下，企业的安全组织体系就是危险化学品安全管理的组织体系。企业危险化学品安全管理是企业安全管理的一部分，自然要纳入安全管理工作中。正常情况下，企业安全管理组织体系就有企业危险化学品安全管理的内容，不需要单独建立，但对于一些专项活动，如危险化学品安全综合治理等还需要按照国家的统一要求建立组织机构。

（二）管理制度体系

1. 通用管理制度

企业按照国家和行业管理要求，结合企业实际建立的安全管理制度。

2. 专业管理制度

危险化学品安全管理有自己的专业特点，需要按照《危险化学品安全管理条例》（以下简称《条例》）要求，建立一些专业制度。

（1）危险化学品安全管理规定。《条例》对在境内生产、经营、储存、运输、使用、废弃处置危险化学品等方面提出了具体规定，是危险化学品安全管理的依据。各级企业要根据《条例》，结合企业实际制定本企业的《危险化学品安全管理规定》（以下简称《规定》）。《规定》应包括管理职责、人员要求、制度要求、设计要求以及在日常管理、购买、销售、生产、储存、运输、经营、使用、应急和救援、处置废弃危险化学品等方面的管理要求。《规定》是一个企业危险化学品安全管理的纲领性文件，必须认真制定。

（2）危险化学品安全管理制度。按照《条例》要求，结合企业实际，建立专业管理制度，包括：岗位安全责任制，危险化学品购买、储存、运输、发放、使用和废弃的管理制度，爆炸性化学品、剧毒化学品、易制毒化学品和易制爆危险化学品的特殊管理制度，危险化学品安全使用的教育和培训制度，危险化学品事故隐患排查治理和应急管理制度，个体防护装备、消防器材的配备和使用制度，以及其他必要的安全管理制度。这些制度可以是单独的，也可以在相关制度中体现《条例》要求的内容。

3. 相关作业文件

指导危险化学品安全管理作业的有关文件，包括工艺、设备安全操作规程，岗位操作法、作业票、工作程序，以及合同（文件）模板等制度、文件模板等。

危险化学品安全管理的制度体系，要做到管理全覆盖、职责到岗位、工作有标准、作业有程序，要保证每一项工作都能落实到岗位、每一项管理都能够落地。规范程序不一定要单独制定文件，也可根据实际情况，在通用或已有的管理文件中加入危险化学品安全管理的内容。

例如，关于危险化学品的采购管理。《条例》要求“不得向未经许可从事危险化学品生产、经营活动的企业采购危险化学品”，企业的《规定》就要明确“物资供应部门采购危险化学品须选择有《危险化学品安全生产许可证》或《危险化学品经营安全许可证》的单位，许可证应在有效期内，营业执照的经营范围包含许可的内容，年检手续齐全”，物资供应部门化学品采购业务员岗位职责中就要有“从具有危险化学品生产、经营资质的单位采购危险化学品”，所制定的危险化学品采购“招标文件（模板）”中就要设定投标人资质“具有《危险化学品安全生产许可证》或《危险化学品经营安全许可证》，许可证应在有效期内，营业执照的经营范围包含许可的内容，年检手续齐全”，等等。

四、危险化学品安全风险信息管控平台

在大型发电集团公司总部及主营业务涉及危险化学品的分子公司可以开发建立危险化学品安全风险信息管控平台，通过平台实现对危险化学品重大危险源的在线监控，实现对危险化学品及重大危险源的地域分布、危险级别、设计储量、实际储量等信息的动态跟踪，实现重大风险预警防控，量化评估企业安全状况，为突发事件和事故抢险救援提供应急支持，具备安全监管能力。

对重大危险源的控制水平等级自动进行评估分级和风险辨识，依照企业填报的重大危险源基本信息，并提供完整的建档备案和审批信息，借助 GIS 实现企业各重大危险源的分布动态管理。与国家危险化学品登记系统进行衔接，集成企业基础数据、企业生产原料和产品数据、重大危险源数据。将重大危险源登记备案信息注册到信息资源库。构建企业安全状态与趋势分析模型，实现重大风险预警防控，利用平台实现企业安全生产监测数据在线联网巡查，为危险化学品突发事件和事故抢险救援提供应急支持等。

第二节 大型发电集团危险化学品安全管理模式的实施

以某发电集团为例，遵循上述原则建立了危险化学品安全管理模式，并在该模式下开展了如下工作。

一、摸清底数、建立平台

按照“全面摸排、不留死角、突出重点、区别对待”的原则，组织各基层企业对照《涉及危险化学品安全风险的行业品种目录》（安委〔2016〕7 号）、《危险化学品目录（2015 版）》，全面摸清各企业所涉及危险化学品情况和管理情况，摸清并掌握系统内危险化学品和重大危险源的数据信息以及具体的分布状况，建立“一图一表”和“重大危险源数据库”，做到底数清晰、信息准确。

建立危险化学品信息定期报告制度，包括种类、地点、储量、用量、重大危险源等级等，

开发危险化学品安全风险信息管控平台，逐步实现实时化。

二、完善制度、合规体检

根据所涉及危险化学品名称、用途、数量等，对照《危险化学品重大危险源监督管理暂行规定》《危险化学品重大危险源辨识》等进行危险性分级、行业分类，对照《危险化学品管理条例》及专业、行业法律法规，排查企业是否证照齐全、是否制度完善、是否管理到位，对存在的问题及时整治；各企业在上述工作基础上，按照集团公司规章制度管控危险化学品，并根据国家最新法律法规及时完善集团公司规章制度，形成常态化管理。

三、动态调整、不断改进

按照“边摸排、边治理、边管控”的原则，在对危险化学品及管理现状摸排的同时，按照行业管理要求对重点管理的危险化学品和重大危险源，如燃煤电厂的氢气、燃油、液氨，燃气电厂的天然气以及相关区域、备案的重大危险源等，煤化工企业已经登记的危险化学品、备案的重大危险源等，检维修使用的乙炔、氧气等，一方面按照有关规定加强管控，全面整治安全隐患；另一方面随着国家对危险化学品管理要求和管理环境的变化，不断完善管理制度，不断总结管理经验，不断改进管理方式和方法。

第三节　危险化学品安全管理模式的实践成效

通过上述工作，该大型发电集团全面掌握了系统内危险化学品分布情况，初步建立了实时动态化监控体系，完善了危险化学品安全管理制度，推广了标准化做法，强化了部分薄弱环节管理，完成了企业的依法合规“体检”和人员的依法合规“体检”，进一步提高了集团公司危险化学品安全管理水平，为防范危险化学品安全事故奠定了坚实的技术基础，取得了很好的实践效果。

一、全面掌握了危险化学品分布情况

根据危险化学品危险等级和理化特性，将系统内危险化学品划分为“重点管理的危险化学品和重大危险源”“非重点管理的危险化学品”两部分。按照“全面摸排、不留死角、突出重点、区别对待”的要求，组织各基层企业按照重点摸排、全面摸排、摸排“回头看”三个步骤开展摸排工作，完成了危险化学品摸排和重大危险源排查的工作任务，彻底摸清并掌握了系统内危险化学品和重大危险源的数据信息以及具体的分布状况，并按要求建立了“一图一表”和“重大危险源数据库”，做到了底数清晰、信息准确。

二、建立了危险化学品动态监控平台

实现了危险化学品安全风险管控，在全面完成危险化学品安全风险摸排工作的基础上，对危险化学品的风险分布状况实行了动态跟踪，建立了“危险化学品信息月度报表”制度和详细的危险化学品动态数据档案，能够及时了解当月危险化学品的采购、使用、储存、废弃等信息，初步实现了危险化学品及重大危险源的地域分布、危险级别、设计储量等信息的动态跟踪，进一步做到了“底数动态清楚、实时风险评估”，进一步提高了自身的安全监管能力。

三、保证了企业和人员依法合规

主要从企业运营和岗位人员两方面开展依法合规的“体检”工作，进一步加强了国家法律法规的落实，提升集团公司所属企业和企业岗位人员的依法合规意识，实现并保持了企业和岗位人员依法合规率 100%。

四、完善了危险化学品安全管理制度

建立了《实验室危险化学品安全管理规定》《危险化学品安全管理规定》《企业危险化学品相关依法合规管理指导》《企业危险化学品相关岗位人员依法合规指导》等制度，建立了和推广了一批涉及火电、燃气发电、新能源发电、化工、煤炭等涉及危险化学品的安全管理制度体系。

五、强化了重大危险源及重大风险功能区的安全管控

进一步落实安全生产主体责任，按照法律要求开展危险化学品重大危险源的辨识、评估、登记建档、备案、核销和安全监管工作。进一步完善了监测监控设备设施，进一步加强了安全仪表功能的周期性维护工作，保障仪表完好率和投用率；加强了重大危险源现场视频监控的管理，保障监控设施的全面性和有效性。制定了重点监管措施，进一步严格了重大危险源相关装置的特殊作业审批，加大了监管力度。尤其是氨区重大危险源及氢站等区域的动火、受限空间作业，均已按照最高级别进行重点监管。周期性开展安全风险评估，对现有的风险控制措施进行效果评价，并不断完善，保证相关装置的风险度逐年降低，保证风险实时可控、在控。

六、巩固了“双重预防”机制

在按照有关规定开展危险化学品安全隐患排查治理的同时，组织各相关企业加强一线管理人员、岗位运行人员、专业技术人员的风险辨识参与程度，依靠专业技术力量，制定可靠的风险防控措施；从专业技术层面加强危险化学品相关装置隐患排查的深度和广度，并综合考量整改资金、整改难度、风险等级和事故可能性等因素，组织各单位科学确立隐患整改“轻”“重”“缓”“急”的标准。

随着经济发展和社会进步，人们对危险化学品安全管理的认识越来越深入，安全管理要求越来越高，安全管理技术和手段越来越多，大型发电集团危险化学品安全管理模式和管理内容也要不断创新、持续改进，以符合国家危险化学品安全管理发展和企业自身现实需求。

第九章　化学水装置危险化学品安全管理

发电企业化学水装置主要包括原水软化系统、软水除盐系统、凝结水精制系统和废水处理系统等。典型物理软化水流程一般为：来自厂区供水管网的原水（又称生水），经过石英砂过滤器、活性炭过滤器，除去原水中的固体颗粒和悬浮杂质，称为澄清水；澄清水再经过反渗透装置清除其中大部分钙、镁离子，成为软化水。典型化学除盐水流程一般为：软化水经过除碳器，除去水中的二氧化碳（严格地说是 HCO_3^-），再经过混床，除去水中残存的钙、镁、钠、硅酸根等有害离子，成为除盐水，也就是锅炉补给水，存储在除盐水箱，再用除盐水泵打入除氧器，最终经给水泵打入锅炉汽包。凝结水精制系统包括前置过滤、除盐、后置过滤三部分。废水包括凝汽器的冷却排污废水、水力冲灰（渣）废水、烟气脱硫废水、热力设备化学清洗和停炉保护排放的废水、化学水处理废水、含煤含油废水、生活污水等，对应的处理方法和流程各有差异。

为防止反渗透膜结垢，一般采用加入硫酸或盐酸的方法。树脂再生时要用到氢氧化钠、硫酸或盐酸。预处理过程中，可能用到次氯酸钠、双氧水、高锰酸钾作为杀菌剂。锅炉给水除氧系统可能用到联胺。

本章共分四节，重点介绍化学水装置主要危险化学品性质、化学水装置危险化学品安全基础管理、化学水装置危险化学品安全管理日常工作、化学水装置危险化学品安全管理定期工作。

第一节　化学水装置主要危险化学品性质

化学水装置用到的危险化学品主要有：氢氧化钠、盐酸、硫酸、次氯酸钠、联胺等。

一、氢氧化钠

（一）基本信息

中文名称：氢氧化钠。

英文名称：sodiun hydroxide。

中文名称 2：烧碱。

英文名称 2：Caustic soda。

CAS：1310-73-2。

分子式：NaOH。

分子量：40.01。

（二）理化特性

主要成分含量：工业品一级≥ 99.5%；二级≥ 99.0%。

外观与性状：白色不透明固体，易潮解。

熔点：318.4℃。

沸点：1390℃。

相对密度（水 =1）：2.12。

溶解性：易溶于水、乙醇、甘油，不溶于丙酮。

（三）危害

健康危害：有强烈刺激和腐蚀性。粉尘刺激眼和呼吸道，腐蚀鼻中隔；皮肤和眼直接接触可引起灼伤；误服可造成消化道灼伤，黏膜糜烂、出血和休克。

环境危害：对水体可造成污染。

燃爆危险：氢氧化钠不燃。

（四）急救措施

皮肤接触：如果发生皮肤接触，要立即脱去污染的衣着，用大量流动清水冲洗至少15min，并及时就医。

眼睛接触：如果氢氧化钠溅入眼睛，应立即提起眼睑，用大量流动清水或生理盐水彻底冲洗至少 15min，并及时就医。

吸入：如果吸入含氢氧化钠蒸气，应迅速脱离现场至空气新鲜处，保持呼吸道通畅。如呼吸困难，应进行输氧。如呼吸停止，立即进行人工呼吸，并及时就医。

食入：如果误食，要尽快用水漱口，给饮牛奶或蛋清，并安排尽快就医。

（五）消防措施

氢氧化钠本身不会燃烧，遇水和水蒸气大量放热，形成腐蚀性溶液。氢氧化钠具有强腐蚀性，能与酸发生中和反应并放热，遇潮时对铝、锌和锡有腐蚀性，并放出易燃易爆的氢气。化学反应式为：

$$2Al+2NaOH+2H_2O=2NaAlO_2+3H_2$$

含氢氧化钠设备、容器燃烧时，可能产生有害的毒性烟雾。灭火方法可选用水、砂土扑救，但须防止氢氧化钠遇水产生飞溅，造成灼伤。

（六）泄漏应急处理

发生氢氧化钠泄漏要迅速隔离泄漏污染区，限制无关人员进入泄漏区域。应急处理人员要佩戴防尘面具（全面罩），穿防酸碱工作服，不要直接接触泄漏物。

小量泄漏发生时，用洁净的铲子收集于干燥、洁净、有盖的容器中，避免扬尘。也可以用大量水冲洗，冲洗水稀释后放入废水系统。

大量泄漏时，要收集回收泄漏的氢氧化钠，运至废物处理场所处置。

二、盐酸

（一）基本信息

中文名称：盐酸。

英文名称：hydrochloric acid。

中文名称 2：氢氯酸。

英文名称 2：chlorohydric acid。

CAS：7647-01-0。

分子式：HCl。

分子量：36.46。

（二）理化特性

主要成分含量：工业级 36%。

外观与性状：无色或微黄色发烟液体，有刺鼻的酸味。

熔点：-114.8℃（纯）。

沸点：108.6℃（20%）。

相对密度（水 =1）：1.20。

相对蒸气密度（空气 =1）：1.26。

饱和蒸气压：30.66KPa（21℃）。

溶解性：与水混溶，溶于碱液。

（三）危害

健康危害：接触盐酸蒸气或烟雾，可引起急性中毒，出现眼结膜炎，鼻及口腔黏膜有烧灼感，鼻衄、齿龈出血，气管炎等。误服可引起消化道灼伤、溃疡形成，有可能引起胃穿孔、腹膜炎等。眼和皮肤接触可致灼伤。长期接触，可引起慢性鼻炎、慢性支气管炎、牙齿酸蚀症及皮肤损害。

环境危害：盐酸对环境有危害，对水体和土壤可造成污染。

燃爆危险：盐酸不燃。

（四）急救措施

皮肤接触：如果发生皮肤接触，应立即脱去污染的衣着，用大量流动清水冲洗至少15min，并尽快就医。

眼睛接触：如果发生眼睛接触，应立即提起眼睑，用大量流动清水或生理盐水彻底冲洗至少 15min，并安排就医。

吸入：如果吸入盐酸蒸气，应迅速脱离现场至空气新鲜处，保持呼吸道通畅。如呼吸困难，应进行输氧。如呼吸停止，立即进行人工呼吸，要尽快安排就医。

食入：如果发生误食，要用水漱口，给饮牛奶或蛋清，并就医。

（五）消防措施

盐酸能与一些活性金属粉末发生反应，放出氢气。遇氰化物能产生剧毒的氰化氢气体。

与碱发生中和反应，并放出大量的热。具有较强的腐蚀性。灭火方法可利用碱性物质如碳酸氢钠、碳酸钠、消石灰等中和，也可用大量水扑救。

（六）泄漏处置

如果发生盐酸泄漏，应尽可能切断泄漏源，迅速撤离泄漏污染区人员至安全区，并进行隔离，严格限制无关人员进入。应急处理人员要佩戴自给正压式呼吸器，穿防酸碱工作服，不要直接接触泄漏物。小量泄漏发生时，可用砂土、干燥石灰或苏打灰混合。也可以用大量水冲洗，冲洗水稀释后放入废水系统。大量泄漏发生时，应构筑围堤或挖坑收容。用泵转移盐酸至槽车或专用收集器内，回收或运至废物处理场所处置。

三、硫酸

（一）基本信息

中文名称：硫酸。

英文名称：sulfuric acid。

CAS：7664-93-9。

分子式：H_2SO_4。

分子量：98.08。

（二）理化特性

主要成分含量：工业级 92.5% 或 98%。

外观与性状：纯品为无色透明油状液体，无臭。

熔点：10.5℃。

沸点：330.0℃。

相对密度（水 =1）：1.83。

相对蒸气密度（空气 =1）：3.4。

饱和蒸气压：0.13 kPa（145.8℃）。

溶解性：与水混溶。

（三）危害

健康危害：硫酸对皮肤、黏膜等组织有强烈的刺激和腐蚀作用。硫酸蒸气或雾可引起结膜炎、结膜水肿、角膜混浊，以致失明；可引起呼吸道刺激，重者发生呼吸困难和肺水肿；高浓度硫酸引起喉痉挛或声门水肿而窒息死亡。误服硫酸后引起消化道烧伤以致形成溃疡，严重者可能有胃穿孔、腹膜炎、肾损害、休克等。皮肤接触可导致灼伤，轻者出现红斑，重者形成溃疡。溅入眼内可造成灼伤，甚至角膜穿孔以至失明。长期接触可引起慢性影响，产生牙齿酸蚀症、慢性支气管炎、肺气肿和肺硬化。

环境危害：硫酸对环境有危害，对水体和土壤可造成污染。

燃爆危险：硫酸助燃。

（四）急救措施

皮肤接触：如果皮肤接触硫酸，应立即脱去污染的衣着，用大量流动清水冲洗至少

15min，并及时就医。

眼睛接触：如果眼睛接触硫酸，应立即提起眼睑，用大量流动清水或生理盐水彻底冲洗至少 15min，并就医。

吸入：如果吸入硫酸蒸气，应迅速脱离现场至空气新鲜处，保持呼吸道通畅。如呼吸困难，要进行输氧。如呼吸停止，立即进行人工呼吸，要尽快安排就医。

食入：发生误食要用水漱口，给饮牛奶或蛋清，并安排就医。

（五）消防措施

硫酸具有强烈的腐蚀性和吸水性，遇水大量放热，可发生沸溅。与易燃物（如苯）和可燃物（如糖、纤维素等）接触会发生剧烈反应，甚至引起燃烧。遇电石、高氯酸盐、雷酸盐、硝酸盐、苦味酸盐、金属粉末等猛烈反应，发生爆炸或燃烧。

硫酸火灾可选用干粉、二氧化碳、砂土灭火。灭火时消防人员必须穿全身耐酸碱消防服，避免水流冲击物品，以免遇水会放出大量热量发生喷溅而灼伤皮肤。

（六）泄漏应急处置

如果发生硫酸泄漏，尽可能切断泄漏源，迅速撤离泄漏污染区人员至安全区，并进行隔离，严格限制无关人员进入。应急处理人员应佩戴自给正压式空气呼吸器，穿防酸碱工作服，不要直接接触泄漏物。防止硫酸流入下水道、排洪沟等限制性空间。硫酸小量泄漏发生时，可用砂土、干燥石灰或苏打灰混合，也可以用大量水冲洗，冲洗水稀释后放入废水系统。大量泄漏发生时，应构筑围堤或挖坑收容。用泵转移至槽车或专用收集器内，回收或运至废物处理场所处置。

四、次氯酸钠

（一）基本信息

中文名称：次氯酸钠。

英文名称：Sodium hypochlorite solution。

别名：漂白水。

CAS：7681-52-9。

分子式：NaClO；NaOCl。

分子量：74.44。

（二）理化特性

次氯酸钠浓度：有效氯 >10%。

外观与性状：微黄色溶液，有似氯气的气味，易挥发。

熔点：-6℃。

沸点：102.2℃。

饱和蒸气压：30.66kPa（20℃）。

相对密度（水＝1）：1.10。

溶解性：溶于水。

（三）危害

健康危害：次氯酸钠具有致敏作用，经常用手接触次氯酸钠的工人，手掌大量出汗，指甲变薄，毛发脱落。次氯酸钠放出的游离氯有可能引起中毒。

环境危害：次氯酸钠对水生生物毒性非常大，并且有长期持续影响。

燃爆危险：次氯酸钠不燃。

（四）急救措施

皮肤接触：如果皮肤接触到次氯酸钠，应脱去污染的衣着，用大量流动清水冲洗，并就医。

眼睛接触：如果眼睛接触到次氯酸钠，应提起眼睑，用流动清水或生理盐水冲洗，并就医。

吸入：如果吸入次氯酸钠，应迅速脱离现场至空气新鲜处，保持呼吸道通畅。如呼吸困难，给予输氧。如呼吸停止，立即进行人工呼吸，并安排就医。

食入：如果发生误食，要饮足量温水并催吐，安排就医。

（五）消防措施

次氯酸钠具有强氧化性，与可燃性、还原性物质反应很剧烈，也会与酸反应放出氯气。次氯酸钠具有腐蚀性，受高热分解产生有毒的腐蚀性烟气。

次氯酸钠不燃，如相关设备容器发生火灾，可采用雾状水、二氧化碳、砂土灭火。灭火时注意做好个人防护。

（六）泄漏应急处理

如果发生次氯酸钠泄漏，应尽可能切断泄漏源，迅速撤离泄漏污染区人员至安全区，并进行隔离，严格限制无关人员进入。应急处理人员佩戴自给正压式空气呼吸器，穿防酸碱工作服。不要直接接触泄漏物。小量泄漏发生时，可用砂土、蛭石或其他惰性材料吸收。大量泄漏发生时，应构筑围堤或挖坑收容。用泡沫覆盖，降低蒸气灾害。用泵转移至槽车或专用收集器内，回收或运至废物处理场所处置。

五、联氨（水合肼）

（一）基本信息

中文名称：联氨。

英文名称：hydrazine hydrate 。

中文名称 2：水合联氨 。

英文名称 2：diamide hydrate。

CAS：10217-52-4。

分子式：$N_2H_4H_2O$。

分子量：50.06。

（二）理化信息

有害物成分含量：≥ 85%。

外观与性状：无色油状发烟液体，有刺激性氨臭，湿空气中冒烟，具有强碱性和吸湿性。

熔点：–40℃。

沸点：118.5℃。

相对水密度：1.032（21℃）。

闪点（开杯法）：72.8℃。

高温下分解为：N_2、NH_3 和 H_2。

溶解性：溶于水和乙醇，不溶于乙醚和氯仿。

（三）危害

健康危害：吸入联氨蒸气，会刺激鼻和上呼吸道。此外，尚可出现头晕、恶心、呕吐和中枢神经系统症状，液体或蒸气对眼睛有刺激作用，可致眼睛的永久性损害。对皮肤有刺激性，可造成严重灼伤，可经皮肤吸收引起中毒，可致皮炎。口服会引起头晕、恶心，之后出现暂时性中枢性呼吸抑制，心律紊乱，以及中枢神经系统症状，如嗜睡、运动障碍、共济失调、麻木等。长期接触可出现神经衰弱综合征，肝大及肝功能异常。

环境危害：联氨对环境有危害，应特别注意对水体的污染。

爆炸危险：联氨蒸气在空气中含量达到 4.7%（体积）容易爆炸，与氧化剂发生剧烈反应可爆炸、燃烧。联氨为易燃物，遇明火或高热可燃烧。

燃烧（分解）产物：氧化氮。

（四）急救措施

皮肤接触：如果皮肤接触联氨，应立即脱去污染的衣着，用大量流动清水冲洗至少 15min，并就医。

眼睛接触：如果眼睛接触联氨，应立即提起眼睑，用大量流动清水或生理盐水彻底冲洗至少 15min，并就医。

吸入：如果吸入联氨蒸气，应迅速脱离现场至空气新鲜处，保持呼吸道通畅。如呼吸困难，给输氧。如呼吸停止，应立即进行人工呼吸，并安排就医。

食入：如果发生误食，应饮足量温水，催吐、洗胃，并就医。

（五）消防措施

联氨着火可用雾状水、抗溶性泡沫、二氧化碳、干粉作为灭火剂。遇大火，消防人员须在有防护掩蔽处操作。用水喷射逸出液体，使其稀释成不燃性混合物，并用雾状水保护消防人员。

（六）泄漏应急处置

如果发生泄漏，应首先切断火源，尽可能切断泄漏源。迅速撤离泄漏污染区人员至安全区，并进行隔离，严格限制无关人员进入。应急处理人员佩戴自给正压式呼吸器，穿防酸碱工作服。不要直接接触泄漏物。防止流入下水道、排洪沟等限制性空间。小量泄漏时，可用砂土或其他不燃材料吸附或吸收。也可以用大量水冲洗，冲洗水稀释后放入废水系统。大量泄漏发生时，要构筑围堤或挖坑收容。用泵转移至槽车或专用收集器内，回收或运至废物处理场所处置。

第二节　化学水装置危险化学品安全基础管理

安全管理要从基础抓起，主要包括明确岗位职责分工、建立安全管理制度、编写岗位操作规程、建立档案台账、开展岗前培训、落实应急保障措施等方面。

一、明确岗位职责分工

化学水装置是发电企业的辅助生产装置，安全责任服从企业安全生产责任制，但由于危险化学品安全风险的特殊性，决定了安全职责的特殊性，责任分工应单独明确。

一般地，在公司层面，主要负责人对化学水装置危险化学品安全全面负责；其他分管领导在分管业务范围内对化学水装置危险化学品安全负责。

在部门层面，运行管理部门是危险化学品的归口管理部门，负责危险化学品培训、制定危险化学品管理制度、制定危险化学品操作规程等基础管理工作；设备管理部门是危险化学品装置及安全设施的管理部门，负责制定危险化学品相关设备设施管理制度、维护检修规程、检修计划；安全监督部门对危险化学品安全负监督责任，制定危险化学品安全管理制度并监督落实。

在操作层面，负责危险化学品采购、保管、使用、处置等单位，同时对采购、保管、使用、处置等环节的安全负责。

二、建立安全管理制度

建立健全安全生产规章制度是生产经营单位安全生产的重要保障，是生产经营单位保护从业人员安全与健康的重要手段。国家有关保护从业人员安全与健康的法律法规、国家标准和行业标准在一个生产经营单位的具体实施，只有通过企业的安全生产规章制度体现出来，才能为从业人员遵章守纪提供标准和依据。建立健全安全生产规章制度也可以防止生产经营单位管理的随意性，有效地保障从业人员的合法权益。

化学水装置至少要建立以下危险化学品安全管理制度或涵盖相关内容：

（1）化学水装置危险化学品安全责任制度。为了保证安全责任全覆盖，制定责任制时要从部门、岗位和管理职能及作业两个维度考虑，以确保管理无漏洞。要特别注意培训教育等基础工作安全责任，作业时现场安全确认等细节安全责任，酸碱罐车卸车时与供货方安全责任界面等容易忽视环节的安全责任。

（2）化学水装置危险化学品采购制度。至少要明确计划的提出和审批，运输单位、供货单位的选用等内容。酸碱等危险化学品采购品种和数量要严格把关，要坚持以低毒代替高毒、无毒代替有毒的原则，要掌握储量适当原则。相关单位选用要严把运输单位和供货单位资质审查关。

（3）化学水装置危险化学品接卸制度。要明确岗位必须制定接卸操作规程，要配备规范的劳动防护用品，要执行监护制度，要规定物资检验制度（包括合格证检验和分析检验）。

（4）化学水装置危险化学品储存制度。要对储存地点、储存条件、储存量、保管部门及应急设施等进行规定。

（5）化学水装置危险化学品出入库制度。主要对出入库审批、登记等进行规定。

（6）化学水装置危险化学品专线行车制度。指定酸碱槽车行车专门路线，明确专人引领入厂，明确行车最高车速。

（7）化学水装置危险化学品工作票制度。明确化学水装置危险化学品作业需要执行工作票、操作票制度，规范工作票办理、审批、许可程序，明确监护人责任及夜间作业、工作中断、工作延期等特殊情况管理。为提高工作效率，可以制定不使用工作票、操作票的作业清单。

（8）化学水装置危险化学品处置制度。规定酸碱等遗撒或设备置换等作业产生的废弃酸碱的处置程序及方法等。

（9）化学水装置危险化学品标识制度。应结合危险化学品危害特性，对需要悬挂的警示标识、管道内介质流向标识、温度压力限值标识等进行规定。

（10）化学水装置危险化学品作业现场监护制度。对酸碱车辆卸货过程，检维修作业过程现场监护的协调部门、派出监护人部门、监护人应具备的条件、监护责任、监护内容等进行规定。

三、编写岗位操作规程

岗位操作规程是运行人员的工作指南和准则，是安全生产的基本遵循。化学水装置投产前必须制定岗位操作规程，对以下工作做出规定：

（1）岗位涉及危险化学品种类及危害特性。

（2）操作步骤。包括工作组织程序、需要确认的关键节点和确认项目等。要特别注意阀门的开关顺序，卸料时先开接收阀门，后开出料阀门。停止卸料时相反。卸料时，应保证接管与阀门的连接牢固后，逐渐缓慢开启阀门。

（3）包装检查。化学危险物品的包装容器，在使用前必须进行检查，消除隐患。包装容器必须牢固、严密，并按照国家颁发的《危险货物包装标志》的规定，印贴专用的标志和物品名称。易燃易爆化学危险物品要将其理化性质（闪点、燃点、自燃点、爆炸极限等数据）和防火、防爆、灭火、安全贮运等注意事项写在说明书上，否则不准接收。

（4）运输注意事项。主要是专用线行车和车速控制等。

（5）接卸注意事项。卸料过程中接卸人员要做好劳动防护，做好接卸前检查，卸货过程控制，卸料后检查清理。接卸前，检查接头密封完好，紧固螺栓齐全。卸料接管与接头连接牢固可靠。车辆稳定停在围堰内卸车。车辆做好防溜车措施。接卸过程中，要设定好现场与控制室的联系方式。监护人在控制室监视酸碱储罐液位，在卸酸碱过程中操作人员和监护人员严禁做其他工作，待酸碱卸完之后再进行其他工作。卸料残液要妥善处理，防止伤人或污染环境。

（6）职业危害及防护。分别介绍化学水装置存在的危险化学品职业危害及防护措施。一般包括氢氧化钠、盐酸、硫酸、次氯酸钠、联氨（水合肼），防护措施应包括具备的工程措施及需要提供的个人防护措施，包括呼吸系统防护、眼防护、手防护、身体防护等。

四、建立档案台账

（1）事故档案。企业要建立事故档案，包括事故经过、原因分析、事故处理、暴露的问题、采取的防范措施、措施效果分析材料等。

（2）监测报警设备档案。包括监测报警设备型号、规格、数量、安装位置、投退、检定（校验）情况，设备发生故障、零部件更换等检修维护情况等材料。

（3）培训档案。包括培训时间、地点、参加人、授课人、培训讲义（课件）、签到表、考试卷等。

（4）隐患排查治理台账。包括问题的发现人、发现时间、整改措施、整改责任人、验收单等。

五、开展岗前培训

化学水装置相关岗位人员上岗前要经过危险化学品相关知识培训及安全教育，具备应有的知识和技能，并通过考试，方可上岗。国家法律法规明文规定有上岗资质要求的，要取得相应的资质证书，国家没有明确要求的，要执行地方政府要求。企业也可以结合实际，自行制定严于政府要求的相关培训制度，开展岗前安全培训并发放培训合格证。实行持证上岗制度。

六、落实应急保障措施

应急是危险化学品岗位安全基础工作之一，发电企业化学水装置要落实以下应急保障措施：

（1）制定酸碱泄漏、人员灼伤等应急处置措施，并发放到相关岗位开展培训和演练，使员工具备应急处置能力。

（2）配备必要的应急设施和器具，并定期检查，确保完好，随时可以投入使用。

（3）配备或指定专兼职应急人员，能够有效开展应急救援工作。

第三节　化学水装置危险化学品安全管理日常工作

日常安全管理是安全工作的重点，虽然只是简单重复的工作，但也正因为简单重复才容易出现纰漏，一般应该通过制度、规程、工作流程等形式进行固化，变成员工的工作习惯，才能保证安全生产。

一、采购安全管理

酸碱等采购安全管理由物资供应部门负责，工作的重点是把住供应商资质审查关，危险化学品采购必须选择具有危险化学品安全生产许可证或经营许可证的单位；索要“一书一签”。

发电企业危险化学品采购原则上采取送货方式，与供货单位签订安全协议，对危险化学品质量、包装提出具体要求，明确从入厂、卸货到空车出厂全过程的作业内容、安全条件、安全责任等。

二、运输安全管理

运输安全管理重点是落实危险化学品车辆专线行车和车速控制，落实对运输单位审查责任和运输车辆检查责任。检查运输单位具有危险化学品承运资质，运输腐蚀品的罐车应专车专运，运输车辆应配备泄漏应急处理设备。运输腐蚀品的罐体材料和附属设施应具有防腐性能。其中，资质审查、厂内专线行车和车速控制由物资供应部门负责，入厂后派专人引领。保卫部门门警对车辆防火设施进行检查。

三、接卸安全管理

化学水装置使用危险化学品按照承运方式一般分为两大类：一类是槽车承运，一类是小包装承运。两种方式管理重点不同。

对于槽车承运方式，管理重点如下：

（1）车辆检查。对于槽车承运的危险化学品，卸车前要对车辆进行检查，检查合格方可卸车。

（2）防止溜车。停车后要熄火，手闸打到停车位，车轮前后设置防滑墩。

（3）安全操作。卸料前，应对货物进行分析检测，确保货物符合质量标准；收货人应确认卸货贮槽无误，防止放错贮槽引发货物化学反应酿成事故；检查接头密封完好，紧固螺栓齐全；卸料接管与接头连接牢固可靠；车辆做好防溜车措施；车辆稳定停在围堰内或其他指定停车位置卸车。

卸料时，在保证接管与阀门的连接牢固后，逐渐缓慢开启阀门。

卸料后。管道内残存酸碱等要妥善处理，防止伤人或污染环境。

对小包装承运方式，重点检查包装物与内容物性质相匹配，包装无破损。作业时，装卸人员应站在上风处。

四、存放安全管理

存放期间由于没有操作，安全风险容易被忽视，应保证存放环境符合安全要求，并定期对存放环境进行检查。重点关注点包括：

（1）危险化学品禁止与禁配物混储。

（2）储存环境温度、湿度、通风等条件与储存物相匹配。

（3）储存环境有必要的泄漏收容材料及应急防护设施。

（4）生产车间存放的危险化学品，应根据生产需要，规定存放时间、地点和最高允许存放量。

五、操作或使用安全管理

为减少危险化学品挥发或泄漏对人员造成伤害，在具备条件的情况下，首先选择密闭操作。操作人员要配备必要的个人防护装备，并经过专门培训，规范佩戴；操作人员要严格遵守操作规程，稀释或制备溶液时，应把酸碱加入水中，避免沸腾和飞溅。作业现场要配备泄漏应急处理设备，并保证岗位人员掌握使用方法；倒空的容器可能残留有害物，要进行标识并确定指定的位置存放。

六、检维修安全管理

检维修过程风险较大，应从工作审批和现场安全措施落实两方面入手，确保检修全流程安全可控。在工作审批方面，要严格执行工作票制度。日常操作要经值班长批准，非日常作业要经过工作申请、作业必要性认定、安全措施制定及审核、现场条件确认、职能部门批准等程序后方可作业。复杂作业或风险性较大作业要制定检修方案。

作业现场运行人员应对检修人员进行安全交底，使检修人员清楚检修范围，了解检修过程存在的安全风险和处理方法。检修人员应经过培训并具有必要的资质或取得安全培训合格证。进入现场前佩戴好劳动防护用品。作业开始前，检修人员应熟悉检修现场，了解洗眼器、淋浴器等安全设施位置，了解现场风向，观察安全出口位置等。检维修作业现场要有具备能力的监护人员，并且监护人不能随意离开现场。

七、隐患排查

隐患排查是安全生产管理日常工作的重点之一，是发现安全隐患的主要途径。

（1）操作人员日常巡检。日常巡检是隐患排查最有效的形式之一，主要由运行人员完成，至少每 2h 检查一次，每次检查情况应做好记录，作为交接班内容。日常巡检具有发现问题及时、检查人员对装置运行情况熟悉等优点。

（2）专业人员日常检查。专业人员每天至少对装置检查 2 次，重点要结合专业特点，在专业方面比操作人员更深入。实行点检制的企业，点检员要按规定进行点检，点检频次不少于关键设备的点检频次。

（3）管理人员日常检查。化学水装置负责人每天至少对所管区域检查 1 次，检查重点包括安全管理制度落实情况，操作规程执行情况，重点设备运行情况和关键工艺指标执行情况等。

（4）联合安全检查。部门（车间）由负责人组织，专业人员参加，每周至少联合检查 1 次。

（5）安全设施完好性检查。安全设施检查内容列入日常巡检范围。

八、废弃处置

危险化学品废弃处置要遵照相关环保规定，由有资质的单位处置。对于少量酸碱，可以进行中和并用水稀释后，排入废水系统。对于联氨（水合肼）用沙土或其他不燃性吸附剂混合吸收，然后收集运至废物处理场所处置。也可以用大量水冲洗，经稀释的冲洗水排入废水系统。如大量泄漏，要利用围堤收容，然后收集、转移、回收或无害处理后废弃。

废弃物处置前要做好以下工作：

（1）收集保管。废弃酸碱等要妥善存放在规定的地方，禁止与其他无害物质混存，也禁止随意存放。废弃酸碱临时存放库应具备防渗漏、防雨淋、防遗失的措施。

（2）登记备查。临时存放的废弃物应做好登记，包括数量、产生地点、存放地点、存放时间、处置时间、转移去向等内容。

第四节　化学水装置危险化学品安全管理定期工作

定期工作是安全管理的重点内容之一，和日常管理工作是相互补充和促进的。一些隐患是逐渐形成的，一些检测是需要专门器具和专业人员完成，部分法规标准在不断修订完善，人的安全知识和技能也需要不断强化，这些特点决定了部分工作要定期开展、系统开展、全面摸排。

一、开展合规性检查

安全设计是化学水装置安全的基础，对于在役装置，虽然最初设计时一般是符合标准规范的，但随着使用年限的延长，可能因标准规范的更新，或装置检修、更新改造，导致部分条件不再符合安全要求，也可能因设备腐蚀、劣化导致设备质量不符合安全要求，等等。这都要求每年至少要单独或结合季节性安全检查、安全生产月活动等，对照相关标准规范开展一次全面检查。重点包括以下内容。

（一）布局方面应符合的要求

（1）化学加药设备应布置在单独房间内。

（2）加药间应有适当面积的药品储存区域或设置单独的药品储存房间。

（3）化学加药装置与水汽取样监测装置宜相对集中布置。

（4）在跨越人行道处禁止设置法兰。

（5）火力发电厂加药设备宜布置在主厂房零米层，核电厂加药设备宜布置在常规岛厂房的基准层。

（二）装卸方面应符合的要求

（1）装卸浓酸、碱液体宜采用泵输送或重力自流，不应采用压缩空气压送。

（2）当采用固体碱时，应有起吊设施和溶解装置，溶解装置宜采用不锈钢材质。

（3）酸碱卸车接头处宜设置集液槽，集液槽能导向污水处理池。

（三）储存方面应符合的要求

（1）浓酸、浓碱储存设备有防止低温凝固的措施。

（2）酸碱等有腐蚀性介质储罐的玻璃液位管，应装金属防护罩。

（3）液位计底部应设排液阀门，便于检修时安全排料。

（四）安全设施方面应符合的要求

（1）化学水装置加药间、酸碱库内应有喷淋装置。

（2）加药设备周围应有围堰，并应设冲洗设施。

（3）酸、碱储存和计量区域的围堰容积应大于最大一台储存设备的容积，当围堰有排放措施时可适当减小其容积。

（4）化学车间酸库应设置酸雾吸收装置，所有酸溶液箱、罐的排气必须经过酸雾吸收装置进行排放。

二、危险化学品压力容器检验

酸碱储罐、酸雾吸收罐、溶解储槽等压力容器使用管理应按《中华人民共和国特种设备安全法》执行。设备管理部门每年制定压力容器检测计划，并按计划安排压力容器检测工作。压力容器检测计划一般按照相关法规标准制定，在安全检验合格证有效期届满前1个月，要向特种设备检验机构提出定期检验要求。

安全阀作为压力容器安全附件，要定期组织校验，及时更换标签并做好铅封。

三、开展安全设施检测

安全设施检测工作要在上一年年底编制检测计划，下一年按计划实施。具体检查时间应结合季节特点、结合设备检修开展，个别设施发生故障时要临时调整计划，及时安排检测。

安全设施检测包括监测报警装置检测、防雷接地检测、视频监控系统检测、液位温度等计量仪器检测。安全监测报警设施至少每季度进行1次系统检查、维护和校验。

四、定期开展危险化学品安全再培训

由于对危险化学品的认识不断提高，新产品、新设备的不断使用，要求在上岗前安全培训的基础上，每年定期开展安全再培训，作为知识、技能的更新和巩固。培训内容主要包括以下几个方面。

（一）化学水装置危险化学品专业知识培训

化学水装置危险化学品相关岗位人员都应每年接受危险化学品专业安全再培训。

相关岗位包括直接进行危险化学品操作人员，如酸碱卸车人员；可能接触危险化学品的人员，比如酸碱泵检修时，如果清洗不彻底，检修人员可能接触到酸碱等危险化学品。虽然不接触危险化学品，但在危险化学品场所作业人员，比如在酸碱泵房保洁人员，一旦发生酸碱泄漏，应具备规避风险的能力。

危险化学品安全再培训应明确培训时间、培训内容并进行考试。目前国家没有对发电企业危险化学品再培训时间和内容做出明确规定，如果地方政府主管部门有明确规定，按照政府规定执行。如果地方政府没有明确规定，企业要结合本企业特点和不同岗位可能造成的危险化学品风险，确定培训要求。

（二）危险化学品事故应急培训

应急是在事故发生或出现事故前兆时，防止事故发生、减少事故损失、控制事态发展的重要手段，应急培训是应急管理的中心工作之一。应急培训要做到内容全面、重点突出。

内容全面包括应急预警、应急启动、应急演练、应急处置等，任何一个环节的纰漏，都可能影响应急效果。

重点突出是必须掌握应急技能，特别是危险化学品的特点、人员中毒急救、泄漏应急处置等。

（三）职业健康培训

化学水装置接触的危险化学品一般也属于职业危害因素，也要做好职业健康培训。职业健康培训可以单独进行，也可以与安全培训结合进行。

（四）消防安全培训

化学水装置使用的主要危险化学品硫酸、盐酸、氢氧化钠不属于易燃品，但一旦化学水装置发生火灾，可能造成酸碱等危险化学品发生泄漏，因此，开展消防安全培训，对于预防和控制危险化学品危害很有必要。

化学水装置消防培训内容主要包括危险化学品危害特性、灭火方法、消防器材使用维护、报警等。

五、开展危险化学品事故应急预案演练

企业应在上一年年末制定下一年应急预案演练计划，并按计划开展演练。演练后要进行演练效果评估，根据评估结果完善预案。修订或完善后的应急预案应及时告知每一名相关员工，并进行针对性培训。

化学水装置危险化学品的应急处置措施需要每年进行演练，不断完善应急预案，提高整体应急协调能力和个人应急技能。

化学水装置应急演练重点是酸碱泄漏、灼烫伤事故。

第十章　发电企业涉氢气装置安全管理

发电企业氢气主要用于发电机冷却，化验室需要少量作为仪器分析的载气。氢气来源包括电解制氢装置或外购氢气集气瓶，氢气系统也配套建有储氢罐，确保稳定氢气压力和保证氢气持续供应。制氢包括水电解制氢和海水电解制氢。目前发电厂采用外购钢瓶装氢气的较多，采用电解制氢的方式较少。

本章共分四节，重点介绍氢气的性质、涉氢气装置安全基础管理、涉氢气装置安全管理日常工作、涉氢气装置安全管理定期工作。

第一节　氢气的性质

（一）基本信息

中文名称：氢。

俗名或商品名：氢气。

英文名称：hydrogen。

分子式：H_2。

CAS：133–74–0。

发电机用氢气纯度按容积计不应低于 99.7%。

氢气常压露点不应高于 –50℃。

（二）理化特性

氢气理化特性见表 10–1。

表 10–1　　氢气理化特性

外观与性状：无色无臭气体	相对密度（水 =1）：0.07（–252℃）
熔点（℃）：–259.2	相对密度（空气 =1）：0.07
沸点（℃）：–252.8	燃烧热（kJ/mol）：241.0
饱和蒸气压（kPa）：13.33（–257.9℃）	爆炸上限 [%（V/V）]：74.1
临界温度（℃）：–240	爆炸下限 [%（V/V）]：4.1
引燃温度（℃）：400	最小点火能（mJ）：0.019
临界压力（MPa）：1.30	溶解性：不溶于水，不溶于乙醇、乙醚

（三）危害

1. 健康危害

氢气在生理学上是惰性气体，仅在高浓度时，由于空气中氧分压降低才引起窒息。在很高的分压下，氢气可呈现出麻醉作用。

2. 燃爆危险

氢气易燃易爆，在空气环境中遇到点火源可以燃烧，如果形成爆炸性混合物，在接触点火源后可能发生爆炸。氢气的引爆能量非常低，氢气作业或氢气环境爆炸危险性非常高，动火作业的火花、静电火花、金属撞击火花均可能引起爆炸。氢气比空气轻，在室内使用和储存时，漏气上升滞留屋顶不易排出。氢气与氟、氯、溴等卤素会剧烈反应。

（四）中毒急救措施

吸入氢气导致窒息时，应迅速脱离现场至空气新鲜处。保持呼吸道通畅。如呼吸困难，要进行输氧。如呼吸停止，应立即进行人工呼吸，并及时就医。

（五）消防措施

氢气火灾适用灭火剂主要有雾状水、泡沫、二氧化碳、干粉。

氢气火灾最有效的灭火方法是切断气源。或用二氧化碳灭火器，并用石棉布密封漏氢处不使氢气逸出，或采用其他方法断绝气源。若不能切断气源，则不允许熄灭泄漏处的火焰。如果是容器着火，应对容器喷水冷却，如果可能，将容器从火场移至空旷处。氢气着火时，要对着火设备冷却、隔离，防止火灾扩大。

扑救氢气火灾要保持氢气系统正压状态，以防回火。氢火焰不易察觉，救护人员防止外露皮肤烧伤。制氢室着火时，应立即停止电气设备运行，切断电源，排除系统压力，并用二氧化碳灭火器灭火。

（六）泄漏应急处理

发生氢气泄漏，首要的是采取应急行动，切断火源，尽可能切断泄漏源。迅速撤离泄漏污染区人员至上风处，并进行隔离，严格限制无关人员进入。应急处理人员应佩戴自给正压式呼吸器，穿防静电工作服。如有可能，将漏出的氢气用排风机送至空旷地方或装设适当喷头烧掉。排风机要具备防爆功能。漏气容器要妥善处理，修复、检验后再用。

第二节　涉氢气装置安全基础管理

氢气的安全基础管理主要包括明确岗位职责分工、建立安全管理制度、编写岗位操作规程、建立档案台账、开展岗前培训教育、落实应急保障措施等方面。

一、明确岗位职责分工

发电企业涉氢气装置比较复杂，包括制氢装置、储氢装置、氢气瓶等，必须明确安全责任。在使用环节，安全责任坚持谁使用谁负责的原则，在采购、运输等环节坚持管业务必须管安全的原则。

运行管理部门归口氢气安全管理，使用单位对氢气使用过程安全负责，对检修前的安全条件落实负责；设备管理部门和设备检维修单位负责涉氢气设备及涉氢气安全设施的维护保养，对检修作业安全负责；物资管理部门对供货单位资质、气瓶安全状况等负责；安全监督部门负责监督安全管理制度落实。

检修过程安全风险较大，要明确检修作业安全责任。值班运行人员负责确定隔离方案，在确认各项措施落实后对检维修作业进行许可，在检维修作业现场进行监护。检修人员按照隔离方案落实隔离措施，对检维修作业过程安全负责。

二、建立安全管理制度

涉氢气装置的安全管理制度是保证涉氢装置安全的指导性、规范性文件，是保证涉氢气装置安全的基础。制定安全管理制度要成立制度编制小组，开展风险辨识，收集相关法规标准，经过相关部门审核，由企业正式发布，开展制度宣贯学习等环节。制度及制度体系要满足覆盖面全、工作流程顺畅、安全措施具体、安全责任明晰的要求。

对涉氢气装置，安全管理制度要涵盖以下内容：

（1）涉氢气装置检修作业安全管理制度。要明确检修作业安全准备工作，要明确作业前对作业全过程进行风险评估，制定作业方案、安全措施和应急预案。

（2）涉氢气装置高风险作业许可制度。要求动火、进入受限空间、临时用电、高处等作业，应办理相应的作业许可证。明确高风险作业安全责任、审批程序、管理权限、作业条件、动火分级等。

（3）涉氢气装置准入制度。明确规定非值班人员进入储氢站、制氢站等应进行登记，不得携带非防爆型手持式电气工具，不得随身携带无线通信设备，不得携带火种，进入前要触摸消除人体静电装置去除静电，不准穿钉有铁掌的鞋子和容易产生静电火花的化纤服装进入涉氢气区域等。禁止电瓶车进入涉氢气区域，进入涉氢气区域的机动车必须加装防火罩。检维修相关的机动车辆进入涉氢气区域时排气管应戴防火罩。

（4）涉氢气装置安全监护制度。明确涉氢气装置作业时应根据作业方案的要求设立安全监护人，对安全监护人协调部门、派出监护人部门、监护人应具备的条件、监护责任、监护内容等进行规定，安全监护人应对作业全过程进行现场监护。作业前安全监护人应现场逐项检查安全措施的落实情况，检查应急救援器材、安全防护器材和工具的配备情况。安全监护人应经过相关作业安全培训，有该岗位的操作资格，应熟悉安全监护要求。安全监护人应佩戴安全监护标志。安全监护人员应告知作业人员危险点，交待安全措施和安全注意事项。涉氢气装置安全监护人发现所监护的作业与作业票不相符合或安全措施不落实时，应立即制止作业。作业中出现异常情况时应立即要求停止相关作业，并立即报告。作业人员发现安全监护人不在现场，应立即停止作业。

三、编写岗位操作规程

岗位操作规程是运行人员操作涉氢气装置的基本规范，是保证涉氢气装置安全的基础之一，主要内容应包括氢气危害特性、涉氢气装置的投用、正常运行、异常处理、紧急情况处置及安全注意事项等。

（一）氢气特性

重点介绍氢气危险性、化学活性、易燃易爆等与安全相关的理化性质。特别要注意介绍氢气比空气轻、点火能量很低、燃烧时的火焰没有颜色、肉眼不易察觉、在空气中的爆炸范围较宽等特性，对认识氢气安全风险和防范氢气安全风险指导意义明显。

（二）涉氢气装置投用

涉氢气装置投用要注意以下事项：

（1）首次使用和大修后的氢气系统应进行耐压、清洗（吹扫）和气密试验，符合要求后方可投入使用。

（2）钢质无缝气瓶集装装置组装后应进行气密性试验，其试验压力为气瓶的公称工作压力，应以无泄漏为合格，试验介质应为氮气或无油空气。

（3）排出带有压力的氢气、氧气或向储氢罐、发电机输送氢气时，应均匀缓慢地打开设备上的阀门和节气门，使气体缓慢地放出或输送，禁止剧烈地排送，以防因摩擦引起自燃。

（4）涉氢气装置中氢气中氧的体积分数不得超过0.5%，涉氢气装置应设有氧含量小于3%的惰性气体置换吹扫设施。

（三）涉氢气装置运行

涉氢气装置运行要注意以下要点：

（1）氢气质量应满足其安全使用要求，输入系统的氢气含氧量不得超过0.5%。

（2）涉氢气装置设备运行时，禁止敲击、带压维修和紧固，不得超压。禁止使用易产生火花的机械设备和工具。禁止处于负压状态。

（3）对氢气设备、管道和阀门等连接点进行漏气检查时，应使用中性肥皂水或携带式可燃气体检测报警仪，禁止使用明火进行漏气检查。携带式可燃气体检测报警仪应定期校验，确保检测准确。

（4）因生产需要在室内（现场）使用氢气瓶，其数量不得超过5瓶，室内（现场）的通风条件、布置符合防爆要求。

（5）氢气瓶使用时应装减压器，减压器接口和管路接口处的螺纹，旋入时应不少于5牙。

（6）不得将氢气瓶内的气体用尽，氢气瓶内至少应保留0.05MPa以上的压力，以防空气进入氢气瓶。

（7）开启氢气瓶阀门时，作业人员应站在阀口的侧后方，缓慢开启氢气瓶阀门。

（8）氢气瓶集装装置的汇流总管和支管均宜采用优质纯铜管或不锈钢管。

（9）阀门或减压器泄漏时，不得继续使用。阀门损坏时，严禁在氢气瓶内有压力的情况下更换阀门。

（10）制氢电解槽和有关装置（如压力调整器等）必须定期进行检修和维护，保持正常运行，以保证氢气的纯度符合规定。值班室内应设有带报警的压力调整器、液位监测仪表。压力调整器发生故障时应停止电解槽运行。

（11）不要用水碰触电解槽，禁止用两只手分别接触到两个不同的电极上。

（四）涉氢气装置异常处理

涉氢气装置异常处理包括装置运行工艺异常的处理和事故的处理：

（1）当氢气发生大量泄漏或积聚时，应立即切断气源，进行通风，不得进行可能发生火花的一切操作。

（2）制氢室着火时，应立即停止电气设备运行，切断电源，排除系统压力，并用二氧化碳灭火器灭火。由于漏氢而着火时，应用二氧化碳灭火，并用石棉布密封漏氢处不使氢气逸出，或采用其他方法断绝气源。

（3）管道、阀门和水封装置冻结时，只能用热水或蒸汽加热解冻，严禁使用明火烘烤。

（五）涉氢气装置停用

涉氢气装置停用的安全管理重点是对系统进行隔断和排气，防止系统内串气或向系统外泄漏。

涉氢气装置停运后，应用盲板或其他有效隔离措施隔断与运行设备的联系，应使用符合安全要求的惰性气体（其氧气体积分数不得超过 3%）进行置换吹扫。

（六）涉氢气装置检修

检修是涉氢气装置事故多发环节，该环节重点是对系统进行可靠隔断和泄压置换，确保通过安全措施的落实，在检修作业前将危险环境变成安全环境。一般地，储氢设备（包括管道系统）和发电机氢冷系统进行检修前，必须将检修部分与相连的部分隔断，加装严密的堵板，并将氢气置换为空气，办理移交手续后，方可进行工作。涉氢气装置中氢气置换为空气要分两步完成：第一步是将氢气置换成惰性气体，第二步是将惰性气体置换为空气。

氢气系统吹洗置换，一般可采用氮气（或其他惰性气体）置换法或注水排气法。

（1）采用惰性气体置换法应符合下列要求：惰性气体中氧的体积分数不得超过 3%，置换应彻底，防止死角末端残留余氢。氢气系统内氧或氢的含量应至少连续 2 次分析合格，如氢气系统内氧的体积分数小于或等于 0.5%，氢的体积分数小于或等于 0.4%时置换结束。

（2）采用注水排气法时应符合下列要求：应保证设备、管道内注满水，所有氢气被全部排出。水注满的标志是在设备顶部最高处溢流口有水溢出，并持续一段时间。

（3）若储存容器是底部设置进（排）气管，从底部置换时，每次充入一定量惰性气体后应停留 2 ～ 3h，充分混合后排放，直到分析检验合格为止。

（4）置换吹扫后的气体应通过排放管排放。不准在室内排放。

（七）涉氢气装置安全注意事项

1. 储氢安全要求

操作规程要对氢气储存环境做出明确要求，氢气瓶储存于阴凉、通风的库房，避免光照，远离火种、热源。库温不超过 30℃，相对湿度不超过 80%。氢气瓶应与氧化剂、卤素分开存放，切忌混储。氢站、库房等涉氢气场所应采用防爆型照明、设置通风设施。氢气瓶应直立地固定在支架上。多层建筑内使用氢气瓶，除生产特殊需要外，一般宜布置在顶层外墙处。

2. 运输注意事项

（1）运输和装卸氢气瓶时，必须配戴好氢气瓶瓶帽（有防护罩的氢气瓶除外）和防震圈

（集装气瓶除外）。搬运时轻装轻卸，防止氢气瓶及附件破损。

（2）氢气瓶装车时，氢气瓶一般平放，并应将氢气瓶口朝同一方向，不可交叉。

（3）车载氢气瓶高度不得超过车辆的防护栏板，并用三角木垫卡牢，防止滚动。

（4）运输车辆应配备相应品种和数量的消防器材。

（5）装运车辆排气管必须配备阻火装置，禁止使用易产生火花的机械设备和工具装卸。

（6）严禁与氧化剂、卤素等混装混运。

（7）夏季应早晚运输，防止日光暴晒。

3. 氢冷等相关系统安全注意事项

（1）内冷水箱中含氢（体积含量）超过 2% 应加强对发电机监控，超过 10% 应立即停机消缺。

（2）内冷水系统中漏氢量达到 $0.3m^3/d$ 时，应在计划停机时安排消缺，漏氢量大于 $5m^3/d$ 时应立即停机处理。

（3）氢冷发电机的冷却介质进行置换时，应按专门的置换规程进行。

（4）发电机氢冷系统和制氢设备中的氢气纯度和含氧量，在运行中必须按规程的要求进行分析化验。

（5）发电机氢冷系统中的氢气纯度按容积计不应低于 96%，含氧量不应超过 1.2%；制氢设备氢气系统中，气体含氢量不应低于 99.5%，含氧量不应超过 0.5%。如果达不到标准，应立即进行处理，直到合格为止。

（6）氢冷发电机的轴封必须严密，当机内充满氢气时，轴封油不准中断，油压应大于氢压，以防空气进入发电机外壳内或氢气充满汽轮机的油系统中而引起爆炸。

（7）油箱上的排烟风机应保持经常运行。如排烟风机发生故障，应采取措施使油箱内不积存氢气。

（8）当发电机为氢气冷却运行时，空气、二氧化碳的管路必须隔断，并加严密的堵板。当发电机内置换为空气时，氢气的管路也应隔断，并加装严密的堵板。

（9）氢冷发电机的排氢管必须接至室外。排氢管的排氢能力应与汽轮机破坏真空停机的惰走时间相匹配。

（10）制氢室内和其他装有氢气的设备附近严禁烟火，严禁放置易爆易燃物品，并应设“严禁烟火”的标示牌。

（八）涉氢气装置氢气泄漏应急处理

对于轻微泄漏，要及时查找泄漏点并妥善处理。严重泄漏发生时，相关人员要及时撤离，撤离时注意防止引起静电火花。规程中应明确规定人员需要疏散撤离的条件、疏散组织、疏散路线及可能采取的应急处置措施等。

（九）涉氢气装置消防措施

应明确涉氢气装置火灾风险、火灾特点，适合的灭火剂、灭火方法和注意事项。

发生氢气火灾最有效的处置方法是切断气源。若不能切断气源，则不允许熄灭泄漏处的火焰。保持氢气系统正压状态，以防回火。喷水冷却容器，可能的话将容器从火场移至空旷处，冷却、隔离，防止火灾扩大。由于漏氢而着火时，应用二氧化碳灭火并用石棉布密封漏氢处不使氢气逸出，或采用其他方法断绝气源。制氢室着火时，应立即停止电气设备运行，切断电源，排除系统压力，并用二氧化碳灭火器灭火。

（十）涉氢气装置职业健康措施

要告知操作人员有哪些职业卫生工程措施，职业卫生工程措施如何发挥安全作用，日常应佩戴的个人防护装备及使用方法等。

四、建立相关档案台账

（1）事故档案。企业要建立涉氢气装置事故档案，包括事故经过、原因分析、事故处理、暴露的问题、采取的防范措施、措施效果分析等。

（2）压力容器档案。主要包括原始技术资料、使用检修记录、操作规程、事故档案等常规压力容器台账内容，还要包括氢气供货厂家及氢气质量分析报告。

（3）监测报警设备档案。包括监测报警设备型号、规格、数量、安装位置、投退、检定（校验）的情况，设备发生故障、零部件更换等检修维护情况。

（4）培训档案。包括培训时间、地点、参加人、授课人、培训讲义（课件）、签到表、考试卷等。

（5）隐患排查治理台账。包括问题的发现人、发现时间、整改措施、整改责任人、验收单等。

五、开展岗前培训教育

涉氢气装置相关岗位人员上岗前要经过涉氢气安全相关知识培训并通过考试，具备应有的知识和技能方可上岗。企业要与当地政府相关部门沟通，如果地方政府要求取得相应的资质证书，则要参加政府相关部门组织的考试并取得资质证书，如果地方政府相关部门没有明确要求，企业也可以结合实际，自行制定相关培训制度，开展岗前安全培训并发放培训合格证。实行持证上岗制度。对于企业自行组织的岗前培训和考试，要对培训内容、课时等做出明确规定，并将相关培训材料存档。

政府检查、参观实习、技术服务等在内的外来人员也要组织安全培训，并且在专人陪同或监护下进入现场开展工作。

六、落实应急保障措施

应急保障措施是涉氢气装置安全基础工作之一，发电企业涉氢气装置要落实以下应急保障措施：

（1）制定氢气事故专项应急预案，制定氢气泄漏、火灾、爆炸等应急处置措施，应急预案要发放到每位相关人员和相关岗位，并组织培训和演练。应急预案要有印刷版在岗位，确保事故时可以查阅，不能以信息管理系统中可查阅替代印刷版。

（2）配备必要的应急设施和器具，进行日常检查并确保完好，随时可以投入使用。

（3）指定兼职应急救援人员，并在企业内公示，确保随时可以投入救援工作。

第三节　涉氢气装置安全管理日常工作

涉氢气装置日常管理非常重要，是安全工作的重点，虽然只是简单重复的工作，但也正因为简单重复才容易出现纰漏，一般应该通过制度、规程、工作流程等形式进行固化，变成员工的工作习惯，才能保证安全生产。

一、氢气储存安全管理

氢站是集中储存氢气的场所，日常要严格落实准入管理要求，禁止与工作无关的人员进入制氢室、储氢站，隐患排查、检维修人员进入时应进行登记。

氢气储存要保证实瓶和空瓶分开存放。氢气瓶应储存在专用仓库内，仓库内保持阴凉、通风，控制库温不超过 30℃，相对湿度不超过 80%。氢气储存环境不得有强酸、强碱、氧化剂、卤素等化学品存放在同一仓库。

检查氢气储罐、氢气瓶防腐是否脱落，安全标识是否齐全清晰，氢气瓶固定是否牢靠。

氢气瓶搬运中应轻拿轻放，不得摔滚，严禁撞击和强烈震动。不得从车上往下滚卸，氢气瓶运输中应严格固定。

氢气瓶使用时应采用规范的方式固定，防止倾倒。氢气瓶、管路、阀门和接头应固定，不得松动，且管路和阀门应有防止碰撞的防护装置。

二、厂内倒运及卸车安全管理

（1）厂内倒运过程中发生安全事故较多，要引起充分重视。运输和装卸氢气瓶时，必须配戴好氢气瓶瓶帽（有防护罩的氢气瓶除外）和防震圈（集装气瓶除外）。搬运时轻装轻卸，防止氢气瓶及附件破损。

（2）用车辆运输氢气瓶时，氢气瓶一般平放，并应将瓶口朝同一方向，不可交叉。氢气瓶运输装车高度不得超过车辆的防护栏板，并用三角木垫卡牢，防止滚动。

（3）运输车辆应配备相应品种和数量的消防器材。

（4）装运车辆排气管必须配备阻火装置，禁止使用易产生火花的机械设备和工具装卸。

（5）严禁与氧化剂、卤素等混装混运。

（6）夏季应早晚运输，防止日光暴晒。

三、发电机氢冷系统安全管理

（1）氢冷发电机的冷却介质进行置换时，应按专门的置换规程进行。在置换过程中，须注意取样的代表性与分析的正确性，防止误判断。

（2）发电机氢冷系统和制氢设备中的氢气纯度和含氧量，在运行中必须按专用规程的要求进行分析化验。

（3）检查油箱上的排烟风机应保持经常运行。如排烟风机发生故障，应采取措施使油箱内不积存氢气。

（4）定期检测氢冷发电机组油系统、主油箱、封闭母线外套的氢气体积含量，超过 1%

应停机查漏消缺。

四、操作安全管理

操作安全管理重点是按照操作规程认真监盘，及时调整，规范作业，及时发现生产异常并处理，及时发现违章作业并制止。同时注意以下事项：

（1）禁止在制氢室中或氢冷发电机与储氢罐近旁进行明火作业或做能产生火花的工作。如必须在以上环境进行焊接或动火的工作，应事先经过氢含量测定，确认工作区域内空气中含氢量小于3%，并经主管生产的副职（或总工程师）批准后方可工作。

（2）冬季要检查制氢室内的管道、阀门或其他设备是否发生冻结，如有冻结发生，应用热水解冻。如用蒸汽解冻，应缓慢均匀加热，禁止用火烤。

（3）经常检查各连接处有无漏氢的情况，可用仪器或肥皂水进行检查，禁止用火检查。

（4）排出带有压力的氢气、氧气，或向储氢罐、发电机输送氢气时，应均匀缓慢地打开设备上的阀门，禁止剧烈地排送。

（5）不要用水碰触电解槽，禁止用两只手分别接触到两个不同的电极上。

（6）油脂不准和氧气接触，以防油脂剧烈氧化而燃烧。

（7）制氢设备氢气系统中，气体含氢量不应低于99.5%，含氧量不应超过0.5%。如果达不到标准，应立即进行处理，直到合格为止。

五、检修安全管理

检修安全管理重点要做好以下工作：

（1）严格执行工作票制度。

（2）严格执行检修方案审批程序并落实安全措施。

（3）保证作业时使用防爆工具。

（4）做好检修安全交底。

（5）检修过程要正确佩戴个人防护用品。

（6）检修前查看现场风向标，确认风向，查看安全出口是否畅通。

（7）做好检修现场安全监护。

六、隐患排查

1. 运行人员的隐患排查

日常巡检是隐患排查最有效的形式之一，主要由运行人员完成，至少每2h巡检1次。

2. 专业人员的隐患排查

专业人员每天至少对装置检查2次；使用单位负责人每天至少检查1次；实行点检制的企业，点检员要按规定进行点检，点检频次不少于关键设备的点检频次。

3. 使用单位的隐患排查

使用单位由负责人组织，专业人员参加，每周至少对涉氢气装置全面检查1次。

4. 安全设施完好性检查

安全设施检查内容应纳入日常巡检范围。

七、交接班管理

交接班是交班人员与接班人员交代生产情况的重要环节，要抓好交接班会，确保上一个运行班出现的问题能准确、全面、及时交代给下一个运行班组，保证在岗人员全面掌握涉氢气装置的运行状况。交接班内容一般包括交接班现场检查、交接班记录和交接班会等环节，同时接班值班长要向班组人员传达相关信息。

第四节　涉氢气装置安全管理定期工作

为了能准确掌握设备设施存在的风险隐患，发现日常管理存在的漏洞，要定期组织全面、系统的安全检查工作，主要包括合规性检查、压力容器检验、防雷防静电检测等。同时开展安全再培训、应急预案演练等工作，提高安全知识和应急能力。

一、开展合规性检查

涉氢气装置及安全设施规范完好是安全生产的基础，要定期组织全面检查，发现风险或隐患及时整改。检查重点以下七个方面。

（一）供氢站内设施设计合规性要求

（1）氢气瓶的设计、制造和检验应符合《气瓶安全技术监察规程》（TSG R0006）的要求。

（2）集装瓶每单元总重不得超过 2t。集装夹具、吊环的安全系数不得小于 9。气瓶、管路、阀门和接头应予以固定，不得松动，管路和阀门应有防止碰撞的防护装置。总管路应有两只阀门串联，每组气瓶应有分阀门。

（3）固定容积储气罐应设放空阀、安全阀和压力表。凡最高工作压力大于或等于 100kPa 时，其设计、制造和检验应符合《固定式压力容器安全技术监察规程》（TSG21）的要求。储气罐的基础和支承必须牢固，且为非燃烧体。

（4）管道和附件应选用符合国家标准规范的产品，并应适合氢气工作压力、温度的要求。管道上应设放空管、取样口和吹扫口，其位置应能满足管道内气体吹扫、置换的要求。

（5）供氢站房顶应做成平面结构，防止出现积聚氢气的死角。

（6）供氢站内必须通风良好，保证空气中氢气最高含量不超过 1%（体积比）。建筑物顶部或外墙的上部设气窗（楼）或排气孔。排气孔应朝向安全地带。室内换气次数每小时不得小于 3 次，事故通风每小时换气次数不得小于 7 次。

（7）储氢罐上应涂以白色。储氢罐上的安全门应定期校验，保证动作良好。

（8）供氢站门窗应有防止产生静电、火花的措施，门应向外开，室外还应装防雷装置。

（二）消防设计要求

制氢和供氢系统要符合火灾危险性甲类可燃气体设计要求。

（1）氢气站、供氢站、氢气储罐与次要道路和围墙的防火间距应为 5m。

（2）氢气站、供氢站以及氢气储罐与架空电力线路距离≥ 1.5 倍电杆高度。

（3）供氢站应采用独立的单层建筑，其耐火等级不应低于二级。

（4）不得在建筑物的地下室、半地下室设供氢站。

（5）制氢站和储氢罐应配备相应品种和数量的消防器材及泄漏应急处理设备。

（6）供氢站应设置消防用水，并应根据需要配备“干粉”和“二氧化碳”等轻便灭火器材或氮气、蒸汽灭火系统。

（三）汇流排间、空瓶间和实瓶间的布置要求

（1）汇流排间、空瓶间和实瓶间应分别设置（集装瓶站房除外）。若空瓶和实瓶储存在封闭或半敞开式建筑物内，汇流排间应通过门洞与空瓶间或实瓶间相通，但各自应有独立的出入口。

（2）当实瓶数量不超过 60 瓶时，空瓶、实瓶和汇流排可布置在同一房间内，但实瓶、空瓶应分别存放，且实瓶与空瓶之间的间距不小于 0.3m。空（实）瓶与汇流排之间的净距不宜小于 2m。

（3）汇流排间、空瓶间和实瓶间不应与仪表室、配电室和生活间直接相通，应用无门、窗、洞的防火墙隔开。如需连通，应设双门斗间，门采用自动关闭（如弹簧门），且耐火极限不低于 0.9h 的防火门。

（4）空瓶间和实瓶间应有支架、栅栏等防止气瓶倾倒的设施。

（5）汇流排间、空瓶间和实瓶间内通道的净宽应根据气瓶的搬运方式确定，一般不宜小于 1.5m。

（6）汇流排间应尽量宽敞。汇流排宜靠墙布置，并设固定气瓶的框架。

（7）实瓶间应有遮阳措施，防止阳光直射气瓶。

（8）空瓶间和实瓶间应设气瓶装卸平台。平台的高度由气瓶运输工具确定，一般高出室外地坪 0.4 ～ 1.1m，平台的高度为 1.5 ～ 2m。平台上的雨篷和支撑应采用非燃材料。

（四）管道敷设要求

（1）氢气管道宜采用架空敷设，其支架应为非燃烧体。架空管道不应与电缆、导电线敷设在同一支架上。

（2）室内管道不应敷设在地沟中或直接埋地，室外地沟敷设的管道，应有防止氢气泄漏、积聚或窜入其他沟道的措施。埋地敷设的管道埋深不宜小于 0.7m。含湿氢气的管道应敷设在冰冻层以下。

（3）管道穿过墙壁或楼板处，应设套管。套管内的管段不应有焊缝，管道和套管之间应用不燃材料填塞。

（4）管道应避免穿过地沟、下水道及铁路汽车道路等，当必须穿过时应设套管。

（5）管道不得穿过生活间、办公室、配电室、仪表室、楼梯间和其他不使用氢气的房间。不宜穿过吊顶、技术（夹）层，当必须穿过吊顶或技术（夹）层时，应采取安全措施。

（6）室内外架空或埋地敷设的氢气管道和汇流排及其连接的法兰间宜互相跨接和接地。氢气设备与管道上的法兰间的跨接电阻应小于 0.03Ω。

（7）氢气管道应采用无缝金属管道，禁止采用铸铁管道，管道的连接应采用焊接或其他有效防止氢气泄漏的连接方式，管道之间不宜采用螺纹密封连接。管道应采用密封性能好的阀门和附件，管道上的阀门宜采用球阀、截止阀。氢气管道与附件连接的密封垫，应采用不锈钢、有色金属、聚四氯乙烯或氟橡胶材料，禁止用生料带或其他绝缘材料作为连接密封手段。

（8）氢气管道最高点应设置排放管，并在管口处设阻火器；湿氢管道上最低点应设排水装置。

（五）放空管设计要求

（1）放空管应有防止雨雪侵入和外来异物堵塞的措施。

（2）氢气储罐的放空阀、安全阀和管道系统均应设放空管。

（3）放空管应设阻火器，阻火器应设在管口处。凡条件允许，可与灭火蒸汽或惰性气体管线连接，以防着火。

（4）室内放空管的出口，应高出屋顶 2m 以上。室外设备的放空管应高于附近有人操作的最高设备 2m 以上。

（六）防爆要求

（1）实瓶数量不超过 60 瓶时，可与耐火等级不低于二级的用氢厂房毗连，但毗连的墙应为无门、窗、洞的防火墙。

（2）供氢站厂房的防爆设计应符合《建筑设计防火规范》（GB 50016）《爆炸危险环境电力装置设计规范》（GB 50058）的有关规定。

（3）供氢站应有防雷措施，与氢气储罐等氢气相关的所有设备应有防静电接地装置，应定期检测接地电阻，每年至少检测一次。

（4）供氢站周围设置禁火标志。

（5）供氢站应设氢气检漏报警装置，并应与相应的事故排风机联锁，当空气中氢气浓度达到 0.4%（体积比）时，事故排风机应能自动开启。

（6）有爆炸危险房间的照明应采用防爆灯具，其光源宜采用荧光灯等高效光源。灯具宜装在较低处，并不得装在氢气释放源的正上方，氢气站内宜设置应急照明。

（7）氢气储罐周围（一般在 10m 以内）应设有围栏，在制氢室中发电机的附近，应备有必要的消防设备。

（8）供氢站门窗应有防止产生静电、火花的措施，门应向外开。

（9）采用机械通风的建筑物，进风口应设在建筑物下方，排风口设在上方。

（10）氢气有可能积聚处或氢气浓度可能增加处，宜设置固定式可燃气体检测报警仪。

（11）在氢气管道与其相连的装置、设备之间应安装止回阀，界区间阀门宜设置有效隔离措施，防止来自装置、设备的外部火焰回火至氢气系统。

（七）氢气储存容器安全设施要求

（1）气瓶的明显位置上，应有以钢印（或其他固定形式）注明制造单位的制造许可证编号，企业代号标志和气瓶出厂编号，有铭牌式或其他能固定于气瓶上的产品合格证，有批量检验质量证明书。

（2）氢气储存容器应设有安全泄压装置，如安全阀等。

（3）氢气储存容器顶部最高点宜设氢气排放管，底部最低点宜设排污口。

（4）氢气储存容器应设压力监测仪表。

（5）氢气储存容器应设惰性气体吹扫置换接口。惰性气体和氢气管线连接部位宜设计成“两截一放阀”或安装“8 字”盲环板。

（6）氢气储罐应安装放空阀、压力表、安全阀。立式或卧式变压定容积氢气储罐安全阀宜设置在容器便于操作位置，且宜安装两个相同泄放量且可并联或切换的安全阀，以确保安全阀检验时不影响罐内的氢气使用。

（7）氢气系统可根据工艺需要设置气体过滤装置、在线氢气泄漏报警仪表、在线氢气纯度仪表、在线氢气湿度仪表等。

二、定期检测检验

（1）涉氢气装置中的压力容器应定期进行检验，包括压力容器本体及安全阀等安全附件。

（2）根据《气瓶安全技术监察规程》（TSG R0006）的规定，氢气瓶应定期进行检验，氢气瓶上应有检验钢印及检验色标。氢气瓶定期检验证书有效期为 4 年。氢气瓶每 3 年检验一次。

（3）与氢气相关的所有电气设备应有防静电接地装置，应定期检测接地电阻，每年至少检测一次。

三、开展安全再培训

涉氢气装置相关岗位人员在经过上岗前安全培训后，每年还应参加安全再培训。培训内容包括新的法规、标准、制度，近期发生的事故案例，也可以包括对岗前培训内容的巩固学习等。其中，采购人员重点是掌握相关法律法规、氢气性质、氢气事故预防及应急措施等相关知识。接卸人员重点学习氢气性质、接卸安全注意事项、事故预防及应急措施等相关知识。安保人员重点掌握氢气运输车辆、驾驶员及押运人员等入厂前检查相关内容，了解危险化学品性质、安全注意事项及应急措施等相关知识。

四、开展应急预案演练

涉氢气岗位应制定应急预案演练计划，并按照计划组织演练，演练后开展演练效果评估。涉氢气装置的专项应急预案应每半年演练一次，应急处置措施需要每年进行演练，不断完善应急预案，提高整体应急协调能力和个人应急技能。

应急预案演练后应针对暴露的问题对应急预案进行修订和完善，修订或完善后的应急预案应及时告知每一位相关员工，并进行针对性培训。

涉氢气装置应急演练重点是氢气泄漏、氢气火灾和爆炸事故应急预案。

第十一章　发电企业燃油罐区安全管理

发电企业使用燃油主要是柴油，用于锅炉点火，锅炉不稳定时助燃以及应急柴油发电机燃料。按照《危险化学品目录（2015版）》第1674项规定，并不是所有柴油都属于危险化学品，只是闭杯闪电小于或等于60℃的柴油属于危险化学品。国家安全监管总局办公厅《关于印发危险化学品目录（2015版）实施指南（试行）的通知》（安监总厅管三〔2015〕80号）进一步指出：对生产、经营柴油的企业（每批次柴油的闭杯闪点均大于60℃的除外）按危险化学品企业进行管理。鉴于发电企业柴油规格不稳定，安全风险仍然很大，执行危险化学品管理要求很有必要。

本章共分四节，重点介绍柴油的性质、燃油罐区安全管理基础工作、燃油罐区安全管理日常工作、燃油罐区安全管理定期工作。

第一节　柴油的性质

发电企业燃油主要指的是柴油，柴油是一种石油蒸馏的混合物，为稍有黏性的棕色液体。

（一）基本信息

英文名称：Diesel oil。

英文名称2：Diesel fuel。

主要成分：C13–C18脂肪烃、环烷烃、芳香烃。

（二）理化特性

柴油理化特性见表11–1。

表11–1　柴油理化特性

理化参数	数值
熔点（℃）	–18
沸点（℃）	282～338
相对密度（水=1）	0.87～0.9
闪点（℃）	38
引燃温度（℃）	257

（三）危害

（1）健康危害。皮肤接触柴油可引起接触性皮炎、油性痤疮，也可通过皮肤接触导致急性肾脏损害。吸入柴油雾滴或液体呛入可引起吸入性肺炎，柴油废气可引起眼、鼻刺激症状，头晕及头痛。柴油能经胎盘进入胎儿血中。

（2）环境危害。柴油对环境有危害，对水体和大气可造成污染。

（3）燃爆危险。柴油易燃，具刺激性。

（四）急救措施

（1）如果皮肤接触柴油，应立即脱去污染的衣着，用肥皂水和清水彻底冲洗皮肤，并就医。

（2）如果眼睛接触柴油，应提起眼睑，用流动清水或生理盐水冲洗，并就医。

（3）如果吸入柴油雾气，受害人应迅速脱离现场至空气新鲜处，保持呼吸道通畅。如呼吸困难，应进行输氧。如呼吸停止，立即进行人工呼吸，并就医。

（4）如果误食柴油，应尽快彻底洗胃，并及时就医。

（五）消防措施

柴油遇明火、高热或与氧化剂接触，有引起燃烧爆炸的危险。若遇高热，容器内压增大，有开裂和爆炸的危险。柴油容器发生火灾时，尽可能将容器从火场移至空旷处。如果储罐无法移动，应喷水保持火场容器冷却，直至灭火结束。处在火场中的容器若已变色或从安全泄压装置中产生声音，必须马上撤离。柴油燃烧有毒有害产物主要是一氧化碳、二氧化碳。柴油火灾可用雾状水、泡沫、干粉、二氧化碳、沙土作为灭火剂。消防人员须佩戴防毒面具、穿全身消防服，在上风向灭火。

（六）泄漏应急处理

柴油泄漏首要措施是切断火源，尽可能切断泄漏源，防止流入下水道、排洪沟等限制性空间。迅速撤离泄漏污染区人员至安全区，并进行隔离，严格限制无关人员进入泄漏危险区。应急处理人员应佩戴自给正压式呼吸器，穿一般作业工作服。小量泄漏发生时，可用活性炭或其他惰性材料吸收。大量泄漏发生时，应构筑围堤或挖坑收容。用泵转移至槽车或专用收集器内，回收或运至废物处理场所处置。

（七）职业卫生防护

柴油的职业卫生防护包括采取密闭操作、强制通风等工程控制措施，采取必要的管理措施，加强个人防护。空气中浓度超标时，要做好呼吸系统防护，佩戴自吸过滤式防毒面具（半面罩）。紧急事态抢救或撤离时，应该佩戴空气呼吸器。日常作业要戴化学安全防护眼镜，做好眼睛防护。穿一般作业防护服，做好身体防护。戴橡胶耐油手套，做好手防护。在管理上，工作现场严禁吸烟，要避免长期反复接触。

第二节　燃油罐区安全管理基础工作

安全管理基础工作是生产安全的基本保障，燃油罐区主要安全管理基础工作包括明确职责分工、建立安全管理制度、编写岗位操作规程、编写应急预案、建立档案台账、开展岗前安全教育培训等。

一、明确岗位职责分工

燃油罐区安全管理坚持谁使用谁负责的原则。运行管理部门归口燃油罐区安全管理，使用单位具体负责燃油罐区管理要求，设备管理部门负责燃油罐区设备设施管理，检维修单位具体负责检维修工作。安全监督部门负责监督安全管理制度落实。其他部门在职责范围内负责燃油罐区及其他燃油相关安全工作。

检修过程安全风险较大，要明确检修作业安全责任。值班运行人员负责确定隔离方案，确保被检修设备与运行系统可靠地隔离，对被检修设备进行有效地冲洗和置换，协调测定设备冲洗置换后的气体浓度，在检修作业现场进行监护。检修人员对作业安全负责。

二、建立安全管理制度

企业要以制度形式对以下内容进行明确：

（1）燃油罐区动火制度。明确动火安全责任、审批程序、管理权限、动火条件、动火分级等。

（2）燃油罐区准入制度。明确规定不得随身携带无线通信设备，不得携带火种，进入燃油罐区前要触摸消除人体静电装置去除静电，不准穿钉有铁掌的鞋子和容易产生静电火花的化纤服装，非值班人员进入燃油罐区应进行登记，不得使用非防爆型手持式电气工具，禁止电瓶车进入燃油罐区，进入燃油罐区的机动车必须加装防火罩。

三、编写岗位操作规程

燃油罐区投用前要编写好岗位操作规程，并就相关内容对操作人员进行培训。燃油罐区操作规程，内容包括燃油卸车操作，供油和倒罐操作，液位、油温等运行指标，作业安全注意事项，异常判断及处理等。操作规程应定期修订。

（一）卸车操作

卸车操作至少应对以下内容进行明确：

（1）燃油罐车卸车前，车辆应可靠接地，不得敞盖卸车。

（2）燃油罐车卸车时，严格控制卸油管道流速在安全流速范围内，防止产生静电。在油品没有淹没进油管口前，油品的流速应控制在 0.7 ～ 1m/s 以内。在正常卸料时，流速不应大于 4.5m/s。

（3）燃油罐车卸油时，卸油管应深入罐内。卸油管口至罐底距离不得大于 300mm，以防喷溅产生静电。

（4）测量油量要在卸完油 30min 以后进行，以防测油尺与油液面、油罐之间静电放电。

（5）燃油罐车卸油需要加温时，原油一般不超过 45℃，柴油不超过 50℃，重油不超过 80℃。卸油用蒸汽的温度，应考虑到加热部件外壁附着物不致有引起着火的可能，蒸汽管道外部保温应完整，无附着物，以免引起火灾。

（二）供油和倒罐步骤

主要通过规定阀门开闭状态检查，阀门开闭顺序，燃油储罐内液位确认防止冒罐、超压等误操作发生。

（三）监控指标设定原则

要明确燃油罐区温度、液位、压力等指标报警值的设定要求。

（1）燃油储罐温度报警至少分为两级：第一级报警阈值为正常工作温度的上限；第二级为第一级报警阈值的 1.25 ～ 2 倍，且应低于介质闪点或燃点等危险值。

（2）燃油储罐液位报警高低位至少各设置一级，报警阈值分别为高位限和低位限。

（3）燃油储罐压力报警高限至少设置两级：第一级报警阈值为正常工作压力上限；第二级为容器设计压力的 80%，并应低于安全阀设定值。

（4）燃油罐区风速报警高限设置一级，报警阈值为风速 13.8m/s（相当于 6 级风）。

（四）卸车安全注意事项

操作规程应对燃油罐车卸车操作过程中，以下安全事项进行规定：

（1）燃油罐车卸油时，现场必须有人监护，防止跑、冒、漏油。油罐区工作人员应要求驾驶人员不得离开现场，共同监视卸油情况，发现问题随时采取措施。同时监视作业现场周围情况，禁止无关人员靠近。

（2）燃油罐车卸油时，严禁将箍有铁丝的胶皮管或铁管接头伸入罐口或卸油口。

（3）上下燃油罐车应检查梯子、扶手、平台是否牢固，防止滑倒。开启上盖时应轻开，严禁用铁器敲打，人应站在侧面。

（4）卸油时发动机应熄火，燃油罐车可靠接地，输油软管应接地。当确认所卸油品与储油罐所储的油品种类相同时，方可缓慢开启卸油阀门。

（5）雷雨天气时，应确认避雷措施有效，否则应停止卸油作业。在卸油过程中如遇附近发生火警，应立即停止卸油作业。

（6）卸油沟的盖板应完整，卸油口应加盖，卸完油后应盖严。冬季应清扫冰雪，并采取必要的防滑措施。

（五）检修安全注意事项

操作规程中应对以下检修安全注意事项进行规定：

（1）燃油罐区设备检修时，被检修设备与运行系统要可靠地隔离，在与系统、燃油储罐、卸油沟连接处加装堵板，并对被检修设备进行有效地冲洗和换气，测定设备冲洗换气后的气体浓度。

（2）在燃油储罐内进行明火作业时，应将通向燃油储罐的所有管路系统隔绝，拆开管路法兰通大气。燃油储罐内部应冲洗干净，并进行良好的通风。

（3）在燃油管道上和通向燃油储罐（油池、油沟）的其他管道上（包括空管道）进行电、火焊作业时，必须采取可靠的隔绝措施，靠燃油储罐（油池、油沟）一侧的管路法兰应拆开通大气，并用绝缘物分隔，冲净管内积油，放尽余气。

（4）燃油罐区检修应尽量使用有色金属制成的工具，如使用铁制工具时，应采取防止产生火花的措施，例如涂黄油、加铜垫等。

（六）燃油储罐清洗安全注意事项

操作规程应对燃油储罐清洗过程中以下安全事项进行规定：

（1）清洗燃油储罐前所有与燃油储罐相连管线阀门应加盲板隔断，严禁以阀门代替盲板作为隔断措施。

（2）人员在燃油储罐内作业过程中，应对燃油储罐内进行强制通风，并定时对燃油储罐内气体取样分析。

（3）人员在燃油储罐内作业时，燃油储罐外应至少有 2 名监护人员。

（4）燃油储罐内作业时使用的照明设备应使用安全电压。

（5）清理燃油储罐作业使用的设备、机具和仪器应符合相应的防火、防爆、防静电要求。清洗作业期间，燃油罐区周围 30m 以内严禁动火。

（七）泄漏应急处理

操作规程应对燃油泄漏后的应急处置进行规定，包括人员的保护、环境的保护、控制泄漏扩大等措施。

如果是小量泄漏，可以用活性炭或其他惰性材料吸收。

如果是大量泄漏，要尽可能切断泄漏源，防止燃油流入下水道、排洪沟等限制性空间。要构筑围堤或挖坑收容。用泵转移至槽车或专用收集器内，回收或运至废物处理场所处置。同时，迅速撤离泄漏污染区人员至安全区，并进行隔离，严格限制无关人员进入。应急处理人员佩戴自给正压式呼吸器，穿一般作业工作服。

（八）消防措施

操作规程应对燃油罐区灭火方法、灭火安全等进行规定，并简单介绍燃油罐区危害特点及可能发生的危害。

燃油罐区如果因燃油泄漏等原因导致火灾，灭火可以采用雾状水、泡沫、干粉、二氧化碳、沙土。消防人员须佩戴防毒面具、穿全身消防服，在上风向灭火。既要尽快扑灭燃烧点，也要对燃油储罐进行冷却。处在火场中的容器若已变色或从安全泄压装置中产生声音，必须马上撤离。

（九）职业防护及急救

操作规程应对职业防护措施作简单介绍，包括工程措施、管理措施和个人防护措施。

燃油罐区要室外设置，尽量远距离操作，减少和避免长期反复接触。空气中浓度超标时，现场作业人员佩戴自吸过滤式防毒面具（半面罩），戴化学安全防护眼镜，戴橡胶耐油手套，穿一般作业防护服。紧急事态抢救或撤离时，应该佩戴空气呼吸器。

四、编制应急预案

企业要编制燃油罐区事故专项应急预案和现场处置方案，内容包括：事故风险的描述、应急工作职责、应急处置程序、应急处置措施、安全注意事项，以及报警负责人、上报部门、联系方式、报告的内容等。

五、建立档案台账

（1）事故档案。主要包括事故经过、原因分析、事故处理、暴露的问题、采取的防范措施、措施效果分析等。

（2）压力容器档案。主要内容包括原始技术资料、检修记录、检验记录、检验报告、操作规程、事故档案等。

（3）监测报警设备档案。包括监测报警设备型号、规格、数量、安装位置、投退、检定（校验）情况，设备发生故障、零部件更换等检修维护情况。

（4）培训档案。包括培训时间、地点、参加人、授课人、培训讲义（课件）、签到表、考试卷等。

（5）隐患排查治理台账。包括问题的发现人、发现时间、整改措施、整改责任人、验收单等。

六、开展岗前安全教育培训

使用燃油的企业应开展燃油安全使用专项培训，燃油相关岗位人员必须全部接受培训并考试，考试合格颁发上岗证并持证上岗。培训包括运行人员，也包括负责燃油罐区或燃油系统检修维护的检修人员，以及相关管理人员。培训内容以管理制度及燃油危害特点、个人防护装备佩戴、泄漏处置、消防救援等相关知识、技能为重点。

第三节　燃油罐区安全管理日常工作

燃油罐区日常安全管理主要包括运输安全管理、接卸作业安全管理、检修安全管理和隐患排查治理工作，是燃油罐区安全管理的重点。

一、运输安全管理

企业要对燃油罐区厂内行驶及卸车过程的安全进行监督管理，指定行车路线，规定最高行车速度，检查车辆安全状况及资质等。

（1）燃油罐车应配备相应品种和数量的消防器材及泄漏应急处理设备。

（2）夏季燃油罐车避免中午高温时段入厂，最好早晚入厂。

（3）燃油罐车应有接地链，罐内应具有孔隔板以减少震荡产生静电。

（4）燃油罐车排气管必须配备阻火装置。

（5）禁止使用易产生火花的机械设备和工具装卸。

二、接卸作业安全管理

燃油罐车接卸过程风险较大，是日常安全管理重点环节。

（1）落实燃油罐区准入制度。燃油罐车进加油站或燃油罐区卸油前要对车辆状况进行检查，禁止燃油罐车在燃油罐区压车待卸，不具备卸车条件或因其他原因卸车中断时，燃油罐车应离开燃油罐区，在安全空旷地方停车。

（2）落实燃油车辆安全要求。宜采用常压燃油罐车运输燃油，燃油车辆应有接地链，罐内设孔隔板以减少震荡产生静电，燃油车辆排气管必须配备阻火装置，配备相应品种和数量的消防器材及泄漏应急处理设备。卸油时发动机应熄火，做好防溜车措施，做好静电接地线，雷雨天气时，应确认避雷措施有效，否则应停止卸油作业。

（3）驾驶员及押运人员安全要求。驾驶员和押运人员要有相应资质，卸油时驾驶员应离开驾驶室，但不得离开现场，应与加油站工作人员共同监视卸油情况，发现问题随时采取措施。

（4）严格执行运行指标。卸油前要检查油罐的存油量，以防止卸油时冒顶跑油。卸油时，卸油管应深入罐内，严格按照操作规程控制流速，防止产生静电。

（5）严格执行操作规程。禁止在可能发生雷击或附近存在火警的环境中进行卸油作业。卸油时要先开油罐收油阀门，后开槽车供油阀门，停供时相反。测量油量要在卸完油 30min 以后进行，以防测油尺与燃油液面、燃油储罐之间静电放电。打开燃油车辆上盖时，严禁用铁器敲打。卸油过程中，现场必须有人巡视，防止跑、冒、漏油。

（6）落实人身安全注意事项。冬季应及时清扫冰雪，采取必要的防滑措施。开启上盖时应轻开，人应站在侧面。上下燃油储罐应检查梯子、扶手、平台是否牢固，防止滑倒。卸油站台应有足够的照明。

三、检修安全管理

燃油罐区检修安全风险较大，应对检修全过程进行安全管控。重点做好以下工作。

1. 检修安全条件的落实

燃油设备检修开工前，检修工作负责人和当值运行人员必须共同将被检修设备与运行系统可靠地隔离，在与系统、燃油储罐、卸油沟连接处加装堵板，并对被检修设备进行有效地冲洗和置换，测定设备冲洗置换后的气体浓度。在油罐内进行明火作业时，应将通向油罐的所有管路系统隔绝，拆开管路法兰通大气。油罐内部应冲洗干净，并进行良好的通风。

2. 动火安全管理

燃油设备检修需要动火时，应办理许可证和动火工作票。检修油管道时，必须做好防火措施。禁止在油管道上进行焊接工作。在拆下的油管上进行焊接时必须事先将管子冲洗干净。

在燃油罐区进行电、火焊作业时，电、火焊设备均应停放在指定地点。不准使用漏电、漏气的设备。相线和接地线均应完整、牢固，禁止用铁棒等物代替接地线和固定接地点。电焊机的接地线应接在被焊接的设备上，接地点应靠近焊接处，不准采用远距离接地回路。

在燃油管道上和通向燃油储罐（油池、油沟）的其他管道上（包括空管道）进行电、火焊作业时，必须采取可靠的隔绝措施，靠油罐（油池、油沟）一侧的管路法兰应拆开通大气，并用绝缘物分隔，冲净管内积油，放尽余气并测量油气合格后方可工作。

3. 油罐区用电安全管理

燃油罐区检修用的临时动力和照明的电线，应符合下列要求：

（1）电源应设置在燃油罐区外面。

（2）全部动力线或照明线均应有可靠的绝缘及防爆性能。

（3）禁止把临时电线跨越或架设在有油或热体管道设备上。

（4）禁止把临时电线引入未经可靠地冲洗、隔绝和通风的容器内部。

4. 检修工具的要求

燃油罐区检修应使用防爆工具。紧急情况下，如使用铁制工具时，应采取防止产生火花的措施，例如涂油、加铜垫等。

四、开展隐患排查治理

（1）巡检人员的隐患排查。日常巡检是隐患排查最有效的形式之一，主要由运行人员完成，至少每 2h 一次。日常巡检具有发现问题及时、检查人员对装置运行情况熟悉等特点。

（2）专业人员的隐患排查。专业人员每天至少对装置检查 2 次；燃油罐区负责人每天至少对燃油罐区及相关设备设施等检查 1 次。实行点检制的企业，点检员要按规定进行点检，点检频次不少于关键设备的点检频次。

（3）使用单位的隐患排查。燃油罐区的使用单位由负责人组织，专业人员参加，每周至少检查 1 次。

（4）安全设施完好性检查。安全设施检查内容列入日常巡检范围。

第四节　燃油罐区安全管理定期工作

安全管理定期工作主要是定期开展合规性检查、防雷防静电检测、防火防爆检查、燃油储罐检验、消防检查、安全再培训、应急预案演练等工作，是日常安全管理工作的有效补充。

一、开展合规性检查

燃油罐区设备设施完好齐全是安全的重要保障，在投入生产前要全面检查，在投入运行后要定期全面检查。合规性检查的依据主要是安全设计规范，工作的主要目的是发现一些设计缺陷和施工遗漏问题，或因技术改造等异动使合规性受到破坏的问题，标准要求发生改变没有及时落实的问题，以及原有设施失效等问题。主要内容包括以下六个方面。

（一）安全隔离及距离检查

（1）燃油罐区周围必须设置高度不低于 2m 的围墙，设置“严禁烟火”等警告标示牌。

（2）从燃油罐区或燃油装卸区算起，至架空发电线路的安全距离为 1.5 倍杆高。

（3）燃油储罐之间及燃油储罐与周围建筑物的防火间距符合标准。

（二）防火堤检查

（1）防火堤、防护墙应采用不燃烧材料建造，且必须密实、闭合、不泄漏。

（2）进出燃油储罐组的各类管线、电缆应从防火堤、防护墙顶部跨越或从地面以下穿过。当必须穿过防火堤、防护墙时，应设置套管并采用不燃烧材料严密密封，或采用固定短管且两端采用软管密封连接方式。

（3）钢筋混凝土防火堤的堤身及基础底板的厚度应由强度及稳定性计算确定，且不应小于 250mm 。

（4）防火堤应设置不少于 2 处越堤人行踏步或坡道，并应设置在不同方位上。防火堤的相邻踏步、坡道、爬梯之间的距离不宜大于 60m，高度大于或等于 1.2m 的踏步或坡道应设护栏。

（5）燃油储罐组防火堤内设计地面宜低于堤外地面。

（6）立式燃油储罐的罐壁至防火堤内堤脚线的距离，不应小于罐壁高度的一半。卧式油罐的罐壁至防火堤内堤脚线的距离不应小于 3m。

（7）相邻燃油储罐组防火堤外堤脚线之间应有消防道路或留有宽度不小于 7m 的消防空地。

（8）燃油储罐组防火堤内有效容积不应小于燃油储罐组内一个最大燃油储罐的公称容量。

（9）燃油储罐组防火堤顶面应比计算液面高出 0.2m。立式燃油储罐组的防火堤高于堤内设计地坪不应小于 1.0m，高于堤外设计地坪或消防道路路面（按较低者计）不应大于 3.2m。卧式燃油储罐组的防火堤高于堤内设计地坪不应小于 0.5m。

（10）防火堤内地面宜铺设碎石或种植高度不超过 150mm 的常绿草皮。

（三）防火防爆检查

（1）燃油罐区的一切设施（如开关、照明灯、电动机、空调机、电话、门窗、计算机、手电筒、电铃、自起动仪表接点等）均应为防爆型。当储存、使用油品为闪点不小于 60℃的可燃油品时，配电间、控制操作间的电气、通信设施可以不使用防爆型，但应符合《爆炸危险环境发电装置设计规范》的规定。

（2）地面和半地下油罐周围应建有符合要求的防火堤（墙）。

（3）油泵房内及燃油罐区内禁止安装临时性或不符合要求的设备和敷设临时管道，不得采用皮带传动装置，以免产生静电引起火灾。

（四）燃油储罐检查

（1）燃油储罐的顶部应装有呼吸阀或透气孔。储存轻柴油、汽油、煤油、原油的油罐应装呼吸阀。储存重柴油、燃料油、润滑油的燃油储罐应装透气孔和阻火器。

（2）燃油储罐罐顶经常走人的地方应设防滑踏步和护栏。

（3）燃油储罐测油孔应用有色金属制成。油位计的浮标同绳子接触的部位应用铜料制成。

（4）金属燃油储罐应有喷淋水装置。

（五）排放口检查

（1）柴油排放管口应设在泵房外，并高出周围地坪 4m 以上。

（2）柴油排放管口设在泵房顶面上方时，应高出泵房顶面 1.5m 以上。

（3）柴油排放管口与泵房门、窗等孔洞的水平路径不应小于 3.5m，与配电间门、窗及非防爆电气设备的水平路径不应小于 5m。

（4）柴油排放管口应装设阻火器。

（六）燃油罐区安全监测监控设施检查

（1）燃油罐区应实时监测风速、风向、环境温度等参数。

（2）燃油罐区防火堤内每隔 20 ～ 30m 设置 1 台可燃气体报警仪，且监测报警器与储罐的排水口、连接处、阀门等易释放物料处的距离不宜大于 15m。

（3）燃油罐区应设置火焰、温度、感光等火灾监测器，与火灾自动监控系统联网。设置火灾报警按钮，主控室应设置声光报警控制装置。

（4）燃油罐区应设置音、视频监控报警系统，采用防爆摄像头或音频接收器。摄像头的个数和位置要保证覆盖全部燃油罐区，确保有效监控到储罐顶部。

（5）电缆明敷设时，应选用钢管加以保护，所用保护管应与相关仪表设备等妥善连接，电缆的连接处需安装防爆接线盒。

（6）安全接地的接地体应设置在非爆炸危险场所，接地干线与接地体的连接点应有两处以上，安全接地电阻应小于 4Ω。

二、防雷防静电检测

每年雷雨季节前须进行防雷检测，并形成检测报告，检测发现的问题要在雷雨季节到来前整改完成。每年要对人体静电导除系统、防静电跨接等进行系统检查。

三、防火防爆检查

（1）运行人员应定期检查呼吸阀是否灵活好用，阻火器的铜丝网是否清洁畅通。

（2）燃油罐区应单独布置，燃油罐区应设置 1.8m 高围栏。

（3）燃油罐区钢储罐，不应装设接闪杆（网），但应做防雷接地。

（4）卸油区及燃油罐区必须有避雷装置和接地装置。燃油储罐接地线和电气设备接地线应分别装设。

（5）输油管道应有明显的接地点。燃油管道法兰应用金属导体跨接牢固，热力管道尽可能布置在燃油管道的上方。

（6）油泵房的门外，燃油储罐的上罐扶梯入口处，装卸作业区内操作平台的扶梯入口处，应设置人体静电释放装置。

（7）油泵房及燃油罐区禁止采用皮带传动装置，以免产生静电引起火灾。

四、燃油储罐检验

燃油储罐的在用检验包括例行检查、年度检查、定期检验三种形式。

（1）例行检查是以目视为主的方法，近距离检查燃油储罐外部状况的检查方式。内容包括是否存在渗漏、罐壁变形、沉降迹象，以及燃油储罐罐体保温、安全附件等的运行状况等。例行检查周期最长不超过一个月。

（2）年度检查是为了保证燃油储罐在定期检验周期内的安全而进行的在线检查，以宏观检查为主。内容包括燃油储罐安全管理情况及壁板、顶板的厚度测定等。年度检查每年至少一次。

（3）定期检验是按一定的检验周期对燃油储罐进行的较全面的检测，定期检测可以根据实际情况确定在线检验或开罐检验。具体方法一般以目视检查、漏磁检测、声发射检测、超声波测量厚度、表面无损检测为主，必要时可采用超声检测、射线检测、导波检测、超声波C扫、金相检验、材质分析、稳定性或强度校核、应力测定、真空试漏检测、基础沉降评估、材料脆性断裂评估、充水试验等手段。定期检验的周期应根据实测的腐蚀速率和罐体的最小允许厚度来确定，但最长不得超过6年，大型储罐不得超过4年。

五、消防检查

消防设施应每年组织检查，包括外观检查、试验检查等。

（1）对设计施工验收进行复核。新建、扩建和改建的油区设计和施工必须符合《建筑设计防火规范》（GB 50016）、《石油库设计规范》（GB 50074）及有关规定，油区投入生产前应经当地消防部门验收合格。

（2）燃油罐区周围必须设有环形消防通道。没有环形通道的，通道尽头必须设有回车场，通道应保持畅通。消防车道的净空高度不应小于5.0m。

（3）火灾时需要操作的消防阀门不应设在防火堤内。消防阀门与对应的着火燃油储罐罐壁的距离不应小于15m。

（4）汽车、火车卸油平台醒目位置应装设“禁止烟火”标志牌。

（5）泡沫液管道应采用不锈钢管。

（6）发电线路必须是暗线或电缆，不准有架空线。

（7）燃油罐区内应保持清洁，无杂草树木等易燃物品，无油污，不准储存其他易燃物品和堆放杂物，不准塔建临时建筑。

（8）燃油罐区内设置符合规范的消防设施和消防器材，并完好备用。

（9）燃油罐区宜安装在线消防报警装置。

（10）在寒冷季节有冰冻地区，泡沫灭火系统的湿式管道应采取防冻措施。

（11）燃油罐区的一切电气、通信设施（如开关、刀闸、照明灯、电动机、电铃、电话、自起动仪表接点等）均应为防爆型。当储存、使用油品为闪点不小于60℃的可燃油品时，配电间、控制操作间的电气、通信设施可以不使用防爆型，但设施的选用应符合《爆炸危险环境电力装置设计规范》（GB 50058），同时配电间、控制操作间建筑设计应符合《石油库设计规范》（GB 50074）。

（12）燃油储罐的顶部应装有呼吸阀或透气孔。储存轻柴油、汽油、煤油、原油的燃油储罐应装呼吸阀；储存重柴油、燃料油、润滑油的燃油储罐应装透气孔和阻火器。

六、安全再培训

燃油罐区相关岗位人员每年应组织安全再培训。培训应明确培训时间、培训内容并进行考试。

相关岗位包括直接在燃油罐区操作人员，如燃油卸车人员；可能接触燃油的人员，比如燃油泵检修人员，以及其他在燃油罐区作业人员等。

七、应急预案演练

每年制定应急预案演练计划并按计划开展演练，演练后进行效果评估，根据评估结果完善预案，加强培训，提高应急能力。燃油罐区应急演练重点是火灾和泄漏事故预案。火灾事故应急预案演练要检验消防水是否满足火灾相邻燃油储罐冷却用量要求。泄漏事故应急预案演练要检验环境污染处置能力。

第十二章　发电企业涉氨装置安全管理

发电企业使用液氨或氨水主要用于脱硝或脱硫，少量用于锅炉补给水制取过程中调节水的 pH 值、离子交换树脂的再生及实验室试剂。液氨风险主要存在于液氨罐区以及液氨接卸、现场检修等过程。液氨储存常采用的方式有两种：低温常压储存和常温压力储存。液氨槽车卸车方式有利用地形差卸氨、惰性气体加压卸氨和氨压缩机卸氨等方式。关于液氨灌区安全管理，国家能源局专门制定了《燃煤发电厂液氨灌区安全管理规定》。

本章共分四节，重点介绍了液氨的性质、涉氨装置安全管理基础工作、涉氨装置安全管理日常工作、涉氨装置安全管理定期工作。

第一节　液氨的性质

液氨脱硝原理是在催化剂作用下，氨作为还原剂与烟气中的氮氧化合物反应生成无害的氮气和水。反应是在催化剂表面发生的。化学反应式为：

$$4NO+4NH_3+O_2 \longrightarrow 4N_2+6H_2O$$

$$6NO_2+8NH_3+O_2 \longrightarrow 7N_2+12H_2O$$

发电企业要结合本企业作业方式找准安全风险，制定涉氨装置管理制度、操作规程，确保涉氨装置安全运行。需要注意的是，发电企业涉氨装置储氨量一般都达到了危险化学品重大危险源临界量，使用液氨的企业要在液氨系统投入运行前，按照《危险化学品重大危险源辨识》标准开展危险化学品重大危险源辨识，符合重大危险源标准的要按照重大危险源管理。

（一）基本信息

中文名：氨；氨气（液氨）。

英文名：Ammonia。

分子式：NH_3。

分子量：17.03。

CAS 号：7664–41–7。

（二）理化特性

外观与性状：无色有刺激性恶臭的气体。易被压缩，加压可形成清澈无色的液体。易溶于水，并生成碱性腐蚀性的氢氧化铵溶液。

熔点：–77.7℃。

沸点：–33.5℃。

相对密度（水 =1）：0.82（–79℃）。

相对密度（空气 =1）：0.5971。

饱和蒸气压（kPa）：506.62（4.7℃）。

溶解性：易溶于水、乙醇、乙醚。

危险特性：与空气混合能形成爆炸性混合物，遇明火、高热能引起燃烧爆炸。与氟、氯等能发生剧烈的化学反应。若遇高热，容器内压增大，有开裂和爆炸的危险。

闪点（℃）：低于0℃下闪点不确定；有时难以点燃。氨蒸气与空气混合物爆炸极限为15%～30.2%（V/V，最易引爆浓度17%）。

液态氨变为气态氨时会膨胀850倍，并形成氨云。虽然氨的分子量和密度均较小，但氨泄漏后不会立即向上升起，它会和空气中的水形成“氨雾”，形成云状物。所以当氨气泄漏刚发生时，氨气并不会立即在空气中扩散，而会在地面滞留。

（三）危害

低浓度氨对黏膜有刺激作用，高浓度可造成组织溶解性坏死，引起化学性肺炎及灼伤。

急性中毒发生时，轻度者表现为皮肤、黏膜的刺激反应，出现鼻炎、咽炎、气管及支气管炎，可有角膜及皮肤灼伤。重度者出现喉头水肿、声门狭窄、呼吸道黏膜细胞脱落、气道阻塞而窒息，可有中毒性肺水肿和肝损伤。氨可引起反射性呼吸停止。如氨溅入眼内，可致晶体浑浊、角膜穿孔，甚至失明。

（四）中毒急救措施

皮肤接触：如果皮肤接触液氨，应立即脱去污染的衣着，用大量流动清水彻底冲洗，或用3%硼酸溶液冲洗。接触液化气体，接触部位用温水浸泡复温，及时联系就医。

眼睛接触：如果眼睛接触液氨，应立即提起眼睑，用流动清水或生理盐水冲洗至少15min。然后立即就医。

吸入：如果吸入氨气，应迅速脱离现场至空气新鲜处，保持呼吸道通畅。如果出现呼吸困难症状，要及时给输氧。如果呼吸停止，应立即进行人工呼吸，同时联系尽快就医。人工呼吸不要采用口对口方式，可用单向阀小型呼吸器或其他适当的医疗呼吸器。

食入：如果发生误食，应尽快将患者移至空气新鲜处，脱去被污染的衣服和鞋。如果呼吸困难，应给予吸氧。注意患者保暖并且保持安静。注意观察病情。接触或吸入可引起迟发反应。

（五）消防措施

发生火灾首先要切断气源。若不能立即切断气源，则不允许熄灭正在燃烧的气体。如果可能，要将容器从火场移至空旷处。否则，要在安全防爆距离以外，使用雾状水冷却暴露的容器。若冷却水流不起作用，发生排放音量、音调升高，罐体变色或有任何变形的迹象，应急救援人员应立即撤离到安全区域。氨火灾适用的灭火剂主要有雾状水、泡沫、二氧化碳。

（六）泄漏应急措施

液氨泄漏有人员伤害和环境破坏等风险。若发生液氨泄漏，要立即切断气源，迅速撤离泄漏污染区域人员至上风处，并隔离直至气体散尽，切断火源。对高浓度泄漏区，应喷含盐酸的雾状水中和、稀释、溶解，然后抽排（室内）或强力通风（室外）。也可以将残余气或漏出气用排风机送至水洗塔或与塔相连的通风橱内。漏气容器不能再用，且要经过技术处理以清除可能剩下的气体。应急处理人员应佩戴正压自给式呼吸器，穿厂商特别推荐的化学防护服。

如果是小量泄漏，可用沙土、蛭石或其他惰性材料吸收。也可以用大量水冲洗，冲洗水稀释后排入废水系统。如果是大量泄漏，需构筑围堤或挖坑收容。用泵转移至槽车或专用收集器内，回收或运至废物处理场所处置。

根据泄漏严重程度，将泄漏信息告知企业相关领导、救援人员及可能受到影响的其他人员，并控制无关人员靠近现场。如果泄漏严重，考虑是否应告知企业外可能受影响的单位、区域及人员，并协调政府引导疏散。

（七）职业卫生防护措施

涉氨装置应采取必要的职业卫生防护措施。

（1）工程控制主要是采用密闭操作，作业场所提供充分的局部排风和全面排风，作业场所设有淋浴室等卫生设施。

（2）个人防护措施主要包括做好呼吸系统防护，当空气中浓度超标时佩戴防毒口罩，紧急事态抢救或逃生时佩戴自给式呼吸器；戴化学安全防护眼镜，做好眼睛防护；日常要穿工作服；作业时要戴好防护手套。

（3）管理措施主要包括工作现场禁止吸烟、进食和饮水，合理安排作业时间，避免长时间反复接触，工作后及时淋浴更衣，保持良好的卫生习惯。

第二节　涉氨装置安全管理基础工作

涉氨装置安全管理基础工作主要包括明确岗位责任分工、建立安全管理制度、编写岗位操作规程、建立相关档案台账、开展岗前安全教育培训、落实应急保障措施、监控设施投用、开展重大危险源备案等。

一、明确岗位责任分工

在发电企业，液氨是储量较大、风险较大的危险化学品，一般都构成了危险化学品重大危险源，明确安全责任尤为重要。责任分工要结合企业机构设置、岗位职责确定。

一般地，在公司层面，主要负责人对涉氨装置安全全面负责，其他分管领导在分管业务范围内对涉氨装置安全负责。

在部门层面，运行管理部门是涉氨装置安全管理的归口管理部门，使用单位对涉氨装置使用过程安全负责，设备管理部门对涉氨装置设备设施管理负责，检维修单位负责涉氨装置设备检修和日常维护保养，对作业过程安全负责，物资管理部对液氨采购、运输、接卸环节安全负责，安全监督部对涉氨装置安全负监督责任。

相关岗位人员严格执行安全管理制度，遵守岗位操作规程和检修规程。

二、建立安全管理制度

为保证涉氨装置运行安全，要制定完善的涉氨装置安全管理制度，并定期审核、修订，保证其有效性。涉氨装置安全管理制度至少包括：涉氨装置安全责任制度、液氨采购安全制度、液氨安全接卸制度、液氨运输车辆专线行驶制度、液氨装置防火防爆制度、涉氨装置工作票制度、氨站准入制度等。

（1）涉氨装置安全责任制度。为了保证安全责任全覆盖，制定制度时要从部门、岗位和管理职能及作业两个维度考虑，以确保管理无漏洞。要特别注意液氨在厂内运输及接卸过程的安全管理责任，包括入厂前资质检查、车辆状况检查、行车引导、车速管控等责任，以及卸车时安全措施的落实、监督责任。

（2）液氨采购安全制度。该制度至少要明确供货单位的资质，液氨采购计划的提出及审批，采购人员安全责任的落实。

（3）液氨安全接卸制度。该制度要明确岗位必须制定接卸操作规程，要配备规范的劳动防护用品，要执行监护制度，要规定防溜车、防静电、防误动等要求，要明确卸车各环节的安全责任。

（4）液氨运输专线行车制度。指定液氨槽车行车专门路线，明确专人引领入厂，明确行车最高车速，要明确液氨运输车辆如不能及时卸车，要到厂外或指定地点停放，不允许在涉氨区域停放。

（5）涉氨装置防火防爆制度。至少包括动火管理、防雷防静电、视频监控、监测报警等内容。

（6）涉氨装置工作票制度。涉氨装置作业执行工作票、操作票，明确工作票、操作票的申办、审核、签发等工作流程，重点明确安全措施、安全交底工作落实和确认程序。

（7）氨站准入制度。包括进入氨站要登记，进入氨站前要消除人体静电，禁止携带移动式通信工具等要求，非氨站值班员进入氨站要经过审批，要进行安全教育等。

三、编写岗位操作规程

涉氨装置投用前要编写涉氨岗位操作规程，编写规程前要成立岗位规程编写小组，由分管安全生产的副职任组长，成员包括运行管理、设备管理、安全监督部门，运行和检修单位人员参加，也要有具有长期一线工作经验的人员参加，编写过程中要广泛听取相关人员意见。操作规程主要内容包括：

（1）液氨基本性质。涉氨装置操作规程要对氨的性质作简单介绍，以便于加强使用者对各项要求的理解。

（2）涉氨装置运行工艺参数。要明确涉氨装置运行各参数的正常值和极限值，其中氨储罐中液氨充装量不应大于容器容积的85%，温度在40℃以下。温度报警至少分为两级：第一级报警阈值为正常工作温度的上限；第二级为第一级报警阈值的1.25～2倍，且应低于液氨闪点或燃点等危险值。液位报警高低位至少各设置一级，报警阈值分别为高位限和低位限。压力报警高限至少设置两级：第一级报警阈值为正常工作压力上限；第二级为容器设计压力的80%，并应低于安全阀设定值。风速报警高限设置一级，报警阈值为风速13.8m/s（相当于

6级风）。

（3）涉氨装置原始充装步骤。主要包括涉氨装置初次充装液氨的操作步骤，各储罐、分液罐等的充装液位、允许压力等主要监控指标及方法，安全注意事项，异常情况判断及处置。重点要对充装前的强度试验、严密性试验、置换、检测做出规定。

（4）液氨卸车步骤。要重点明确液氨卸车时，系统置换、静电接地、阀门开闭顺序等步骤。

（5）涉氨装置正常操作要求。包括涉氨装置正常运行时需要监控的指标，流量、压力等指标的控制，泵的启停步骤等。

（6）涉氨装置特殊工况调整（紧急处理）。包括涉氨装置超压、液氨泄漏、液位超标的调整，各种运行参数测量失效，DCS系统失效等的紧急处理等。

（7）涉氨装置检修排料置换步骤。重点对涉氨装置检修前后系统置换时的介质指标进行明确，氮气置换氨气时，取样点氨气含量不应大于 35×10^{-6} 合格。空气置换氮气时，取样点氧含量应为18%～21%。氮气置换空气时，取样点氧含量应小于2%。

（8）安全注意事项。

1）氨站要全封闭，并且设岗昼夜重点守卫，值班人员不得穿用丝绸、合成纤维等制成的易产生静电的服装。如果不设岗守卫，则要将大门上锁，并且具有紧急情况下能随时打开大门的措施。厂内非值班人员进入氨站要进行登记，厂外人员进入氨站要履行审批程序，并有人陪同。

2）氨站应当符合安全、防火规定，氨站内严禁明火，需动火作业时，应执行相应的动火管理规定，应有良好的通风和必要的避雷设备。涉氨装置所有设备和操作工具必须采用防爆型。涉氨装置入口应设置明显的职业危害告知牌和安全标志标识。职业危害告知牌应注明氨物理和化学特性、危害防护、处置措施、报警电话等内容。液氨储存设备和系统上设置明显的安全警示标志。涉氨装置作业需要隔离时，严禁以阀门代替盲板作为隔断措施。

四、建立档案台账

（1）氨储罐等压力容器要建立档案。档案应包括原始技术资料、使用检修记录、操作规程、事故档案等常规压力容器档案内容，还要包括液氨供货厂家及液氨质量分析报告。

（2）监测设备档案。包括监测报警设备型号、规格、数量、安装位置、投退、检定（校验）情况，设备发生故障、零部件更换等检修维护情况。

（3）隐患排查治理台账。包括问题的发现人、发现时间、整改措施、整改责任人、验收单等。

（4）重大危险源档案。内容包括：重大危险源辨识、分级记录；重大危险源基本特征表；化学品安全技术说明书；区域位置图、平面布置图、工艺流程图和设备一览表；安全管理规章制度及安全操作规程；安全监测监控系统、措施说明、检测、检验结果；事故应急预案、评审意见、演练计划和评估报告；安全评估报告或者安全评价报告；关键装置、重点部位的责任人、责任机构名称；安全警示标志的设置情况；其他文件、资料。

（5）培训档案，包括培训时间、地点、参加人、授课人、培训讲义（课件）、签到表、考试卷等。

五、开展岗前安全培训教育

由于液氨的高度危险性，涉氨装置操作人员必须经过专业培训，全面掌握安全操作规程、安全管理制度、液氨物理化学特性、危害及救援等知识和技能，并经考试合格，持证上岗。其他可能参与涉氨装置检修、调试等作业的人员也应经过液氨相关知识技能培训，具备应急处置、自我保护等能力。政府检查、参观实习、技术服务等外来人员也要组织安全培训，并且在专人陪同或监护下进入现场开展工作。

在涉氨装置从事特种作业和特种设备作业人员，要取得相应的资质证书。国家没有明确要求的，要执行地方政府要求。企业应结合实际，自行制定培训制度，开展岗前安全培训并发放培训合格证。实行持证上岗制度。

六、落实应急保障措施

应急是涉氨装置安全基础工作之一，发电企业涉氨装置要落实以下应急保障措施：

（1）氨站内配置便携式浓度检测设备、正压式空气呼吸器、防毒面具、化学防护服、防酸碱橡胶手套、防酸碱橡胶靴、防酸碱口罩、防护眼镜及2%稀硼酸溶液。

（2）氨站应设置用于消防灭火和液氨泄漏稀释吸收的消防喷淋系统，其喷淋管按环形布置，喷头应采用实心锥形开式喷嘴。

（3）涉氨装置区域应设置风向标，风向标位置要通风和便于观察，数量要保证涉氨设备区域及附近作业人员能看到。

（4）氨站明显位置应设置疏散路线及集中疏散点等应急指示图。

（5）氨站应设置两个及以上对角或对向布置的安全出口。安全出口门应向外开，以便危险情况下人员安全疏散。

（6）氨站应设置洗眼器等冲洗装置，水源宜采用生活水，防护半径不宜大于15m。洗眼器应定期放水冲洗管路，保证水质，并做好防冻措施。

（7）氨站宜设置消防水炮，消防水炮采用直流/喷雾两用，能够上下、左右调节，位置和数量以覆盖全部可能泄漏点为准确定。

（8）制定液氨事故专项应急预案，液氨泄漏、人员中毒、灼伤等应急处置措施，并发放到相关岗位开展培训和演练，使员工具备应急处置能力。

（9）涉氨装置岗位应配备堵漏器材等必要的应急设施和器具，定期检查并确保完好，随时可以投入使用。

（10）涉氨企业应配备或指定专兼职应急人员，能够有效开展应急救援工作。

（11）涉氨企业应与地方政府、消防队、专业医院等签订协议或建立有效联系，确保事故发生时能及时得到社会资源的支持。

七、氨站监控设施投入使用

涉氨装置投入使用前，涉氨装置报警监测、视频监控等监控设施必须经调试后投入使用。

（1）涉氨装置区域应实时监测风速、风向、环境温度等参数。

（2）氨站防护墙内每隔20～30m设置一台可燃气体报警仪，且监测报警器与储罐的排水口、连接处、阀门等易释放物料处的距离不宜大于 15m。

（3）氨站应设置火焰、温度、感光等火灾监测器，与火灾自动监控系统联网。设置火灾报警按钮，主控室应设置声光报警控制装置。

（4）氨站应设置音视频监控报警系统，采用防爆摄像头或音频接收器。摄像头的个数和位置要保证覆盖全部罐区，确保有效监控到储罐顶部。

八、开展重大危险源备案

使用液氨的发电企业应当按照《危险化学品重大危险源辨识》（GB 18218）标准，对涉氨装置进行重大危险源辨识，并记录辨识过程与结果。如构成重大危险源，则应对涉氨装置进行安全评估并确定重大危险源等级。评估工作可以组织本单位的注册安全工程师、技术人员或者聘请有关专家进行安全评估，也可以委托具有相应资质的安全评价机构进行安全评估。依照法律、行政法规的规定，危险化学品单位需要进行安全评价的，重大危险源安全评估可以与本单位的安全评价一起进行，以安全评价报告代替安全评估报告，也可以单独进行重大危险源安全评估。

重大危险源安全评估报告应当客观公正、数据准确、内容完整、结论明确、措施可行，并包括下列内容：

（1）评估的主要依据。

（2）重大危险源的基本情况。

（3）事故发生的可能性及危害程度。

（4）个人风险和社会风险值（仅适用定量风险评价方法）。

（5）可能受事故影响的周边场所、人员情况。

（6）重大危险源辨识、分级的符合性分析。

（7）安全管理措施、安全技术和监控措施。

（8）事故应急措施。

（9）评估结论与建议。

完成重大危险源安全评估报告或者安全评价报告后 15 日内，应当填写重大危险源备案申请表，连同重大危险源相关材料，报送所在地县级人民政府安全生产监督管理部门备案。

第三节　涉氨装置安全管理日常工作

涉氨装置安全的重点是做好日常工作，抓好采购安全管理、液氨车辆厂内管理、液氨接卸安全管理、涉氨装置操作安全管理、涉氨装置检维修安全管理、涉氨装置日常隐患排查等工作。

一、液氨采购安全管理

采购管理的重点是资质管理，采购液氨必须选择具有危险化学品安全生产许可证或经营许可证的单位。

发电企业危险化学品采购原则上采取送货方式，与销售单位签订安全协议，明确从入厂、卸货到出厂整个过程的作业内容、安全条件、安全责任等。

二、液氨车辆厂内管理

液氨车辆安全管理要从入厂前开始，在厂内期间要全程监控。

（1）运输液氨的车辆要先验证，后入厂。

（2）采购的液氨应由销售单位委托有资质的运输单位组织运输，要求运输车辆配备泄漏应急处理设备。

（3）物资管理部门要对运输单位的资质进行审查，要求运输单位提供危险货物道路运输许可证，并留存备案。

（4）液氨运输车辆尽量实现氨站外卸车，如果必须进入氨站卸车，要办理进入氨站许可证。

（5）物资管理部门专人核对液氨运输车辆进入氨站许可证无误后，方可对槽车进行过磅，并引导车辆按照指定路线行驶。

（6）液氨运输时，物资管理部门负责氨站外部的安全管理、使用单位负责进入氨站后的安全管理。

（7）确保液氨运输车辆进入氨站内必须遵守企业交通保卫制度的规定。

三、液氨接卸安全管理

液氨接卸是涉氨装置安全风险较大的工作环节，必须落实以下安全要求：

（1）液氨运输车辆进入氨站时，氨站值班人员负责审核液氨出厂单据、质量检验报告，相关材料不符合要求或者出现缺失，严禁卸氨。氨站值班人员陪同液氨运输人员到现场进行系统确认，交代安全注意事项。

（2）由氨站值班人员用氮气对接卸管道进行置换，置换工作完成后，由运输人员连接好槽车与液氨储罐相关管路。氨站值班人员开启相关阀门，并严格按照操作规程进行卸氨操作。液氨接卸时应注意控制流速，防止因静电摩擦起火。

（3）液氨卸车时，接卸操作人员应对作业区域内大气中的氨浓度进行测试，并控制作业区域内大气中的氨浓度低于 $30mg/m^3$（标准状况下），否则应立即停止卸氨，查找漏氨点，处理后才能继续卸氨。属于液氨运输车辆问题且无法处理时，氨站值班人员有权停止接卸。

（4）由氨站值班人员每月对卸氨及运输人员做好相关的安全交底。交底结束后双方签名确认，并各执一份保留备查。对于首次承担液氨运输任务的人员，在进行相关操作前必须做好安全交底工作，其他卸氨人员则保证每月至少进行一次安全交底。

（5）在液氨运输车辆卸车环节，推广使用万向充装管道系统代替充装软管。

（6）液氨接卸时，必须保证液氨运输车辆停在指定的位置并熄灭发动机，用手闸制动，防止溜车，并接好接地线。在液氨接卸的过程中驾驶室内不得留人。

（7）液氨运输车辆须有良好的接地装置，防止静电积累。

（8）液氨接卸现场应备有足够的消防器材和防护用具，保证完好备用。接卸现场须设有液氨泄漏报警装置，一旦发生液氨泄漏，氨站值班人员要根据泄漏部位做适当的紧急处理，立即启动喷淋装置，同时汇报当班值长。值长接警后，按照应急预案安排相关人员进行泄漏点堵漏和人群疏散工作。

（9）接卸液氨时设置专人操作，禁止无关人员进入接卸现场。

（10）接卸液氨应当在白天进行，如果必须在夜间接卸时，需经公司领导批准，并保证现场有充足的照明。

（11）遇雷击、大雨、大风（6级以上）天气或30m范围内有明火及其他不安全因素，禁止卸氨或立即停止卸氨。

（12）液氨接卸现场须设有喷淋装置，每周进行喷淋装置试验，确保良好备用。

四、涉氨装置操作安全管理

严禁涉氨装置氨系统超压运行，液氨储罐温度高于40℃时，要及时投用喷淋系统，对液氨储罐进行冷却。

五、涉氨装置检维修安全管理

检维修过程风险较大，要抓好工作票制度的执行、检修方案的审批与落实、检修安全交底等。同时做好检修安全措施的落实，做好现场监护。

（一）做好准入管理

禁止无关人员进入氨站，禁止携带火种或穿着可能产生静电的衣服和带钉子的鞋进入氨站。进入氨站应先触摸静电释放装置，消除人体静电，并按规定进行登记。

（二）做好检维修准备

（1）检维修作业必须严格执行工作票制度，在采取可靠隔离措施并充分置换后方可作业，不准带压修理设备和紧固法兰等。

（2）液氨储罐内检修维护作业，应有效隔离系统，并经气体置换，同时要落实有限空间作业安全措施。

（3）氨站作业人员应熟知氨站作业规程和应急措施，作业前进行风险评估，并做好安全交底工作。

（三）做好现场作业安全管控

（1）涉氨装置检修作业应设监护人。

（2）严禁在运行中的氨管道、容器外壁进行焊接、气割等作业。

（3）从事设备检修作业应使用铜质等不易产生火花的专用工具。如必须使用钢制工具，应涂黄油或采取其他防止产生火花的措施。

（4）涉氨装置发生氨泄漏时，宜使用便携式氨气检测仪或酚酞溶液查漏，禁止明火查漏。

（5）氨区及周围30m范围内动用明火或可能散发火花的作业，应办理动火工作票，在检测可燃气体浓度符合规定后方可动火。

（四）做好检修后验收

涉氨装置经过检修后，应进行严密性试验。

六、涉氨装置隐患排查

隐患排查分为日常隐患排查、专项隐患排查、季节性隐患排查、综合性隐患排查、事故类比隐患排查等。此处主要指的是日常隐患排查。

（一）日常巡检

日常巡检是隐患排查最有效的形式之一，主要由运行人员完成，至少每小时 1 次。

专业人员每天至少对装置检查 2 次。使用单位负责人每天至少检查 1 次。实行点检制的企业，点检员要按规定进行点检，点检频次不少于关键设备的点检频次。

（二）其他日常隐患排查

日常隐患排查不是所有项目都要每天或每小时进行检查，其中有部分项目可以每周、每月或更长间隔检查一次。包括：氨储罐基础沉降观察点，罐顶和罐壁变形、腐蚀情况，罐底边缘板及外角焊缝腐蚀情况，阀门、人孔、清扫孔等处的紧固件紧固情况等。

部门（车间）由负责人组织，专业人员参加，每周至少检查 1 次。

（三）安全设施完好性检查

安全设施检查内容列入日常巡检范围。

第四节　涉氨装置安全管理定期工作

涉氨装置安全管理定期工作主要包括开展合规性检查、压力容器检测、监测计量设备校验、组织涉氨装置相关人员安全再培训、开展重大危险源评估、开展应急事故预案演练等。

一、开展合规性检查

涉氨装置每年至少应组织一次合规性检查，以对整个装置的安全风险和隐患进行系统排查。

（一）平面布置检查内容

（1）涉氨装置宜布置在通风条件良好、人员活动较少且运输方便的安全地带，不宜布置在厂前建筑区和主厂房区内。

（2）涉氨装置应布置在厂区边缘且处于全年最小频率风向的上风侧。

（3）涉氨装置宜布置在明火或散发火花地点的全年最小频率风向的上风侧，对位于山区或丘陵地区的电厂，涉氨装置不应布置在窝风地段。

（4）涉氨装置宜远离厂内湿式冷却塔布置，并宜布置在湿式冷却塔全年最小频率风向的上风侧。

（5）涉氨装置与循环水系统冷却塔相邻布置时，液氨储罐与循环水系统冷却塔的防火间距不应小于30m。液氨储罐与辅机冷却水系统冷却塔的防火间距不应小于25m。

（6）涉氨装置设备布置应便于操作、通风排毒和事故处理，同时必须留有足够宽度的操作面和安全疏散通道。

（二）消防安全检查内容

（1）氨站应单独布置，满足防火、防爆要求。

（2）氨站道路应采用现浇混凝土地面，并宜采用不产生火花的路面材料。

（3）液氨卸料、储存及氨气装备区域，防雷应采用独立避雷针保护，并应采取防止雷电感应的措施，接地材质应考虑相应的防腐措施。

（4）氨站周围应设置环形消防车道，当设置环形消防车道有困难时，可延长边设置尽端式消防车道，并应设置回车道或回车场。

（5）氨站应设置室外消火栓灭火系统，消火栓间距不宜超过60m，数量不少于两只，每只室外消防栓应有两个DN65内扣式接口。

（6）氨站宜设置消防水炮，消防水炮采用直流/喷雾两用，能够上下、左右调节，位置和数量以覆盖全部可能泄漏点确定。

（7）氨站消防栓应设置在防火堤或防护墙外。距罐壁15m范围内的消火栓，不应计算在该罐可使用的数量内。

（8）氨站周围道路必须畅通，以确保消防车能正常作业。氨气输送管道及其桁架跨厂内道路的净空高度不应小于5m，桁架处应设醒目的交通限高标志。

（9）氨站应符合火灾危险性乙类要求。

（10）氨站应设置用于消防灭火和液氨泄漏稀释的消防喷淋系统。消防喷淋系统应综合考虑氨泄漏后的稀释用水量，并满足消防喷淋强度要求，其喷淋管按环型布置，喷头应采用实心锥型开式喷嘴。喷淋系统不能满足稀释用水量的，应在可能出现泄漏点较为集中的区域增设稀释喷淋管道。

（11）氨站应配备适合的消防器材和泄漏处置应急设施，并设置“严禁烟火”“液氨有毒”“注意防护”“易燃易爆”等明显的安全（及职业病危害）警示标志。氨站内应保持清洁、无杂草，不得储存其他易燃品或堆放杂物。

（12）氨气管道跨越厂区道路时，路面以上净空高度不应小于5.0m。跨越储氨区内道路时，路面以上的净空高度不应小于4.5m。

（三）防爆检查内容

（1）输氨管道法兰、阀门连接处应装设金属跨接线。

（2）涉氨装置易发生液氨或者氨气泄漏的区域应设置必要的检测设备和水喷雾系统。

（3）涉氨装置电气设备应满足《爆炸和火灾危险环境发电装置设计规范》，符合防爆要求。

（4）氨站应设置避雷保护装置，并采取防止静电感应的措施，储罐以及氨管道系统应可靠接地。液氨储罐应有两点接地的静电接地设施。

（5）氨站大门入口处应装设静电释放装置。静电释放装置地面以上部分高度宜为1.0m，底座应与氨站接地网干线可靠连接。

（6）氨站 30m 范围内属于静电导体的物体必须接地。

（7）液氨储罐宜设置遮阳棚等防晒措施，每个储罐应单独设置用于罐体表面温度冷却的降温喷淋系统。喷淋强度根据当地环境温度、储罐布置、装载系数和液氨压力等因素确定。

（8）液氨储罐应设有必要的安全自动装置，当储罐温度和压力超过设定值时启动降温喷淋系统。储罐压力和液位超过设定值时切断进料。液氨泄漏检测超过设定值时启动消防喷淋系统。

（9）氨站所有电气设备均应选用相应等级的防爆电气设备。

（四）监控系统检查内容

（1）液氨储罐应设液位计、压力表、温度计等监测装置，液氨储罐温度和压力设高报警等装置。

（2）氨站应设置能覆盖生产区的视频监视系统，视频监视系统应传输到本单位控制室（或值班室）。

（3）氨站应设置事故报警系统和氨气泄漏监测装置。氨气泄漏监测报警装置应覆盖生产区并具有远传和就地报警功能。

（4）安全自动装置应采用保安电源或 UPS 供电。

（5）氨气浓度报警器的安装高度，应按氨气密度以及周围状况等因素来确定。

（五）设备安全检查内容

（1）当最低设计温度小于或等于 −20℃时，液氨储罐钢板厚度在 6 ～ 60mm 之间的容器，应选用 16MnDR（即 16 锰低温容器钢）。管道宜选用不锈钢，法兰为不锈钢，带颈对焊突面法兰，阀门采用不锈钢，螺栓、螺母采用 35CrMo 或不锈钢。

（2）由于氨对铜有腐蚀作用，凡有氨存在的设备、管道系统不得有铜和铜合金材质的配件。

（3）液氨介质管道使用灰铸铁材料阀门时，其适用的公称压力不得大于 1.0MPa，温度不得低于 −10℃。

（4）海边露天布置的液氨储罐防腐蚀措施除锈等级达到 SA2.5 级——非常彻底的喷砂或抛丸除锈，再涂刷船舶油漆。

（5）涉氨建构筑物应符合抗震重点设防类标准和要求。

（6）液氨卸料、储存及供应系统应保持严密性，并设置沉降观测点。

（六）防护墙检查内容

（1）液氨储罐四周应设高度为 1.0m 的不燃烧体实体防火堤（以墙内设计地坪标高为准）。

（2）液氨储罐区应设置不低于 2.2m 高的非燃烧体实体围墙。

（3）氨站应设置防火堤，其有效容积应不小于储罐组内最大储罐的容量，并在不同方位上设置不少于 2 处越堤人行踏步或坡道。

（4）与液氨储罐相连的管道、法兰、阀门、仪表等宜在储罐顶部及一侧集中布置，且处于防火堤内。

（5）氨站应设置液氨应急收集池。

（七）液氨储罐检查内容

（1）液氨储罐应设置梯子和平台，当梯高大于 8m 时，宜设置梯间休息平台。

（2）液氨储罐的罐顶沿圆周应设置整圈护栏及平台，通往操作区域的走道宜设置防滑踏步，踏步至少一侧设栏杆和扶手，罐顶中心操作区域应设置护栏和防滑踏步。

（3）液氨储罐的相关作业区应设置消除人体静电的装置。包括：液氨储罐的上罐扶梯入口处；罐顶平台或浮顶上取样口的两侧 1.5m 之外应各设 1 组消除人体静电设施。

（4）固定顶液氨储罐的通气管或呼吸阀上应设阻火器。采用气体密封的液氨储罐上经常与大气相通的管道应设阻火器。

（5）大型液氨储罐应设置电视监视系统，对储罐重点防火部位进行监视。电视监视系统应与火灾自动报警系统联动。

（八）应急检查内容

（1）氨站内应设置洗眼器、快速冲洗装置，配备急救药品、正压式呼吸器和劳动防护用品。洗眼器、快速冲洗装置水源宜采用生活水，其防护半径不宜大于 15m，北方电厂洗眼器要做好防冻措施。

（2）氨站应设置风向标，其位置应设在本厂职工和附近居民容易看到的高处。应设置事故警报系统，一旦发生紧急情况，向周边 500m 内存在的居民发出报警，通过该系统能及时通知企业内部和周边群众进行紧急疏散，避免事故扩大。

（3）氨站应设置两个及以上对角或对向布置的安全出口。安全出口门应向外开，以便危险情况下人员安全疏散。

（九）其他检查项目

（1）卸氨区应装设万向充装系统用于接卸液氨，禁止使用软管接卸。万向充装系统应使用干式快速接头，周围设置防撞设施。

（2）涉氨系统气动阀门应采用故障安全型执行机构，储罐氨进出口阀门应具有远程快关功能。

（3）含氨废水必须经过处理达到国家环保标准，严禁直接对外排放。

（4）涉氨区域入口应设置明显的职业危害告知牌和安全警示标识。职业危害告知牌应注明氨物理和化学特性、危害防护、处置措施、报警电话等内容。

二、开展压力容器监测

压力容器使用管理应按《中华人民共和国特种设备安全法》执行。设备管理部门按照定期检验要求，在安全检验合格证有效期届满前 1 个月，向特种设备检验机构提出定期检验要求。安全阀应每年至少校验 1 次。

三、开展监测计量设备校验

涉氨装置中的压力表、测温表、监测报警装置等应每半年校验 1 次，安全监测报警仪要定期检验，检验周期不超过 1 年，若对仪器的检测数据存有怀疑或仪器更换了传感器等，要及时检验。

四、组织涉氨装置相关人员安全再培训

液氨安全风险较大，近年来出台涉氨管理的法规、规范、文件较多，必须每年有针对性开展安全再培训。

（一）专业培训

企业应每年组织涉氨装置相关岗位人员进行液氨安全知识培训。液氨储量达到危险化学品重大危险源标准的单位，应当对重大危险源的管理和操作岗位人员进行安全操作技能培训，使其了解重大危险源的危险特性，熟悉重大危险源安全管理规章制度和安全操作规程，掌握本岗位的安全操作技能和应急措施。

涉氨装置安全培训应明确培训时间、培训内容并进行考试。目前国家没有对发电企业危险化学品再培训时间和内容做出明确规定，如果地方政府主管部门有明确规定，按照政府规定执行。如果没有明确规定，企业要结合企业特点和不同岗位可能造成的涉氨风险，确定培训要求。

（二）应急培训

应急是防范涉氨事故的重要措施，应急培训是应急工作的重点之一。应急培训的关键是内容全面、重点突出。

内容全面包括应急预警、应急启动、应急演练、应急处置，应急设施使用、安全疏散等，任何一个环节的纰漏，都可能影响应急效果。

重点突出是必须掌握应急技能，特别是紧急情况下应采取的第一措施是关键，风险是否可控的判断力是重点，自救互救能力是基础。

（三）职业健康培训

液氨属于职业危害因素，要做好职业健康培训。重点做好危害特性和急救知识培训。

（四）消防培训

由液氨危害特性决定，液氨一旦发生泄漏，可能造成人员中毒或发生爆炸。因此，要针对液氨开展专门的消防培训。内容包括液氨的危险特性、灭火方法，灭火时的个人防护要求，安全注意事项等。

五、开展重大危险源评估

企业液氨储量构成重大危险源的，至少每三年组织一次重大危险源安全评估。不满三年，但涉氨装置进行改扩建，或发生人员死亡，或者 10 人以上受伤，或者影响到公共安全的，或有关重大危险源辨识和安全评估的国家标准、行业标准发生变化时，应重新评估。

安全评价可以组织本单位的注册安全工程师、技术人员或者聘请有关专家进行安全评估，也可以委托具有相应资质的安全评价机构进行安全评估，评估要形成评估报告。安全评估报告内容包括：

（1）评估的主要依据。

（2）重大危险源的基本情况。

（3）事故发生的可能性及危害程度。

（4）个人风险和社会风险值（仅适用定量风险评价方法）。

（5）可能受事故影响的周边场所、人员情况。

（6）重大危险源辨识、分级的符合性分析。

（7）安全管理措施、安全技术和监控措施。

（8）事故应急措施。

（9）评估结论与建议。

安全评估报告应报送所在地县级人民政府应急管理部门备案。

六、开展应急事故预案演练

使用液氨的企业要定期开展应急演练，液氨储量构成重大危险源的，专项应急预案每年至少演练 1 次，现场处置方案每半年至少演练 1 次。

应急预案演练结束后，应当对应急预案演练效果进行评估，撰写应急预案演练评估报告，分析存在的问题，对应急预案提出修订意见，并及时修订完善。

七、其他定期工作

涉氨装置应每五年开展 1 次 HAZOP 分析，如果构成了重大危险源，必须每三年开展 1 次 HAZOP 分析。HAZOP 分析的效果对分析人员的经验依赖性非常强，有条件的可以通过聘请咨询公司的资深专家对工艺系统开展 HAZOP 分析，也可以组织企业员工开展 HAZOP 分析。但不论采用哪种方式，一定要注重分析结果的应用。

第十三章 燃气发电企业天然气使用安全管理

目前大部分新建燃气发电企业采用管道供应天然气，不设置天然气储罐，一般不构成危险化学品重大危险源，但安全风险仍不能忽视。天然气的易燃易爆特性增加了天然气安全风险，天然气无色无臭特点增加了天然气安全管理的难度。近年来燃气发电企业发生的天然气安全事故也反证了天然气安全管理的重要性。燃气发电企业存在天然气的区域主要有天然气模块和燃气轮机厂房，对于北方燃气发电企业，燃气轮机厂房一般处于封闭状态，安全风险更大。《燃气电站天然气系统安全生产管理规范》（GB/T 36039）规定了燃气电站天然气系统设计、施工、运行维护、安全与应急管理等方法。

本章共分四节，重点介绍天然气的性质、天然气使用安全管理基础工作、天然气使用安全管理日常工作、天然气使用安全管理定期工作。

第一节 天然气的性质

天然气的主要成分是甲烷，甲烷本质上是对人体无害的，但在空气中含量达到一定浓度后会使人窒息。天然气作为燃料，也会因发生爆炸而造成人身伤害或财产损失。虽然天然气比空气轻而容易扩散，但是当天然气在房屋等封闭环境里聚集的情况下，达到一定的浓度时，就可能会触发威力巨大的爆炸。爆炸可能会摧毁整座房屋，甚至殃及邻近的建筑。甲烷在空气中的爆炸极限下限为5%，上限为15%。

（一）基本信息

天然气是一种混合物，有天然存在的和人工合成的。相对密度约为0.65，比空气轻，具有无色、无味、无毒的特性。

天然气主要成分是烷烃，其中甲烷占绝大多数，另有少量的乙烷、丙烷和丁烷。此外，一般含有硫化氢、二氧化碳、氮气、一氧化碳及微量的稀有气体，如氦和氩等。

（二）理化特性

溶解性：天然气不溶于水。

相对蒸汽密度（空气＝1）：0.55。

相对密度（水=1）：约0.45（液化）。

燃点（℃）：650。

爆炸极限（V%）：5～15。

天然气每立方米燃烧热值为8000～8500kcal/kg（1cal=4.1868J）。

（三）天然气危害

空气中甲烷浓度过高能使人窒息。当空气中甲烷达到25%～30%时，可引起头痛、头晕、乏力、注意力不集中、呼吸和心跳加速、共济失调。若不及时脱离危险环境，可能窒息死亡。皮肤接触液化天然气可能导致冻伤。

（四）天然气中毒应急措施

皮肤接触：如果皮肤接触液化天然气可能发生冻伤，要将患处浸泡在保持 38 ～ 42℃的温水中复温。皮肤发生冻伤不要涂擦，不要使用热水或辐射热，要使用清洁、干燥的敷料包扎。如有不适应感，要及时就医。

吸入：如果不小心吸入天然气，要迅速脱离现场至空气新鲜处，保持呼吸通畅。如果呼吸、心跳停止，立即进行心肺复苏，尽快就医。

（五）消防措施

天然气灭火适用灭火剂包括雾状水、泡沫、二氧化碳、干粉。如果发生天然气火灾，首要措施是切断气源。若不能切断气源，则不允许熄灭泄漏处火焰。火灾救援人员必须佩戴空气呼吸器，穿全身防火防毒服，在上风向灭火。要尽可能将容器从火灾现场移至空旷处，要喷水保持火灾现场容器冷却，直至灭火结束。

（六）天然气泄漏应急措施

如果发生天然气泄漏，首先要清除所有火源。根据天然气的影响划定警戒区域，无关人员从侧风、上风向撤离到安全区。应急处理人员应佩戴正压自给式空气呼吸器，穿防静电工作服。作业时使用的所有设备应接地，所有工具应防爆，禁止接触天然气，尽可能切断泄漏源，防止气体通过下水道、通风系统和密闭性空间扩散。

第二节　天然气使用安全管理基础工作

燃气发电厂投产前要做好天然气安全管理基础工作，明确岗位责任分工、建立安全管理制度、编写岗位操作规程、建立相关档案台账、开展岗前安全教育培训、落实应急保障措施、编写应急预案、开展危险化学品重大危险源辨识等工作。

一、明确岗位责任分工

天然气是燃气发电企业的燃料，是燃气轮机发电企业危险化学品安全管理重点。要抓好天然气安全管理，首先要明确天然气安全责任制，包括企业内部责任分工和与供气单位的安全责任界面划分。

在公司层面，企业主要负责人对天然气安全全面负责，其他分管领导在分管业务范围内对天然气安全负责。

在部门层面，运行管理部门是天然气安全的归口管理部门，使用单位对天然气使用安全负责；设备管理部门负责天然气设备设施管理，检维修单位负责天然气设备设施的维护保养，保证设备设施处于完好状态；物资管理部门负责与供气单位定期联系；安全监督部门负责天然气安全监督管理制度落实，不定期进行现场监督检查。

在操作层面，坚持谁使用谁负责的原则制定岗位责任制。

二、建立安全管理制度

天然气在燃气发电企业存在范围广，风险大，需要制定必要的安全管理制度。燃气发电企业安全使用管理至少要制定以下制度或涵盖相关内容：

（1）天然气安全责任制度。安全责任制度要做到全覆盖，既要明确运行岗位的职责，也要明确检维修岗位、分析岗位、采购供应岗位的职责，以及与供气单位沟通的责任。

（2）天然气防泄漏管理制度。泄漏是导致天然气事故的主要原因之一，要通过该制度明确防泄漏责任，明确防泄漏管理措施，明确防泄漏检查方法、频次，阀门、管道连接处密封要求，定期检验要求等。

（3）天然气防爆制度。要重点对防爆责任、防爆措施等进行明确，包括禁烟、禁火、防雷、防静电要求等。

（4）天然气设备设施置换制度。天然气系统投用、检维修前置换是防止事故的重要措施之一，要制定相关制度，对需要进行置换的作业、置换方案的编制与审批、置换介质、置换时间、置换合格标准等进行明确。

（5）天然气系统盲板管理制度。要规定绘制盲板图，对盲板进行编号等管理要求，要对盲板规格、强度做出明确规定，要明确天然气系统作业需要隔离时，不能以阀门替代盲板等。

（6）天然气区域工作票制度。明确天然气区域或天然气系统作业需要执行工作票、操作票制度，要规范工作票办理、审批、许可及监护人责任，要对夜间作业、工作中断、工作延期等特殊情况管理进行明确。为提高工作效率，可以制定允许不使用工作票、操作票的作业清单。

（7）天然气设备标识制度。天然气调压站与前置模块属重点防火部位，应结合其危险性，对需要悬挂的警示标识、管道流向标识、温度压力限值标识等进行规定。

（8）天然气区域有限空间作业安全管理制度。要对有限空间作业安全责任、有限空间作业审批，有限空间作业现场安全管理，有限空间作业现场负责人、监护人员、作业人员、应急救援人员培训教育制度等进行规定。

（9）天然气区域准入制度。要明确进入压缩机房等封闭的天然气设施场所作业前应先检测有无天然气泄漏，在确定安全后方可进入。运行维护人员巡检天然气区域，必须穿着防止产生静电的工作服，使用防爆型的照明用具、工器具。严禁携带非防爆无线通信设备和电子产品。进入调压站前必须交出火种并释放静电，未经批准严禁在站内从事可能产生火花的操作。进入天然气区域的外来人员不得穿易产生静电的服装、带铁掌的鞋。机动车辆进入天然气区域，应装设阻火器。

三、编写岗位操作规程

燃气发电企业涉及天然气的操作是发电企业危险化学品管理中最重要的部分，必须编写规范的操作规程，作为管理人员、运行人员工作依据。规程至少包括系统运行、异常处理、应急处置、安全注意事项等内容：

（1）初始开车。要对系统置换、充压、气密方法及步骤进行规定。对点火前的置换、分析，火焰检测器的投用等点火应具备的条件进行规定。

（2）正常操作。规定工艺指标、检查的主要项目、调压操作步骤等。

（3）异常处理。要对点火不成功的置换处置，燃气压力低等的处置，火焰不稳定的处置，需要停机或紧急停机的条件，停机步骤，停机后处理等进行规定。

（4）临时操作。主要是为检修作业进行系统置换、隔断等需要完成的工艺处理。

（5）正常停车。对系统停运及停运后对系统的泄压、置换、隔断处理等进行规定。

（6）防护措施。要对区域内作业人员安全防护做出规定，运行维护人员进入天然气系统区域，必须穿着防止产生静电的工作服，不得穿易产生静电的服装、带铁掌的鞋，使用防爆型的照明用具、工器具和劳保防护用品。

（7）消防措施。应对天然气系统消防设施做出规定，天然气调压站内压缩机房、工艺区、站控楼、配电室等处均应配置专用消防器材，专业人员定期对站内消防器材校验和更换。

（8）应急处置。要对系统发生泄漏、着火等异常情况下的处理做出规定。

四、建立档案台账

（1）事故档案。企业要建立天然气事故档案，对发生的天然气事故、未遂事故进行全面分析并存档，档案内容包括事故经过、原因分析、事故处理、暴露的问题、采取的防范措施、措施效果分析等。

（2）压力容器档案。天然气压力容器档案内容包括原始技术资料、检修记录、检测记录、超压等异常记录、压力容器事故档案等。

（3）监测报警设备档案。包括监测报警设备型号、规格、数量、安装位置、投退、检定（校验）情况，设备发生故障、零部件更换等检修维护情况。

（4）培训档案。包括培训时间、地点、参加人、授课人、培训讲义（课件）、签到表、考试卷等。

（5）隐患排查治理台账，包括问题的发现人、发现时间、整改措施、整改责任人、验收单等。

五、开展岗前安全教育培训

天然气相关岗位人员上岗前必须全部接受天然气安全培训并考试，考试合格颁发上岗证并持证上岗。培训内容包括天然气性质、危害，相关法律法规、规范标准、制度，消防、应急、职业卫生保护措施等。

六、落实应急保障措施

燃气发电企业应配置志愿消防员。距离当地公安消防队（站）较远的企业可建立专职的消防队，根据规定和实际情况配备专职消防队员和消防设施，并符合国家标准和行业标准要求。

七、编写应急预案

燃气发电企业应编写应急预案并组织演练，预案应发放到岗位，确保能随时取得。配备必要的应急救援装备、药品。

八、开展危险化学品重大危险源辨识

不论燃气发电企业采取管道直接供应天然气，还是采用储罐供应模式，都应该开展危险化学品重大危险源辨识工作。即使天然气储量达不到重大危险源标准规定的临界量，也要通过辨识才能确定。

第三节　天然气使用安全管理日常工作

日常管理是做好燃气发电企业天然气安全管理的关键，重点要做好天然气区域准入管理、有限空间作业管理、监测报警装置管理、设备检维修安全管理、隐患排查、消防安全管理、事故应急管理等工作。

一、天然气区域准入管理

运行部门是天然气区域准入管理的直接责任部门，运行人员对准入检查登记等工作具体负责。运行人员负责及时发现和检查负责区域内是否有未履行手续进入该区域的人员。落实该职责可以结合巡检和视频监控等方式。如果发现违规进入本区域的人员应及时驱离并报告包括安全监督部门、保卫部门在内的相关部门。

运行人员日常负责对进入天然气调压站和前置模块等准入区域前的安全条件确认，人员或车辆进入天然气区域时防火防静电要求的落实，负责核对外来人员进入天然气区域的审批手续等。

二、有限空间作业管理

天然气区域要进行有限空间辨识，确定有限空间数量、位置、危害因素等基本情况，建立有限空间管理台账。有限空间作业日常管理要确保以下要求得到落实：

（1）天然气区域或系统有限空间作业要办理有限空间作业证，进行危害分析和环境安全条件评估，制定作业方案，经企业负责人批准后实施。

（2）有限空间作业点与天然气等其他可能危害作业环境的设备要可靠隔离。

（3）有限空间作业执行“先通风、再检测、后作业”的原则。

（4）有限空间作业使用照明、灯具符合规范要求。

（5）有限空间作业现场满足下列要求：

1）保持有限空间出入口畅通。

2）设置明显的安全警示标志和警示说明。

3）作业前清点作业人员和工器具。

4）作业人员与外部有可靠的通信联系。

5）监护人员不得离开作业现场，并时刻保持与作业人员有效联系。

（6）存在交叉作业时，采取避免互相伤害的措施。

三、监测报警装置管理

天然气装置装设监测报警装置，对发现天然气泄漏等风险具有重要作用，必须加强日常管理，保证监测报警装置完好投用。

（1）建立安全监控装备管理责任制，明确各级管理人员、运行人员、维护人员责任。

（2）每季度至少对监控设备进行一次检查、维护和效验。

（3）要建立安全监控设备档案，及时补充相关材料，并定期检查。档案内容包括：监控对象、监控点所在位置、监控方案、主要装备的名称、监控装备运行和维护记录、监控装备校验或计量检定记录、安全监控点、安全标志等。

四、设备检维修安全管理

设备检修是事故多发环节，天然气装置检修风险尤为突出，必须做好检修前安全准备，做好检修过程安全管控。

（1）检修前要制定“三措两案”，即组织措施、技术措施、安全措施、应急预案、施工方案。检修前要做好系统隔离、置换、分析检测工作，要做好现场安全风险交底、作业内容交底、安全措施交底、疏散路线交底。要做好安全条件确认。

（2）天然气调压站检修时，要落实以下安全措施：

1）停止一切动火工作。

2）检修部位设置明显的警示标志，设置警戒线。

3）严禁使用铁器等易产生火花的物体敲打燃气运行设备和管线。

4）停止可能引起静电火花的工作。

5）禁止启动非防爆开关。

6）保持各种设备整洁，不得用汽油等易燃品擦拭运行设备及部件。

7）严禁使用普通手电筒进行设备检查工作。

五、天然气区域隐患排查

（1）不同岗位人员的日常隐患排查。日常巡检是隐患排查最有效的形式之一，主要由运行人员完成，至少每 2h 巡检 1 次。日常巡检具有发现问题及时、检查人员对装置运行情况熟悉等特点。

专业人员每天至少对装置检查 2 次；主任（副主任）每天至少对天然气装置检查 1 次；实行点检制的企业，点检员要按规定进行点检，点检频次不少于关键设备的点检频次。

（2）使用单位的日常隐患排查。由部门（车间）负责人组织，专业人员参加，每周至少检查 1 次。

（3）安全设施的隐患排查。安全设施检查内容必须列入日常巡检范围。

（4）不间断巡检。该方法最早由某国有大型石油天然气企业提出并实施，主要是要求现场始终有运行人员不断往复进行巡检，保证及时发现和处理安全隐患。发电企业可以作为参考，结合企业定员确定是否执行。

（5）操作后检查。某发电企业规定，在每次天然气阀门操作后，要使用可燃气体监测报警器对阀门填料及法兰等处进行泄漏检测，对自动阀门填料及法兰每小时进行检测。

六、消防安全管理

消防安全日常工作主要是消防巡查和消防设施、器材维护检查。日常对消防设施、重点防火部位标识、消防通道、疏散通道、应急指示标识等进行检查，及时填写消防台账。

七、天然气事故应急管理

燃气发电企业应依据《生产经营单位安全生产事故应急预案编制导则》（GB/T 29639）和国家能源局《发电企业应急预案管理办法》（国能安全〔2014〕508 号）等相关要求，开展以下工作：

（1）建立天然气系统泄漏、着火、爆炸专项应急预案和现场处置方案。

（2）每年制定应急预案演练计划，定期开展应急预案演练工作。

（3）配备必要的应急救援装备、器材，并定期检查维护，保证完好可用。

（4）每年至少组织进行一次全厂范围的天然气系统应急预案演练。

八、天然气日常监测

稳定的、符合标准的天然气供应是燃气轮机稳定运行的保障，也能减少天然气系统安全风险。因此，必须加强天然气质量监测工作。天然气日常监测有两种途径：在线实时监测和抽样监测。在线实时监测由运行人员负责，通过 DCS 监控。抽样监测由化验室负责，通过仪器分析或化学分析完成。监测内容包括进厂天然气中机械杂质、水露点、烃露点、硫化氢含量等，必须符合《输气管道工程设计规范》（GB 50251）的规定。进入燃气轮机的天然气应满足制造厂家对气体的质量要求。

第四节　天然气使用安全管理定期工作

天然气系统安全管理定期工作可以理解为是对日常工作效果的检验和强化。本节中的定期工作包括开展合规性检查、压力容器检测、监测计量设备校验、管道检查、安全再培训、事故应急预案演练等。

一、开展合规性检查

天然气系统每年至少开展一次全面的合规性检查，以及时发现在日常管理中没有发现的安全风险。

（一）天然气质量及计量设施

在进厂天然气管道上设置气体质量监测取样设施，天然气总管和每台燃气轮机天然气进气管上设置天然气流量测量装置，并保证完好。

（二）调压站与调（增）压装置

要定期对调压站与调（增）压装置进行检查，确保符合规范要求。

（1）调压站应独立布置，应设计在不易被碰撞或不影响交通的位置，周边应根据实际情况设置围墙或护栏。

（2）调压站或调（增）压装置与其他建、构筑物的水平净距和调（增）压装置的安装高度应符合《城镇燃气设计规范》（GB 50028）的相关要求。

（3）设有调（增）压装置的专用建筑耐火等级不低于二级，且建筑物门、窗向外开启，顶部应采取通风措施。

（4）调（增）压装置的进出口管道和阀门的设置应符合《城镇燃气设计规范》（GB 50028）及《输气管道工程设计规范》（GB 50251）的相关要求。

（5）调（增）压装置前应设有过滤装置。

（三）天然气系统管道

对天然气系统管道进行检查，确保符合以下要求：

（1）天然气进、出调压站管道应设置关断阀，当站外管道采用阴极保护腐蚀控制措施时，其与站内管道应采用绝缘连接。

（2）天然气管道不得与空气管道固定相连。

（3）天然气管道宜采用支架敷设或直埋敷设，不应采用管沟敷设。架空敷设的天然气管道应有明显警示标志。地下天然气管道应设置转角桩、交叉桩和警示牌等永久性标志，不得从建筑物和大型构筑物（不包括架空的建筑物和大型构筑物）的下面穿越，与建筑物、构筑物或相邻管道之间的水平和垂直净距应符合《城镇燃气设计规范》（GB 50028）有关规定，且不得影响建（构）筑物和相邻管道基础的稳固性，与交流发电线路接地体的净距应不小于《城镇燃气设计规范》（GB 50028）有关规定。

（4）易受到车辆碰撞和破坏的管段，设置有警示牌，并采取保护措施。

（5）除必须用法兰连接部位外，天然气管道管段应采用焊接连接；连接管道的法兰连接处，应设金属跨接线（绝缘管道除外）。

（6）天然气管道保温油漆及防腐满足《火力发电厂保温油漆设计规程》（DL/T 5072）和《钢质管道及储罐腐蚀控制工程设计规范》（SY 0007）有关规定。

（7）地下天然气管道埋设的最小覆土厚度（路面至管顶）应符合《城镇燃气设计规范》（GB 50028）有关规定。

（8）机组天然气管道调压器采用自力式调节阀。

（四）天然气系统泄压和放空设施

对天然气系统泄压和放空设施要进行检查，确保符合以下要求：

（1）天然气系统中，两个同时关闭的关断阀之间的管道上，应安装自动放空阀及放散管。放空连接管尺寸和排放通流能力，应满足紧急情况下使管段尽快放空要求。

（2）严禁在放空竖管顶端设弯管。放空竖管应有稳管加固措施。天然气放空竖管应设阻火器。

（3）放空竖管底部弯管和相连接的水平放空引出管必须埋地。弯管前水平埋设的直管段必须进行锚固。

（4）管线穿越车行道时采用套管保护。机动车道下，地下燃气管道埋设的最小覆土厚度不小于 0.9m。

（5）改变走向的弯头、弯管曲率半径应大于或等于外径的 4 倍。

（6）在天然气系统中存在超压可能的承压设备，或与其直接相连的管道上，应设置安全阀。安全阀的选择和安装，应符合《安全阀安全技术监察规程》（TSG ZF001）和《城镇燃气设计规范》（GB 50028）的有关规定。

（7）天然气系统应设置用于气体置换的吹扫和取样接头及放散管等。放散管应设置在不致发生火灾危险的地方，放散管口应布置在室外，高度应比附近建（构）筑物高出 2m 以上，且总高度不应小于 10m。放散管口应处于接闪器的保护范围内。

（8）调压器进、出口联络管或总管上和增压机出口管上应安装安全阀。

（五）监测报警装置设置

对监测报警装置设置的完好性、投用情况、安装位置是否规范进行检查。

（1）可能有天然气泄漏的场所，应按《石油天然气工程可燃气体检测报警系统安全技术规范》（SY 6503）的规定安装、使用可燃气体在线检测报警器，检测器设置在泄漏源的上方。

（2）对于露天或半露天设备，检测点位于释放源的最小频率风向的上风侧时，检测点与释放源的距离不大于 15m。

（3）对于露天或半露天设备，检测点位于释放源的最小频率风向的下风侧时，检测点与释放源的距离不大于 5m。

（4）当释放源处于封闭或半封闭厂房内，每隔 15m 设置一台检测器，且检测器距任一释放源不大于 7.5m。

（5）厂房内最高点设置检测器，检测点距天花板不小于 30cm。

（6）设在爆炸危险场所的在线分析仪表间，设置检测器。

（7）燃气轮机有火焰监测装置，有自动点火装置和熄火保护装置。

（六）电气防爆

天然气系统要满足以下电气防爆条件：

（1）电气线路敷设在爆炸危险性较小的区域或距离释放源较远的位置，避开易受机械损伤、振动、腐蚀、粉尘积聚以及有危险温度的场所。当不能避开时，采取预防措施。

（2）爆炸性气体环境无 10kV 及以下架空线路跨越；架空线与爆炸性气体环境水平距离，不小于杆塔高度的 1.5 倍。

（3）设置电缆的通道、导管、管道或电缆沟，采取防止天然气从这一区域传播到另一个区域的措施，并且阻止天然气在电缆沟中聚集。

（4）导管和在特殊情况下的电缆（如存在压力差）应密封，防止天然气在导管或电缆护套内通过。

（5）危险和非危险场所之间墙壁上穿过电缆和导管的开孔，应充分密封。

（6）危险场所使用的电缆不应有中间接头。

（7）爆炸危险区域内的设施应采用防爆电器，其选型、安装和电气线路的布置应按《爆炸危险环境发电装置设计规范》(GB 50058)执行。

(8)天然气系统区域的设施应有可靠的防雷装置。防雷接地设施设计应符合《建筑物防雷设计规范》(GB 50057)及《石油天然气工程设计防火规范》(GB 50183)的有关规定。

(9)天然气系统区域应有防止静电荷产生和集聚的措施,并设有可靠的防静电接地装置。

(10)防静电接地设施设计应符合《化工企业静电接地设计规程》(HG/T 20675)的有关规定。

(七)消防

消防设施要定期进行合规性检查,消防设施要做定期试验。

(1)天然气调压站及前置模块要设有环形道路或消防通道。

(2)燃气发电企业厂区要采用 2.2m 高的实体围墙。

(3)室外天然气调压站要采用 1.5m 以上的围栅。

(4)天然气管线要采用架空或直埋敷设。

(5)天然气管道与道路距离不小于 1m。

(6)天然气系统区域应设有"严禁烟火"等醒目的防火标志和风险告知牌,消防通道的地面上应有明显的警示标识。

(7)天然气系统消防及安全设施设计应执行《火力发电站与变电所设计防火规范》(GB 50229)和《城镇燃气设计规范》(GB 50028)的有关规定。

(8)燃气电站天然气系统的设计和防火间距应符合《石油天然气工程设计防火规范》(GB 50183)的规定。

(八)应急处置

为保证紧急情况下应急措施能有效落实,要定期对天然气系统以下情况进行检查:

(1)为处理紧急情况,在危险场所外合适的地点或位置应有一种或多种措施对危险场所电气设备断电。

(2)为防止附加危险,必须连续运行的电气设备不包括在紧急断电电路中,而应安装在单独的电路上。

(3)厂内置换用氮气容量达到可能被置换气体的 2 倍。

二、压力容器检测

天然气系统的压力容器使用管理应按《特种设备安全监察条例》(国务院令第 549 号)的规定执行。要定期开展压力容器检验工作,重点要关注压力容器本体腐蚀及减薄情况,压力容器附件完好情况。

三、监测计量设备校验

(1)防雷装置每年应进行两次检测(其中在雷雨季节前应检测一次),接地电阻不应大于 10Ω。

(2)防静电接地装置每年检测不得少于一次。

(3)安全阀应做到启闭灵敏,每年委托有资质的检验机构至少校验一次。

（4）压力表等其他安全附件应按其规定的检验周期定期进行校验。

（5）压力容器使用管理应按《中华人民共和国特种设备安全法》执行。

四、管道检查

要定期对天然气管道进行巡查，包括管道安全保护距离内有无影响管道安全情况、管道沿线渗漏情况、天然气管道和附件完整性检查等内容。对管道防腐涂层和设置的阴极保护系统进行检查。检查、维护周期和方法，应符合《城镇燃气埋地钢质管道腐蚀控制技术规程》（CJJ 95）有关规定的要求。

钢制管道埋设 20 年后，应对其进行评估，确定继续使用年限，制定检测周期，并应加强巡视和泄漏检查。

应根据天然气系统运行情况对燃气阀门定期进行启闭操作和维护保养。

五、安全培训

随着燃气轮机发电项目的不断增加，国家及能源部门对发电企业天然气管理逐步规范，企业要不断开展天然气安全培训，每年至少要对涉及天然气作业的人员进行一次危险化学品安全再培训。各企业要根据地方政府要求和企业实际情况，制定安全再培训制度或标准，明确培训时间、培训内容、培训周期。一般再培训应包括以下内容：

（一）天然气专业知识培训

天然气相关岗位人员都应每年接受安全培训。培训内容包括天然气危害特性、存在范围、使用注意事项、事故案例等。

相关岗位包括直接进行天然气操作人员，如燃气轮机操作人员。可能接触天然气的人员，比如燃气设备检修时，如果置换不彻底，检修人员可能接触天然气。虽然不接触天然气，但在天然气设备附近作业人员，比如在燃气轮机厂房保洁人员，一旦发生天然气泄漏，应具备规避风险的能力。

天然气专业知识培训应明确培训时间、培训内容并进行考试。

目前国家没有对发电企业危险化学品再培训时间和内容做出明确规定，如果地方政府主管部门有明确规定，按照地方政府规定执行。如果没有明确规定，企业要结合企业特点和不同岗位可能造成的危险化学品风险，确定培训要求。

（二）天然气事故应急培训

应急是防范危险化学品事故的重要内容，应急培训是应急工作的中心工作之一。应急培训的关键是内容全面、重点突出。

内容全面包括应急预警、应急启动、应急演练、应急处置等，任何一个环节的纰漏，都可能影响应急效果。

重点突出是必须掌握应急技能，特别是天然气的特点、人员中毒急救、泄漏应急处置等。

（三）天然气安全设备设施培训

由于天然气的危险特性，涉及天然气的生产装置存在较多的安全消防设施，要定期组织培训，使职工牢固掌握原理、性能、使用方法，具备一般的故障处理能力。天然气装置涉及的消防设施包括喷水灭火系统、细水雾灭火系统、消防报警控制器、火灾自动报警装置等。也要学习阻火器、防火帽、人体静电导除器等相关知识，也要对灭火方法、消防器材使用维护、报警等进行培训。

（四）有限空间作业安全培训

对从事有限空间作业的现场负责人、监护人员、作业人员、应急救援人员进行专项安全培训。培训包括下列内容：

（1）有限空间的定义及企业确定的有限空间清单。

（2）有限空间作业的危险有害因素和安全防范措施。

（3）有限空间作业的安全操作规程。

（4）检测仪器、劳动防护用品的正确使用。

（5）紧急情况下的应急处置措施。

六、定期开展天然气事故应急预案演练

燃气发电企业天然气风险较大，应急工作是控制事故损失，防止事故扩大的最后一道防线，开展事故应急预案演练是检验应急预案实用性和提高企业应急能力的重要途径之一，也是应急管理法律法规的具体要求。应急预案演练重点要做好以下工作：

（1）上一年年末应制定下一年应急预案演练计划，并按计划开展演练。演练后要进行演练总结和演练效果评估，根据评估结果完善预案。演练人员要全部参加演练总结，各部门都有人参加演练效果评估，演练策划和组织人员要参加演练效果评估。为提高演练效果，反映真实应急能力，原则上应急演练要提前设定演练场景，但不建议编制演练脚本。

（2）天然气事故专项应急预案每半年至少应进行 1 次演练，应急处置措施每年至少应进行 1 次演练，专项应急预案演练可以采取桌面推演形式或现场演练形式，应急处置措施一般应采取现场演练形式。通过演练不断完善应急预案，提高整体应急协调能力和个人应急技能。

（3）修订或完善后的应急预案应及时发放到相关岗位，告知每一名相关员工，并进行针对性培训。作废的应急预案要及时收缴或加印“作废”印章，防止发生误操作等情况。

（4）天然气装置应急演练的重点是天然气泄漏、天然气爆炸、天然气爆炸导致的人身伤害、天然气泄漏燃烧等情况。

七、其他定期工作

要建立与供气单位定期联系机制，及时协调解决影响安全生产的问题。

第十四章　发电企业实验室危险化学品安全管理

实验室（或化验室，下同）危险化学品虽然储存量及使用量不大，但种类多、危险性大，加强实验室危险化学品安全管理，是发电企业危险化学品安全管理的重点之一，是保障员工生命财产安全及保护环境的有力措施。

本章共分五节，重点介绍发电企业实验室危险化学品安全管理的范围、人员及制度、环境设施设备、购买及使用管理、存储及废弃化学品的处置和应急管理等。

第一节　管理范围、人员及制度

发电企业实验室涉及危险化学品通常包括爆炸品、压缩气体和液化气体、易燃液体、易燃固体、自燃物品和遇湿易燃物品、氧化剂和有机过氧化物、有毒品和腐蚀品、放射性同位素物品等，这些危险化学品具有毒害、腐蚀、爆炸、燃烧、助燃等性质，对人体、设施、环境具有较大的风险和危害。

实验室危险化学品安全管理范围包括人员、制度、设施设备以及危险化学品购买、使用、储存、运输、废弃处置和应急救援等方面。

通常发电企业实验室是指在生产经营、科学研究等过程中，使用化学品和仪器设备从事相关分析、检测和化验的分析室、化验室、检测室及其配套设施。实验室所属单位的主要负责人应对实验室安全管理工作全面负责，必须保证实验室危险化学品安全管理符合有关法律、法规和标准的要求。

实验室人员应具备危险化学品安全使用知识和危险化学品事故应急处置能力，熟悉实验室危险化学品安全管理制度和应急预案，掌握危险化学品特性和安全操作规程。人员上岗前应接受专业的危险化学品安全使用和危险化学品事故应急处置能力方面的培训，考核合格后方可上岗。

属于特种作业或特种设备作业的，作业人员应经培训考核，取得《特种作业操作证》或《特种设备作业人员证》，方可从事相应的作业或管理工作。

实验室应设专（兼）职安全员，安全员应具备基本的危险化学品管理专业知识和管理能力。外来实习和短期工作人员应事先接受危险化学品相关安全知识培训。

实验室应建立安全管理制度，至少应包括以下内容：

（1）岗位安全责任制。

（2）危险化学品购买、储存、运输、发放、使用和废弃的管理制度。

（3）爆炸性化学品、剧毒化学品、易制毒化学品和易制爆危险化学品的特殊管理制度。

（4）危险化学品安全使用的教育和培训制度。

（5）危险化学品事故隐患排查治理和应急管理制度。

（6）个体防护装备、消防器材的配备和使用制度。

（7）其他必要的安全管理制度。

除上述制度外，实验室应编制危险化学品实验过程和实验设备安全操作规程。

第二节　设施设备管理

实验室建筑设施及其他有关安全、消防、防护、疏散的要求，应符合《科学实验建筑设计规范》（JGJ 91）和《建筑设计防火规范》（GB 50016）的规定。实验工作区和办公休息区应隔开设置。实验室的门应向疏散方向开启且采用平开门，不应采用推拉门和卷帘门。疏散通道、安全出口等应保持通畅，禁止堆放杂物。有可燃气体产生的实验室不应设吊顶。危险化学品储存柜的设置，应避免阳光直晒及靠近暖气等热源，保持通风良好，不应贴邻实验台设置，也不应放置于地下室。

在使用气体的实验室，应设置通风机，宜配备氧气含量测报仪。在可能散发可燃气体、可燃蒸气的实验室，应配备防爆型电气设备，并应设置可燃气体测报仪，且与风机联锁。使用压缩气体的实验室，应配置气瓶柜或气瓶防倒链、防倒栅栏等设备。宜将气瓶设置在实验室外避雨通风的安全区域，同时使用后的残气（或尾气）应通过管路引至室外安全区域排放。实验室应在适当处设置应急喷淋器，在实验台附近应设置紧急洗眼器，在实验室内方便取用的地点设置急救箱或急救包，配备内容可根据实际需要参照《工业企业设计卫生标准》（GBZ1）的要求确定。应为作业人员配备符合《个体防护装备配备基本要求》（GB/T 29510）规定的个体防护装备。

实验室应根据《易燃易爆性商品储存养护技术条件》（GB 17914）、《腐蚀性商品储存养护技术条件》（GB 17915）和《毒害性商品储存养护技术条件》（GB 17916）中规定的易燃易爆化学品、腐蚀性化学品和毒害性化学品的灭火方法，针对实验室使用的化学品危险性质，在明显和便于取用的位置定位设置灭火器、灭火毯、砂箱、消防铲及其他必要消防器材。实验室用灭火器的类型和数量的配置应符合《建筑灭火器配置设计规范》（GB 50140）的规定。实验室应加强仪器设备的定期检查和维护保养，确保安全运行。压力容器、消防设施、检测仪表等要定期检测检验。

第三节　购买及使用管理

实验室所使用的危险化学品，应有符合《化学品安全技术说明书　内容和项目顺序》（GB/T 16483）规定的化学品安全技术说明书。化学品安全技术说明书应妥善保管，并保证实验室人员能方便获得。所用化学品应从具有合法资质的生产、经营单位购买危险化学品。购买剧毒化学品、爆炸性化学品、易制毒化学品和易制爆危险化学品的，应事先取得购买许可证。应科学分析危险实验用品采购需求，认真测算实验活动中危险化学品使用量，即用即采，尽量减小危险化学品的存放量。

危险化学品包装物上应有符合《化学品安全标签编写规定》（GB 15258）规定的化学品安全标签。当危险化学品由原包装物转移或分装到其他包装物内时，转移或分装后的包装物应及时重新粘贴标识。化学品安全标签脱落后，应确认后及时补上，如不能确认，则以废弃化学品处置。实验室应有明显的安全标识，标识应保持清晰、完整，包括：符合《化学品分类和危险性公示 通则》（GB 13690）规定的化学品危险性质的警示标签；符合《消防安全标志》（GB 13495）和《消防安全标志设置要求》（GB 15630）规定的消防安全标志；符合《安全标志及使用导则》（GB 2894）规定的禁止、警告、指令、提示等永久性安全标志。

危险化学品的发放应有专人负责，并根据实际需要的最低数量发放。领取时应填写危险化学品领用记录，包括名称，规格，数量，单位，购入、发放、退回的日期，经手人，结存数量和存放地点。剧毒化学品、爆炸性化学品、易制毒化学品和易制爆危险化学品应执行“双人收发”“双人记账”，即：必须确保两名专职保管员同时在场时，方可办理验收入库和领用出库手续，并由两名保管员同时在台账上签字。领用剧毒化学品、爆炸性化学品、易制毒化学品和易制爆危险化学品时，应按要求填写领用记录，详细记载领用用途，并执行“双人使用”，即：要求两名使用人员同时在场，方可领取；在使用过程中，也要求两名使用人员全程在场。领用时，要按照当日用量领取，如有剩余，应在当日退回，并详细记录退回物品的种类和数量。转移、运输剧毒化学品、爆炸性化学品、易制毒化学品和易制爆危险化学品时，应执行“双人运输”，即：在转移、运输时，要求必须两人全程在场。

实验室应有专人负责对送检样品进行管理，并对保存期内的样品实施监督。送检样品应有标签，样品在实验室的整个期间应保留该标签。标签上应标明：样品名称、浓度（纯度）、配制日期、有效日期、配制人姓名等必要信息。样品应存放在符合送检方要求的专用样品柜或样品间内。对于涉及危险化学品并具有较高危险性的实验操作，应事先进行风险评估，制定作业指导书。作业时，应落实各项安全防护措施，作业人员应针对危险化学品危险特性落实个体防护措施。凡使用浓酸的一切操作，都必须在室外或通风良好的室内通风柜内进行，如果室内没有通风柜，则须装强力通风设备。开启苛碱桶及溶解苛碱，均须戴橡胶手套、口罩和眼镜并使用专用工具。打碎大块苛碱时，可先用废布包住，以免细块飞出。配制热的浓碱液时，必须在通风良好的地点或通风柜内进行，溶解的速度要缓慢，并不断用木棒搅拌。

第四节 储存管理

储存是指实验室内少量保护、管理、储藏危险化学品的行为。危险化学品的储存可参照《常用危险化学品贮存通则》（GB 15603）执行。易燃易爆化学品、腐蚀性化学品、毒害性化学品的储存方式可分别参照《易燃易爆性商品储存养护技术条件》（GB 17914）、《腐蚀性商品储存养护技术条件》（GB 17915）和《毒害性商品储存养护技术条件》（GB 17916）执行。

对于易燃品、易燃液体，如丙酮、乙醚、甲醇、乙醇、苯、氢、乙炔、甲烷等，储存时应远离热源，见光易分解变质的试剂、溶液应装在棕色瓶中。具有强腐蚀性的危险化学品，如强酸、强碱、氟化氢、溴、酚等不能与氧化剂、易燃品、爆炸品储存在一起。需要低温储存的易燃易爆化学品应存放在专用防爆型冰箱内。腐蚀性化学品宜单独放在耐腐蚀材料制成的储存柜或容器中。爆炸性化学品和剧毒化学品应分别单独存放在专用储存柜中，并采取必要安全防范措施，防止丢失或者被盗。执行“双人双锁”，即：专用存储柜必须配备两把锁，两名专职保管员各持一把钥匙。开启存储柜时，必须两名保管员同时在场。发现爆炸性化学品和剧毒化学品丢失或者被盗的，应立即报告本单位主管部门和当地公安机关。其他危险化学品应储存在专用的通风型储存柜内。各类危险化学品不应与相禁忌的化学品混放。

气瓶应按《瓶装气体分类》（GB 16163）和《气瓶安全技术监察规程》（TSG R0006）中气体特性进行分类，并分区存放，对可燃性、氧化性的气体应分室存放。气瓶存放时应牢固、直立并固定，盖上瓶帽，套好防震圈。空瓶与重瓶应分区存放，并有分区标志。危险化学品包装不应泄漏、生锈和损坏，封口应严密，摆放要做到安全、牢固、整齐、合理。不应使用通常用于储存生活用品（如饮料）的容器盛放危险化学品。每间实验室内存放的除压缩气体和液化气体外的危险化学品总量不应超过 100L 或 100kg，其中易燃易爆性化学品的存放总量不应超过 50L 或 50kg，且单一包装容器不应大于 20L 或 20kg。每间实验室内存放的氧气和可燃气体不宜超过一瓶或两天的用量。其他气瓶的存放，应控制在最小需求量。

实验室应定期对储存的危险化学品进行检查，防止发生氧化变质、湿润剂（溶剂）蒸发、自燃或爆炸事故。对于过期、变质或需要销毁的爆炸品、剧毒化学品，应按照废弃化学品处置要求进行处置。属于特种设备的危险化学品容器，安全管理应按照特种设备的有关法律、行政法规执行。

第五节　废弃化学品的处置及应急管理

实验室应当按照《实验室废弃化学品收集技术规范》（GB/T 31190）要求，对废弃危险化学品实行分类收集和存放，做好包装和标识，定时、定点送往符合规定的暂存收集点。严格按照《废弃危险化学品污染环境防治办法》（国家环保总局令　第 27 号）和《危险废物转移联单管理办法》（国家环保总局令　第 5 号）的规定，委托有相关危险废物处置利用资质的单位处置。不得随意排放废气、废液、废渣，不得污染环境。对搬迁或废弃的实验室，要彻底清查废弃实验室存在的危险化学品，特别是易燃、易爆、有毒危险化学品，严格按照国家相关要求及时处理，消除各种安全隐患。应选择具有资质的施工单位对废弃实验室进行拆迁施工。

实验室应编制符合《生产经营单位生产安全事故应急预案编制导则》（GB/T 29639）要求的危险化学品事故专项应急预案和现场处置方案。实验室每年应至少组织全体人员进行一次应急预案演练，并做好演练记录。

第十五章　发电企业餐饮单位燃气安全管理

为了保障员工生活生产需要，很多发电企业均有企业自办的餐饮食堂。燃料来源方面，有的企业采用区域天然气管网提供的管道天然气，有的企业则是采用瓶装液化石油气。无论是采用管道天然气，还是瓶装液化石油气，均属于危险化学品。发电企业对于餐饮单位的燃气安全管理须作为企业大安全管理中的一部分，纳入企业危险化学品安全管理范畴。

本章共分四节，重点介绍发电企业餐饮单位燃气及使用安全管理要求、餐饮瓶装燃气及管道燃气安全管理、餐饮燃气安全防控与应急处置。

第一节　餐饮燃气及使用安全管理要求

燃气是指作为燃料使用并符合一定要求的气体燃料，通过燃烧释放出热量，供需求单位使用。一般地，发电企业餐饮单位是使用燃气的主要需求单位。发电企业应根据国家有关法律法规有关要求，落实餐饮服务单位管理的安全生产主体责任，保证使用瓶装液化石油气必须具备的安全条件，应按照安全生产、燃气、特种设备和消防等相关法律法规、标准的规定，建立液化石油气安全责任制和操作规程。

餐饮服务单位安全管理人员和燃气设备操作人员应具备必要的安全生产知识，熟悉有关的安全生产规章制度和安全操作规程，掌握燃气安全使用知识和安全操作技能。燃气系统的安装、改装、拆除作业应由取得燃气工程施工资质，或燃气燃烧器具安装、维修资质的单位承担，并应按照国家有关设计、施工及验收的相关规范和标准执行。

一、餐饮燃气安全管理

发电企业餐饮燃气安全管理工作应根据《中华人民共和国安全生产法》《中华人民共和国消防法》等相关规定要求，建立健全涉及燃气的使用、设施保护和燃气器具的安装、维修和使用，以及相关的管理活动的安全生产管理制度。相对于家用燃气，发电企业餐饮单位燃气的使用量大，也比较集中，安全使用要求更加严格。

（一）燃气安全管理

发电企业餐饮单位必须遵守法律法规，使用经法定检测机构检测符合燃气适配性要求的燃气用具，并保证在同一厨房内不使用两种燃气和火源。在装有燃气管道及设施的房间，不得作为卧室用，防止发生中毒事故。

灶台及其他燃气设施周围不准堆放废纸、垃圾、塑料品、干柴等易燃物品。应每月定期对天然气设施进行安全检查，用肥皂水检查室内天然气设备接口、开关等重点部位是否有漏气现象；定期对排烟装置进行清洁，以免烹饪时引燃发生火灾事故。

1. 管道燃气安全管理

（1）发电企业餐饮单位应制定燃气使用安全管理制度与操作规程，制定应急处置预案并组织演练。指定专人接受供气单位的安全用气知识培训，操作维护人员应熟悉管道燃气基本知识、操作方法和步骤，掌握燃气泄漏的应急处理措施。

（2）用气场所应按照消防法规的要求，配置消防器材，并定期检查维护。

（3）严禁自行改动燃气供气设施，若需对管道及设施进行维修、更新、改造、拆除的，应向供气单位提出申请。

（4）燃气管道及其设施上不得悬挂杂物，以防管道连接处泄漏。

（5）燃气专用胶管应每两年更换一次，胶管连接处应使用喉码锁紧；长度不应超过 2m，严禁穿墙越室；定期检查，发现胶管老化龟裂应及时更换。宜使用安全型燃气专用金属软管。

（6）日常使用前，用气设施（含燃具）操作人员应检查有无燃气泄漏，使用后应及时关闭流量表前总阀、用气设施（含燃具）阀门，并确保泄漏报警器工作正常。

（7）严禁用明火试验是否漏气，可采用肥皂水或检测仪器进行试漏。

（8）燃具发生故障后，应请具有燃气器具安装维修资质的单位进行维修，切勿自行更换维修。

（9）泄漏报警器属用户产权，用户应定期委托厂家或专业单位维护、检测。

2. 瓶装燃气安全管理

（1）发电企业餐饮单位应从取得燃气经营许可的合法企业购买液化石油气，并与之签订安全供气协议且索要购物凭证。

（2）使用在检验有效期内的合格钢瓶。在购买液化石油气时，应检查角阀处是否有检验牌，检验牌显示是否在有效期内，严禁使用超期未检钢瓶。15kg 钢瓶每 4 年检验一次，50kg 钢瓶每 3 年检验一次。

（3）更换钢瓶并连接减压器后，应在角阀、瓶口等连接部位上涂抹肥皂水进行试漏，反复测试无连续气泡出现后才可使用，平时还要注意经常检查是否漏气，确保安全用气。

（4）使用橡胶软管连接的应在 2 ～ 3 年更换一次橡胶软管，使用时用卡箍紧固，且长度控制在 1.2 ～ 2.0m 之间。若软管出现老化、腐蚀等问题，应立即进行更换。

（5）依据有关规定，安装合格、有效的燃气浓度检测报警及切断装置。

3. 严格操作管理

（1）发电企业餐饮单位操作人员在操作前必须熟悉掌握燃气流程、设施、报修及安全常识，掌握燃气灶具开关、控制操作等内容。

（2）在点火操作过程中，如果使用自动点火灶具，必须确认火点着后再离开，以免跑气。点火后需按箭头指示方向旋转开关旋钮调节火焰大小。一时未点着，要迅速关闭天然气炉灶开关。

人工点火时，首先必须确认其开关在关闭的位置上，遵守“先点火，后开气”的原则、一定要做到“火等气”，切忌在炉灶打不着火时，用火柴或燃烧的纸张辅助炉灶点火，即先放气，后点火。

（3）点火成功后应观察燃烧状况，如出现黄焰、离焰、跳火及冒黑烟等情况，请及时调节火焰和风门大小使火苗稳定，燃烧火焰呈蓝色锥体。

（4）点火正常使用时，人不要远离，以免沸汤溢出扑灭或被风灭火焰，造成燃气泄漏。使用完毕后，务必关好天然气炉灶上开关和天然气表后阀，做到“人走火熄”。

（5）要定期清理灶具上的火孔，以免发生堵塞。

此外，在点火时，还应开启门窗，保持通风，人不离火，且严禁火焰空烧。停止用气时应即刻关闭灶具阀门。在下班前，要对天然气灶开关、表后阀等设施进行全面仔细的检查。若长期停用天然气，请关闭全部燃气开关，同时关闭天然气表前阀门，确保安全。

若发现燃气泄漏，应开启门窗，关闭天然气开关，到户外拨打电话通知燃气公司。切记不可使用明火或明火验漏气点、开启燃气用具；不可触动电器开关（如开灯、关灯）；不可在室内使用座机电话或手机。

（二）安全管理责任制

（1）发电企业餐饮单位法定代表人或主要负责人，负责本单位安全管理工作。

（2）与承包、承租或受委托经营、管理的单位，应签订专门的安全管理协议，履行各自的安全管理职责。

（3）发电企业餐饮单位应配备液化石油气安全管理员，负责液化石油气设施设备的安全管理工作，人员发生变更，应对新人进行岗前培训，考核合格后方可上岗。

（4）安全管理员应接受单位的安全教育和燃气知识的专业培训，了解液化石油气安全使用的基本常识，知道钢瓶、瓶库、管线、灶具及附属设备的功能、作用及安全使用方法。

（5）发电企业餐饮单位所有工作人员有依法保障安全生产的责任，并应依法履行安全生产方面的义务。

（三）供气和运输单位的选择

（1）发电企业餐饮单位必须选择具备相应资质的单位，按照相关技术规范，对液化石油气供气系统进行设计和安装，对设施和设备进行维护、检修和检验。

（2）必须与取得燃气经营许可证的瓶装液化石油气供气企业签订安全供气协议及钢瓶管理协议，明确双方职责。

（3）必须使用经质量技术监督部门许可的检验机构定期检验合格的钢瓶。

（4）必须与具有燃气运输资质的企业签订钢瓶运输合同，明确各方安全管理的范围和责任。

二、燃气泄漏报警装置

（一）燃气报警器

由于燃气泄漏所引发的爆炸、中毒和火灾事故时有发生，这是燃气使用过程中的最大安全风险。使用燃气报警器是防范燃气泄漏的有效措施。

燃气报警器是用于检测气体泄漏的一种报警仪器，当环境中可燃或有毒气体泄漏且气体浓度达到爆炸或中毒报警器设置的临界点时，燃气报警器就会发出报警信号，以提醒现场人员采取安全措施。某些燃气报警器还可驱动排风、切断燃气，开启喷淋系统，从而防止发生爆炸、火灾、中毒事故。目前常用的燃气报警器有感烟、感温和可燃气体火灾报警器。餐饮企业使用煤气、液化石油气和天然气等燃料时，安装一个可燃气体报警器，当出现漏气或者着火时，报警器能够立即鸣笛报警、告之众人及时采取措施。

（二）报警器的安装使用

1. 安装位置

探测器应安装在气体易泄漏场所，具体位置应根据被检测气体相对于空气的密度决定。当被检测气体密度大于空气密度时，探测器应安装在距离地面 30 ～ 60cm 处，且传感器部位向上。当被检测气体密度小于空气密度时，探测器应安装在距离顶棚 30 ～ 60cm 处，且传感器部位向下。

为了正确使用探测器及防止探测器故障的发生，不应安装在以下位置：

（1）直接受蒸汽、油烟影响的地方。

（2）给气口、换气扇、房门等风量流动大的地方。

（3）水汽、水滴多的地方（相对湿度：≥ 90%RH）。

（4）温度在 -40℃以下或 55℃以上的地方。

（5）有强电磁场的地方。

2. 安装注意事项

（1）报警器探头主要是接触燃烧气体传感器的检测元件，由铂丝线圈上包氧化铝和黏合剂组成球状，其外表面附有铂、钯等稀有金属。因此，在安装时一定要小心，避免摔坏探头。

（2）报警器的安装高度一般应在 160 ～ 170cm，以便于维修人员进行日常维护。

（3）报警器是安全仪表，有声、光显示功能，应安装在工作人员易看到和易听到的地方，以便及时消除隐患。

（4）报警器的周围不能有对仪表工作有影响的强电磁场（如大功率电动机、变压器）。

（5）被测气体的密度不同，室内探头的安装位置也应不同。被测气体密度小于空气密度时，探头应安装在距屋顶 30cm 外，方向向下；反之，探头应安装在距地面 30cm 处，方向向上。

3. 使用注意事项

燃气报警器固定式安装一经就位，其位置就不易更改，具体应用时应考虑以下几点：

（1）清楚所要监测的装置有哪些可能泄漏点，分析它们的泄漏压力、方向等因素，确定探头位置分布图。

（2）根据所在场所的气流方向、风向等具体因素，判断当发生大量泄漏时，有毒气体的泄漏方向。

（3）根据泄漏气体的密度（大于或小于空气），结合空气流动趋势，综合成泄漏的立体流动趋势图，并在其流动的下游位置做出初始设点方案。

（4）研究泄漏点的泄漏状态是微漏还是喷射状。如果是微漏，则设点的位置就要靠近泄漏点一些。如果是喷射状泄漏，则要稍远离泄漏点。综合这些状况，拟订出最终设点方案。

（5）对于存在较大有毒气体泄漏的场所，根据有关规定每相距 10 ～ 20m 应设一个检测点。对于无人值班的小型且不连续运转的泵房，需要注意发生有毒气体泄漏的可能性，一般应在下风口安装一台检测器。

（6）对于有气体密度小于空气的介质泄漏的场所，应将检测器安装在泄漏点上方平面。

（7）对于气体密度大于空气的介质，应将检测器安装在低于泄漏点的下方平面上，并注意周围环境特点。对于容易积聚有毒气体的场所应特别注意安全监测点的设定。

（8）对于开放式有毒气体扩散逸出环境，如果缺乏良好的通风条件，也很容易使某个部位的空气中的有毒气体含量接近或达到爆炸下限浓度，这些都是不可忽视的安全监测点。

4. 报警处理

（1）因燃气泄漏引起探测器报警并使用自动切断装置动作时，应立即打开窗户进行通风，切勿开灯或打开任何电器开关。

（2）待探测器报警指示灯熄灭后，再查找确认燃气泄漏的原因，无法确认原因时应联络相关的燃气公司进行处理，并进行排除。

（3）确认探测器不再继续报警或燃气不再继续泄漏，按动手动开关打开自动切断装置恢复燃气。

（4）严禁随意触动燃气报警器的电源，以防探测器不能正常工作。

第二节　餐饮瓶装燃气安全管理

一、液化石油气钢瓶

1. 液化石油气钢瓶

液化石油气钢瓶由瓶体、瓶嘴、底座及护罩组成。底座焊在钢瓶底部，底座上有通气孔和排液孔，除便于钢瓶稳妥放置外，又可通风防潮。护罩焊在钢瓶顶部，对瓶嘴和瓶阀起保护作用。按照国家标准制造的钢瓶，从出厂之日起设计使用年限为 8 年，8 年后予以强制报废，且钢瓶的设计使用年限应压印在钢瓶的护罩上。

开关瓶阀时，转动手轮，手轮带动阀杆及连接片回转，连接片拨动阀芯沿阀体内部的行程螺钉上下移动，从而开启和关闭瓶阀。

角阀是钢瓶的主要附件，是钢瓶的进出口控制阀门，是连接减压器的必要装置。角阀装在钢瓶的最上部的护罩圈内，是控制气体的开关，同时也是调节流量的装置。

使用角阀应注意：每次用气结束后，要及时关闭角阀，角阀关紧即可，不可用力过大。要经常检查压紧螺母是否松动，若有松动应及时拧紧。如果压紧螺母的丝扣松出较多时，容易随手轮转动而松动，以致被钢瓶内的高压液化石油气的压力顶出，造成大量跑气甚至火灾事故。经常检查角阀的密封性能是否良好。检查方法是在密封处涂抹肥皂水，若有漏气会冒气泡。如出现角阀关闭不严、漏气等故障，应及时送液化石油气服务部门进行修理，切不可自行拆卸处理以免扩大事故。

减压器是液化石油气输气、减压的关键设备，安装在钢瓶角阀后，起到降压作用。它的作用是把钢瓶内的气态液化石油气从高压变为低压，供燃烧器具使用。减压器必须随时处于良好的工作状态，这样才能保证用户安全用气。减压器的上方有一黑色胶木盖，把盖打开，就能看到里面有一和木螺钉一样，能用螺丝刀调节的带横槽黑片，那就是调节母，它的作用是控制弹簧对膜片的作用力，从而控制气体液化石油气的出口压力。调节母对弹簧的压力是在产品出厂前用仪表仔细调试好的，以保证减压器的出口压力在 250 ～ 350mm H_2O（毫米水柱）范围内。

减压器使用应注意：减压器与钢瓶角阀的连接螺扣是反扣，安装时把减压器和角阀对正，一只手将减压器端平，然后用另一只手逆时针方向旋转减压器上的活动手轮。手感拧紧即可，不能用力过大，更不能用工具使劲拧，以免把减压器上的螺扣拧断或滑扣，造成漏气。每次更换钢瓶后，安装减压器时，都要检查减压器头上的胶圈是否完好，若有损坏，应立即更换。减压器安好后，使用前用肥皂水在接口处试漏，当证实不漏气时，再点火使用。严禁乱拧、乱拆减压器。若发现减压器有毛病，要到维修站去修理或更换。减压器上阀盖的呼吸孔不能堵塞，如果发现堵塞，要立即用针头或细铁丝捅透，但要注意不要捅坏减压器内膜片。减压器修理或更换零件后，必须进行校验，经检验合格后，方能继续使用。使用减压器时，要慢慢地打开角阀，通气后，再逐渐开大。不用气时，要及时关闭角阀。

2. 合格钢瓶的鉴别方法

鉴别钢瓶质量的方法如下：

（1）看标志。看铭牌标志和瓶体标志是否有国家认可的特检机构的驻厂监检标志“CS”钢印，是否附有国家认可的钢瓶检验中心定期检验合格的标志。

（2）验阀口。即将瓶体浸入水中，拧紧关闭手轮，观察阀口与阀杆是否泄漏，堵住阀口，缓慢开启阀杆至开启状态，观察阀杆处有无泄漏，若有，则气密不合格。

（3）闻气味。将瓶体与灶具连接，保持安全距离，处于燃烧状态，贴近瓶口处，闻一闻是否有较重的臭味，若有，则为漏气。

（4）查证件。主要是查看所充装液化石油气瓶的充装站是否有《燃气经营许可证》，其充装的工作人员是否持有上岗证件和工作证件。否则属非法经营，钢瓶充装质量不能保证。

二、瓶装燃气的运输管理

由于一些发电企业地处偏远地方，尤其是一些水电、风电、光伏电厂，餐饮单位无法方便使用管道燃气，只能选择瓶装液化石油气燃气。液化石油气属于易燃易爆化学物品，如果运输不当，发生爆炸火灾事故，不但造成车毁人亡，还会危害运输车辆附近的公共安全。

（一）基本要求

使用汽车从事瓶装液化气运输属于道路危险货物运输，依据《中华人民共和国道路输条例》和《道路危险货物运输管理规定》的规定，应向道路运输管理机构提出申请，取得道路运输许可。车况要达到一级标准，并办理相关的危险品运输许可证。未取得道路危险货物运输许可，擅自从事道路危险货物运输的，道路运输管理机构应当依据《中华人民共和国道路运输条例》《道路危险货物运输管理规定》实施处罚。

运输液化石油气钢瓶的单位（个人）必须到当地消防部门申办易燃易爆化学物品准运证，运输气瓶的车辆应配置危险品标志灯和标志牌，驾驶员和押运人员应接受消防监督部门培训，培训考试合格后领取安全培训证（有的地区称上岗证）。运输时，驾驶员应随身携带两证，车辆配置两标志，根据车型大小还应配带 1 ～ 2 具干粉灭火器。汽车进出液化气站应在排气管上安装防火帽（阻火器），防火帽可由车主配置，也可由液化气站配置。

（二）装车要求

装车时应做到五不装：一是漏气瓶不装；二是超重（超装）瓶不装；三是超期使用的气瓶不装；四是汽车超载不装；五是不混装其他货物，尤其不能混装氧气、氯气等氧化性物品。

装卸液化石油气钢瓶的场所应严禁烟火。装卸钢瓶应轻拿轻放，不得滚动、碰撞。钢瓶在车厢内应竖直码放一层为宜。容重 15kg 以下的钢瓶，不得超过两层码放，并应采取措施，码放稳固，严防途中车辆颠簸碰坏钢瓶及其角阀，泄漏气体。运输液化石油气钢瓶的汽车不得载人装物。超重、漏气以及没有橡胶护圈的钢瓶不得装车运输。

（三）运输要求

对于钢瓶的运输除了应该遵守一般机动车辆的安全法规，还应遵守燃气气瓶相关的安全运输规定。

1. 对车辆的要求

（1）必须符合运输危险化学品机动车辆的要求。

（2）必须办理危险化学品运输准运证和危险化学品运输驾驶证。

（3）车厢应固定并通风良好。

（4）随车应配备干粉灭火器。

2. 对钢瓶运输的要求

（1）在运输车辆上的钢瓶，应直立码放，且不得超过两层。运输 50kg 钢瓶应单层码放，并应固定良好，不应滚动、碰撞。

（2）钢瓶装卸不得摔砸、倒卧、拉拖。

（3）钢瓶运输车辆严禁携带其他易燃、易爆物品，人员严禁吸烟。

（4）运瓶车厢高度不得低于瓶高的 2/3。

3. 运输途中钢瓶泄漏的应急处理

（1）运瓶车在运输钢瓶途中，钢瓶发生泄漏，驾驶员或押运员发现后，应迅速选择适当地点停车。

（2）如果泄漏点较小，押运员或驾驶员可选择从上风向接近，找出泄漏钢瓶。

（3）若是钢瓶角阀未关紧，造成角阀泄漏，则应迅速关闭角阀，如果角阀失灵，可用丝堵堵漏。

（4）若是钢瓶角阀根部丝扣泄漏，则应选择安全线路，将钢瓶转移到空旷地点，放掉余气。

（5）若钢瓶大量泄漏，则应在停车后，迅速在瓶车周围划定警戒范围，在此范围内严禁一切火源，任何车辆和行人禁止入内。拨打火警电话。

（6）抢险人员赶到，穿好防护服，带维修工具进入运瓶车内找出漏气钢瓶判明漏气原因，进行处理。

（7）漏瓶处理完后，应等运瓶车附近的液化气的浓度降低到爆炸下限以下，方可起动车辆，撤销警戒。

（8）如果泄漏引起着火，应立即扑救灭火再进行处理。

三、瓶装燃气的储存管理与检查

（一）储存管理

液化石油气属易燃、易爆气体，餐饮场所储存管理人员应掌握液化气安全知识，遵守液化气管理规定。液化石油气钢瓶不得存放在住人房间、公共场所、地下室及半地下室内。钢瓶应严防高温和日光暴晒，其环境温度不得大于35℃。高层民用建筑内，严禁使用液化石油气钢瓶；使用液化石油气的应采用管道供气方式，使用液化石油气的房间或部位宜靠外墙设置。

当使用和备用液化石油气总质量超过100kg、钢瓶总数超过30瓶时应设置专用瓶库。专用钢瓶库建筑应符合《建筑设计防火规范》（GB 50016）和《石油天然气工程设计防火规范》（GB 50183）的相关规定。专用瓶库的选址应靠近使用位置，宜设在全年最小频率风向的上风向或侧风向，并选择地势平坦、不易积聚液化石油气的场所，不得设在暖气沟检查孔及任何地下构筑物上面。瓶库周围应划定禁火区域，设置明显的安全警示标志，并应配备相应数量的干粉灭火器。

瓶库内不得有地漏，且地面应平整，并高出室外地平。瓶库通风要良好，应在门或墙的下部安装百叶窗，通风口与室外大气连通，通风口下沿距室内地坪宜为0.2m以下。门窗向外开，但不得通向操作间及其他房间。瓶库应设置固定式可燃气体浓度报警装置、强制通风设施，并将浓度报警装置与通风设施联锁，避免液化石油气在泄漏后迅速积聚，从而造成威胁。瓶组式供气系统的总输气管道上还应设置紧急切断阀。瓶库内使用电气设备时应选用防爆型，开关应安装在瓶库外。管道穿过建筑物基础、墙体时，应敷设在套管中。管道系统中每对法兰之间都应做静电跨接，避免产生火花。钢瓶间内应配备8kg的干粉灭火器，数量不少于2个。

瓶库应专人负责管理，随时锁门，每天定时专人负责燃气测漏并填写记录。瓶库内钢瓶的储存数量不允许超量，钢瓶放置应整齐，戴好瓶帽。立放时，要妥善固定；横放时，头部朝同一方向。空瓶与实瓶应分开放置，并有明显标志。瓶库内不得堆放易燃、易爆物品，毒性气体钢瓶和瓶内气体相互接触能引起燃烧、爆炸、产生毒物的钢瓶，应分室存放，并在附近设置防毒用具或灭火器材。控制仓库内的最高温度、规定储存期限，并应避开放射线源。

（二）检验和检查

1. 日常检查

在使用液化石油气钢瓶前必须认真检查，有无泄漏，只有确认无泄漏时，方可启用。移动液化石油气钢瓶时要轻拿轻放，禁止摔、砸、碰、滚、撞击，以防钢瓶因机械损伤而降低强度。严禁将液化石油气钢瓶在烈日下暴晒、靠近明火或放在温度较高的地方。更不允许用明火烤或用开水烫液化石油气钢瓶。

在使用液化石油气钢瓶时必须直立放置钢瓶，绝对不能卧放，更不能倒置使用。卧放或倒置使用不仅容易损坏减压器，而且会发生事故。液化石油气钢瓶应放置在干燥、通风、无腐蚀的地方，不准放在潮湿的地方。液化石油气钢瓶应放在容易搬动的地方，以便于换气或发生事故时及时搬走。

日常使用液化石油气，应特别注意检查减压阀与角阀连接处上面的密封胶圈是否老化、脱落。一旦胶圈老化、脱落应马上更换，否则会发生气体外泄事故。当发现阀体漏气，应立即送去维修或更换。通常采用的方法是用肥皂水刷一刷软管、接口处、减压阀与胶管部位的连接，观察是否有气泡而确定有没有漏气。此外，还应经常检查胶管是否老化、龟裂或破损，防止漏气。胶管要选用液化石油气专用胶管，并用不锈钢夹把连接减压阀和灶具的两端锁紧。

2. 定期检验

液化石油气钢瓶在运输过程中不可避免地要发生碰撞，在使用过程中由于环境潮湿而生锈腐蚀，瓶阀因多次开启，密封圈磨损而发生泄漏，积存的残渣造成钢瓶内部腐蚀及渗氢造成瓶体材料鼓包等，加之液化石油气本身具有易燃、易爆、破坏力强等特点，所有这些因素都将影响钢瓶的安全使用，甚至酿成火灾或爆炸事故。因此，必须对液化石油气钢瓶进行定期检验，以便及时发现和消除事故隐患，保证钢瓶安全使用。

《液化石油气钢瓶定期检验与评定》（GB 8334）及《气瓶安全监察规定》对液化石油气钢瓶的检验周期规定如下：对在用的 YSP35.5 型钢瓶，自制造之日起，第一次至第三次检验周期均为四年，第四次检验有效期为三年；对在用的 YSP118 型钢瓶每三年检验一次。当钢瓶受到严重腐蚀损伤以及其他可能影响安全使用的缺陷时应提前进行检验。对使用期限超过 15 年的任何类型钢瓶，登记后不予检验，按报废处理。

四、瓶装燃气的安全使用

液化石油气为民用燃料，具有节能、清洁、使用方便等优点；但又具有易燃、易爆、破坏力强等特点。在使用中稍有不慎，即可导致事故的发生，危及人身和财产的安全。

1. 严禁使用超量充装钢瓶

为确保安全用气，各贮配站都严格控制钢瓶的充装量。例如，15kg 装钢瓶的充装误差，一般不超过 0.5kg。在常温下按规定质量充装时，液态液化石油气大约占钢瓶容积的 85%，留有约 15% 的气态空间。这时瓶内气、液共存，钢瓶所受的内压是液化石油气的饱和蒸气压，当温度升高时，内压只会缓慢上升。但是，随着温度的升高，液态体积膨胀，气态空间逐渐被液态挤占。当温度达到 60℃时，液态充满整个钢瓶。这样高的温度在正常使用情况下是不会出现的，因此钢瓶可以安全使用。但是，如果充装量超过规定，例如多充装 2 ～ 3kg，这时瓶内的气态空间很小或者全无，温度升高，液态体积膨胀。当钢瓶内完全充满液态时，由于液体近似不可压缩，其膨胀力就会直接作用于钢瓶。温度每升高 1℃，破坏力急剧上升 1.96 ～ 2.94MPa。这样很可能在温度不太高（比如只有 25 ～ 30℃）时，钢瓶内的压力就超过钢瓶的最大允许压力，引起钢瓶爆裂，造成严重事故。

2. 正确使用钢瓶与灶具

由于钢瓶是压力容器，里面装的是膨胀系数很大的高压物质，它所需要的温度是在正常使用环境温度下，靠钢瓶承液部分表面从外界大气中吸收的自然温度，也就是钢瓶的允许使用温度。如果超过了钢瓶的允许使用温度，液体受热膨胀，很快就会将钢瓶的容积全部充满，然后液体膨胀压急剧上升，超过钢瓶的实际承受压力后，就可能造成钢瓶爆炸。即使不发生爆炸，钢瓶也会因此受到腐蚀和损害，造成钢瓶局部受热面的抗拉强度降低。一旦某个局部的强度降低，在反复压力的冲击下，就会在产生裂缝，液化石油气通过裂缝流出，就可能造成火灾和爆炸事故。因此绝不允许在日光下暴晒钢瓶、更不能用开水浇烫钢瓶或用明火烘烤钢瓶。

使用钢瓶液化石油气时，厨房应有良好的通风条件。钢瓶的安放位置应便于进行开关操作和检查漏气。为防止钢瓶过热和瓶内的压力过高，钢瓶应远离热源，灶具与钢瓶应保持一定的距离（一般灶具与钢瓶的最外侧之间距离不得小于 1m），应保持灶具、减压阀、胶管等配件的清洁。

在使用时，钢瓶必须直立放置，绝不卧放或倒放。钢瓶里充装的是液体液气化石油气、而燃具使用的是气体液化石油气，也就是说，钢瓶里的液化石油气必须经过汽化后才能供燃具使用。液化石油气的汽化是靠钢瓶内上部的空间来完成的，如果把钢瓶卧放或倒置，瓶口部分会浸在液面以下，当打开钢瓶角阀后，未经汽化的液态液化石油气直接通过减压器（减压器失去作用）经胶管流向燃具。液体从燃具燃烧器喷嘴突然喷出后，立即被汽化，体积迅速膨胀为相当于液体体积的 250 倍，这远远超过了灶具本身的负荷。混合在空气中成为爆炸性的气体，一遇火源就会造成燃烧爆炸。

不能在没有通风设备的地下室使用液化石油气。因为一旦液体从钢瓶漏出，比空气重的液化石油气就会在低于室外地面的地下室内聚积，加之地下室通风状况不好，很容易形成爆炸性混合气体，一旦遇明火就会发生爆炸。在同一房间内，严禁液化石油气与其他火源同室使用。

3. 正确装卸和使用减压阀

减压阀是液化石油气减压、输气的关键性部件，只有随时处于完好状态，才能保证安全用气。减压阀和瓶阀之间是靠螺纹旋接的，每次换气都要装卸一次。拆卸减压阀之前，必须先把钢瓶的瓶阀关紧。否则，当减压阀卸开后，会有液化石油气从钢瓶喷出。

安装减压阀前，先要检查进气口密封圈是否变形或脱落，如果变形或脱落须更换新的。减压阀和瓶阀是以反扣连接的。安装时要一只手托平阀体，将手轮对准瓶阀出口丝扣，用一只手按反时针方向旋转手轮，直到减压阀不能左右摇动时为止。减压阀安装好后，要用肥皂水涂于接口处，如果没有气泡冒出，证明接口处不漏气，就可以点火使用了。减压阀壳上有一个小孔，为呼吸孔，它对减压阀的正常工作具有不可忽视的作用。这一小孔与减压阀膜片上腔相通，而与液化石油气却是隔绝的。当膜片上下运动时，膜片上方的空气就从呼吸孔进出。因此，无必要也绝对不能够堵死此孔。如果此孔被堵住，膜片上方向空气就无法正常出入，造成膜片上方憋压，膜片的动作会受到限制，减压阀将失去作用。

拆卸减压阀时，用一只手将它端平，另一只手顺时针方向旋转手轮。减压阀卸下后，应轻轻放在干燥、清洁的物品上，应防止进气口密封圈脱落。如需拆卸钢瓶角阀和减压阀零部件，应找专业人员维修，不可自行拆卸。

4. 漏气检查

使用燃气钢瓶前，要先检查是否漏气。瓶阀本身有毛病、减压阀手轮没有拧紧、密封圈脱落或损坏、胶管老化、烧损、开裂或连接太松、灶具转芯门密封不严等均会出现漏气，应重点对这些部位进行检漏检查。

首先应在瓶阀关闭的情况下检查阀口、压母周围有无漏气，如无漏气现象，接着应把瓶阀打开，检查其他各部位。如果均未发现漏气点，但室内液化石油的气味却很浓，应怀疑钢瓶瓶体是否漏气，检查的方法常用涂抹肥皂水，要特别注意检查瓶阀与瓶口处、环焊缝和上下两端易受腐蚀和易受机械损伤的部位。

严禁直接用明火去检漏，发生漏气应迅速报供气公司，请专业维修人员检修。

5. 安全用气

点火使用时，首先要做好准备工作。点火前应注意室内是否有液化石油气味，是否有漏气现象。点火的正确方法是“火等气”。在点火时，如果两次没有点着火的话，就要立即停止打火、关闭灶具开关和钢瓶角阀。在此过程中会有液化石油气外漏，要停 2min 以上等泄漏的气体散去，再重新按“火等气”的方法再尝试点火。点燃后，根据使用需要调节开关和风门，控制火焰的大小，正常火焰呈浅蓝色，无烟。

在使用液化气过程中，如果发现壶、锅被熏黑了，或者发现火灭了，火焰发红或发黄，这时候液化石油气和空气的比例可能不合适，需要调整风门，把风门调至正常，使火焰形成蓝色。一旦出现了着火事故要冷静处理。应用浸湿的毛巾立即把钢瓶角阀截门关上，并将钢瓶转移到室外空旷处防止爆炸。若出现漏气事故与减压阀损坏，这与胶管老化有直接原因，应该购买有资质的生产厂家生产的正规产品。一般减压阀使用期限为五年，胶管密封圈使用期限为三年。检查液化气部件有没有老化现象，只要有一点点老化现象就要赶紧更换新的部件。

使用液化石油气烧水、煮稀饭，有时会使水溢出将火焰浇灭。使用小火做饭时，风有时会将火焰吹灭，这时火虽灭了，液化石油却源源不断地从燃烧器的火孔中放出来，混入室内空气中，形成爆炸性混合气体，遇到明火就会立即爆炸成灾。使用液化石油烧水做饭时，必须有人看管。

如果室内闻到浓重的液化石油气气味，应立即警觉，这说明设备发生了漏气。首先打开门窗，加强室内外空气的对流，由于液化石油气比空气重，地面附近积存较多，可用笤帚扫地，将它们向室外驱散，以降低内空气中液化石油气的浓度。然后，立即查出漏气点，并进行适当处理，处理漏气前后，室内绝不能带进明火，也不能开关电器，以免引起爆炸。

6. 正确处置漏气失火

液化石油气漏气失火，应尽快进行扑救。遇到钢瓶与调压器连接部位等处着火或不慎将钢瓶碰倒而火势扩大时、要立即抓住钢瓶的护栏将钢瓶扶起，然后用混毛巾等盖在钢瓶护栏上，关闭钢瓶角阀，使火熄灭。或用“干粉灭火剂”向着火处迅速投撒，灭火后马上关闭钢瓶角阀，并向供气单位报修。切断气源是扑救火灾的关键。无论是胶管漏气失火还是瓶阀口漏气失火，只要沉着冷静，立即将瓶阀关闭，切断气源，火焰就会很快熄灭。如果瓶阀失灵，关闭不严，燃气灶具火焰不能熄灭时，要立即停止旋转钢瓶角阀，以免严重损坏角阀，造成火灾事故，可直接关闭灶具阀门，用湿毛巾、肥皂、黄泥等临时将漏气处堵住，把钢瓶立即移到空旷安全的地方，使钢瓶离开火灾现场，不至于受热发生爆炸，并迅速报供气单位维修。如果火灾大而使人无法接近钢瓶时，则可以用冷水降低温度，使钢瓶不致因火焰烧烤而发生压力猛增，导致爆炸。与此同时，应立即通知消防部门进行扑救。在有条件的地方，应先用灭火器进行救火，使用干粉灭火机效果最佳。火灾现场附近存在其他钢瓶时，应立即挪到远处，防止被烧烤而爆裂。

7. 加强设备设施维护

要使液化石油气保持完好状态，就应该经常进行必要维护。钢瓶的旋转位置应保持干燥。钢瓶及减压阀上的油垢，要用软布擦拭，千万不可使用利器刮污。擦拭减压阀时要特别注意不要把呼吸孔堵住。如果呼吸孔被泥垢堵塞，可用细铁丝将泥垢轻轻地挑出来，不能用粗铁丝往里捅。经常搬动钢瓶，会使固定护罩的螺栓松动，应该随时用扳手将它们拧紧，防止丢失。

第三节　餐饮管道燃气安全管理

随着天然气管网的建设，国内越来越多的地方开始使用管道天然气，特别是大城市、城镇区基本完全使用管道天然气。发电企业餐饮单位能够使用管道天然气的，已基本改造升级使用管道天然气作为餐饮燃气。

（一）管道燃气的安全使用

管道燃气使用方便，但使用不当或管理不力仍可能会造成严重的后果。使用天然气的房间内，严禁同时使用其他燃气，避免造成混乱，引发燃气事故。

（1）管道燃气完全燃烧时，需消耗的空气量是该气体的 5 ～ 10 倍，采用管道天然气时，必须保证用气场所四季都要保持排气通风。

（2）燃气灶在使用的时候，应有人看管，防止溢出物熄灭火焰或有风流熄灭火焰，进而造成燃气大量泄漏，引发爆炸。

（3）经常用肥皂水检查各种燃气灶具及燃气表各连接点，查看是否存在泄漏。

（4）天然气和液化石油气在燃烧时需要的空气量是不同的。如果供气过小会造成燃气的燃烧不完全，燃气浪费的同时还会产生 CO 造成人员煤气中毒；如果供气过大极易使火焰熄灭，燃气泄漏，同样非常可怕。所以严禁使用不适配天然气的燃气灶具。

（5）连接旋塞阀与燃具的软管应使用燃气专用软管，胶管应完全充分套入接头，并用卡箍紧固，不能用其他金属丝代替卡箍。燃气专用胶管为耐油胶管，一般安全使用期为 18 个月，过期会老化或漏气，过期的胶管一定要更换。橡胶软管的长度不应超过 2m，如果胶管太长，气体压力会降低，火会点不着，还容易脱落。胶管不可穿越墙、门和窗，中间不能有接头。否则、胶管所承受的压力不均等，容易造成泄漏。不要压、折胶管，以免造成堵塞，影响连续供气。现在有一种金属的燃气用软胶管，不易受折受挤压，也不易被老鼠咬破，是个不错的选择。

（6）胶管应低于燃气灶具的上表面，以防止被炉火灼烤，引发火灾。每次使用完毕关闭燃具开关和旋塞阀，每次使用前必须确认其开关在关闭的位置上，才可点火用气。长时间外出请关闭入户燃气总阀。

（二）管道燃气的隐患排查

燃气管道在运行的过程中会受到外界因素的破坏，这些破坏主要来自于人为方面和自然环境方面。

1. 人为方面

使用不当或误操作造成泄漏事故。由于用户对燃气具不懂或不熟悉操作要方法，误操作形成燃气泄漏；火灾用户使用燃气具时不专心，开启燃气具后缺乏监护，风力或其他外力将火焰扑灭，造成燃气泄漏；此外还存在用户购置的燃气具不合格，或重使用轻保养，或保养不得当而引发燃气泄漏。当用户发现燃气泄漏时，处理不及时或处理方法不得当，也会导致火爆或伤亡事故。燃气胶管被老鼠咬穿而造成的燃气泄漏的事故也屡屡发生。

2. 自然方面

在自然环境中，腐蚀是燃气管道使用过程中常见的一种缺陷。这是由于金属管道受到与其他介质接触产生电化学变化而引起的，管道腐蚀的部位可能是内壁也可能是外壁。内壁腐蚀是由于输送的燃气中含有 H_2S、CO_2、氧、硫化物或其他腐蚀性化合物直接和金属发生反应引起化学腐蚀；而外壁腐蚀是由于防腐层不严密或遭到外力破坏，土壤中化合物或外界具有腐蚀性的化学物质渗透与金属管道相互作用而引发电化学反应，造成管道腐蚀。正是这种内外夹击性的腐蚀，使燃气管道壁厚减薄或局部穿孔，导致燃气泄漏也时常发生。

第四节　餐饮燃气安全防控与应急处置

餐饮单位燃气泄漏是安全使用中的最大风险，发电企业应加强对餐饮场所燃气的隐患排查治理，早发现早处理，定期更换易损件等。

一、燃气泄漏的检查与处理

餐饮场所中使用的气体主要有两种：天然气和液化气。如果这两种气体在使用过程中发生泄漏，由于两种燃气的成分、特性不同，一旦发生跑、漏气等意外情况，采取的措施也不一样。

一般地，导致餐饮燃气泄漏的原因主要有以下几个方面：

（1）连接灶具的胶管老化龟裂，或胶管两端松动脱落。

（2）点火不成功的情况下，未燃烧的燃气直接泄出。

（3）使用燃气时发生沸汤、沸水浇灭炉火或风吹灭炉火的情况，导致燃气泄漏。

（4）关火时，灶具阀门未关严而发生漏气。

（5）管道腐蚀或是煤气表、阀门、接口损坏导致漏气。

（6）燃气灶具漏气。当然，也不排除由于其他原因产生泄漏部位的可能。

对于燃气设施是否存在漏气问题，可以使用肥皂水刷试等方法来检查。用肥皂水涂在管道接口处，如果有漏气，就会有气泡不断出现，说明此处有漏气现象，这时应及时关闭燃气的总阀门，通知燃气公司专业人员上门检查处理。在查找燃气是否漏气时，严禁用明火查漏。

一旦发现燃气泄漏，应立即关闭阀门，切断气源，迅速打开门窗通风换气，降低泄漏气体浓度，不要开启和关闭任何电气设备，也不可以在充满燃气的房间内拨打电话或手机，因为液化气的爆炸极限为 3% ～ 10%，如果液化气浓度达到这一范围，出现火花就可能造成爆炸。如果是拨打报修电话，要到远离漏气房间的户外，最坏的情况是出现燃气起火，马上用湿毛巾或者湿棉被扑灭，防止火势蔓延。

在使用燃气时要注意点火和关火。首先，在使用电子灶点火时，一定要确认火是否点着后再离开，以免跑气。对于人工点火灶来说，一定要做到“火等气”，即先划着火柴，将火苗放在灶头处，再打开灶具开关，千万不可先开气后划火。其次，使用燃气时还要注意关火环节。关火时一定要将燃气灶具的旋钮关到位，灶具的旋钮旋至竖直后，里面的弹簧会弹起，把气路关断。

液化石油气发生泄漏后危险性最大。由于液化石油气在钢瓶内是液态，流出后会体积会迅速扩大250倍。又因其具有密度大的特点，漏出后不是向上飘动而是沉向地面，聚积在低洼处，不易飘散且爆炸的极限低。所以，在杜绝一切火种、关闭钢瓶截门、打开门窗后，要用扫帚扇扫地面，将跑漏出的液化石油气体赶出室外，防止遇火种爆炸。

天然气泄漏时要杜绝明火。天然气很容易与空气混合，形成爆炸混合物，爆炸极限为5%～15%。天然气发生跑漏后，由于它比空气轻，会很快聚集在室内上部，此时首先要杜绝一切火种，迅速关闭管道截门，然后打开门窗，但千万不要开排风扇和油烟机，因为那样容易出现电打火而发生爆炸。最后要尽快通知燃气公司的服务人员前来处理，以便及时修复漏气处。

二、燃气中毒的防治措施

（一）燃气中毒

燃气中毒主要是指燃气、烟气及缺氧对人的危害。

天然气的主要成分为甲烷，同时还含有少量的乙烷、丁烷、戊烷、CO_2、CO、H_2S，其毒性随CO、H_2S含量的增加而增高。液化石油气的主要成分含有丙烷、丙烯、丁烷、丁烯，这些碳氢化合物均有较强的麻醉作用。如果空气中的液化石油气浓度很高，被人体吸收后，会使人昏迷、呕吐，严重时可使人窒息死亡。烟气中有害物主要有CO、CO_2等，其中危害人体最大的是CO。

（二）燃气中毒抢救措施

1. 中毒症状及分类

发生CO中毒后，中毒者最初感觉为头痛、头昏、恶心、呕吐、软弱无力，当他意识到中毒时，常挣扎下床开门、开窗，但一般仅有少数人能打开门，大部分病人迅速发生抽痉、昏迷，两颊、前胸皮肤及口唇呈樱桃红色，如救治不及时，可很快呼吸抑制而死亡。CO中毒依其吸入空气中所含CO的浓度、中毒时间的长短，常分三型：

（1）轻型：中毒时间短，血液中碳氧血红蛋白为10%～20%。表现为中毒的早期症状，头痛眩晕、心悸、恶心、呕吐、四肢无力，甚至出现短暂的昏厥，一般神志尚清醒，吸入新鲜空气，脱离中毒环境后，症状迅速消失，一般不留后遗症。

（2）中型：中毒时间稍长，血液中碳氧血红蛋白为30%～40%，在轻型症状的基础上，可出现虚脱或昏迷。皮肤和黏膜呈现煤气中毒特有的樱桃红色。如抢救及时，可迅速清醒，数天内完全恢复，一般无后遗症状。

（3）重型：发现时间过晚，吸入煤气过多，或在短时间内吸入高浓度的CO，血液碳氧血红蛋白浓度常在50%以上，病人呈现深度昏迷，各种反射消失，大小便失禁，四肢厥冷，血压下降，呼吸急促，会很快死亡。一般昏迷时间越长，预后越严重，常留有痴呆、记忆力和理解力减退、肢体瘫痪等后遗症。

2. 中毒急救

因CO的密度比空气略小，故浮于空气上层，救助者进入和撤离现场时，匍匐行动会更安全。进入室内时严禁携带明火，由于室内CO浓度过高，按响门铃、打开室内电灯产生的电火花均可引起爆炸。

当发现有人CO中毒后，救助者必须科学施救。进入室内后，应迅速打开所有通风的门窗，如能发现气体来源并能迅速排出的则应同时控制，如关闭燃气开关等。然后迅速将中毒者背出充满CO的房间，转移到空气畅通场所，但必须保持温暖，避免受冷。将中毒者平卧，解开其衣领及腰带以利其呼吸及顺畅。同时呼叫救护车，随时准备送往有高压氧舱的医院抢救。轻症患者离开有毒场所即可慢慢恢复。

在等待运送车辆的过程中，对于昏迷不醒的患者可将其头部偏向一侧，以防呕吐物吸入肺内导致窒息。为促其清醒可用针刺或指甲掐其人中穴，若其仍无呼吸则需立即口对口进行人工呼吸。

对CO中毒的患者实施人工呼吸的效果远远不如医院高压氧舱的治疗。研究表明，血中CO减半时间，在室内需200min，吸纯氧时需40min。故应用高压氧舱是治疗CO中毒最有效的方法。将病人放入2～2.5个大气压的高压氧舱内，经30～60min，血内碳氧血红蛋白可降至零，并可不发生心脏损害。中毒后36h再用高压氧舱治疗，则收效不大。及早进高压氧舱，可以减少神经、精神后遗症和降低病死率。高压氧还可引起血管收缩，减轻组织水肿、对防治肺水肿有利。

（三）加强通风排气

餐饮场所应注重通风排气。燃气房间的通风及排烟燃烧过程是一个消耗大量氧气，同时产生大量烟气的过程。当燃气管路及燃具漏气，或违章操作时，燃气就会排入室内，容易造成爆炸或中毒事故。因此，在使用燃具的房间里，必须进行良好的通风和排烟，即提供足够的新鲜空气，同时排除燃烧产物，这样才能保证人身安全和燃具的正常燃烧。

1. 通风方式

餐饮场所的通风按通风动力的方式不同可分为自然通风与机械通风。

（1）自然通风。在房间的开口处，由于室内外温度和室外风力的作用，总会有某个门窗或门窗某处的室内压力与室外压力不同，如果室内压力高于室外压力则空气从室内流向室外，此时，房间内其他门窗或门窗的其他部位的压力会低于室外压力，空气会在此处由室外流向室内，这样，就形成了室内外的空气自然循环，即自然通风。自然通风的动力主要来自于“热压”与“风压”，热压是由于室内外存在温度差，导致室内外空气密度不同；风压是由于室外空气流动产生的室内外压力差。这两种因素可单独作用也可同时作用，在自然通风中，没有消耗外加能量，因此是一种节能的通风方式，但有时自然通风不能满足通风要求，此时可采用机械通风。采用自然通风方式，需要在燃气的使用过程中开启适当的门窗面积，或在窗上安装风斗，并在门下部安装百叶窗，从而起到通风换气的作用。

（2）机械通风。机械通风是在房间内安装风机，依靠风机给室内外空气循环提供动力的通风方式。当燃气消耗量较大或燃烧产物较多，需要较大通风量时采用机械通风方式。

2. 排烟方式

排烟方式有自然排烟和机械排烟两种。自然排烟的过程中，燃气燃烧后产生高温烟气，即使热交换后，烟气温度仍然高于室内空气温度，因此烟气密度低于空气密度，具有向上运动的能量。烟气流经排烟筒向上流动时产生一种抽力，从而使冷空气进入燃具的燃烧室。这样就形成了烟气沿排烟筒上升而排出，空气则由自然抽力作用进入燃烧室。

机械排烟方式的特点是排烟效率高，速度高，可操控性强，安全可靠。目前常用的有换气扇和抽油烟机等产品。安装排烟系统的注意事项如下：

（1）为防止因风向变化而引起在风帽处倒风，烟囱或排烟筒的排气口应高于其所处建筑物或相邻建筑物。

（2）贯穿建筑物的排烟筒应高于建筑最高处或其周围 3m 建筑物的任何部位 600mm。水平烟管应有一定坡度，且应坡向燃具一边。

（3）防风罩上的垂直管段一般不小于 1200mm，从而保证排烟系统的排烟能力。

（4）位于室外的烟囱或排烟口应距建筑物外墙 500mm 以上，禁止紧靠墙壁，以防止风吹向墙壁时向烟囱内倒灌风。

（5）烟气导管需要插入建筑物烟囱中，插入深度不宜过大，且接口处应严密不漏气。

（6）排烟系统的有关部分应采用耐高温材料，若烟气管道要贯穿可燃性材质的墙壁或顶棚时，应采取必要的隔热措施，避免烟道过热而发生火灾。

3. 餐饮场所通风排气设施要求

（1）食品处理区应保持良好的通风，及时排除潮湿和污浊的空气。空气流向应由高清洁区流向低清洁区，防止食品、餐具、加工设备设施受到污染。

（2）烹饪场所应采用机械排风。产生油烟的设备上方应加设附有机械排风及油烟过滤的排气装置，过滤器应便于清洗和更换。

（3）产生大量蒸汽的设备上方应加设机械通风排气装置，宜分隔成小间，防止结露并做好凝结水的引泄。

（4）排气口应装有易清洗、耐腐蚀的可防止有害物侵入的网罩。

（5）就餐区应保持良好通风，及时排出有可能的燃气泄漏，做到防患于未然。

三、燃气火灾、爆炸事故的原因及防治措施

餐饮单位烹饪油品主要分为植物油和动物油，都属于可燃液（固）体，在锅内被加热到 450℃左右时，就会发生自燃，并能迅速蹿起数尺高的火焰。如果不了解消防常识，采取了错误的灭火方式，就会导致火焰外溅，引起火灾。

（一）引起燃气爆炸和火灾事故的原因

多数引起燃气爆炸和火灾事故都是因为使用者操作不当，主要原因有以下几种：

（1）对燃烧器的使用方法不明白或不熟悉，把燃气阀的旋转方向弄反，或开错阀门，造成燃气大量泄漏。

（2）使用燃具时不够专心，水壶或锅等器具内的水、粥等液体物质被烧开后溢出器具，火焰被浇灭，大量的燃气放散到室内。

（3）对燃烧器具只使用不保养，造成燃气阀门缺油、无油或锁紧螺母松动，引起漏气。

（4）漏气事故已发生，用户处理不当或处理不及时造成火灾或爆炸。

（5）对于使用液化石油气的用户，钢瓶使用时间较长，又没有定期检漏，致使发生锈蚀漏气而又不被发现造成事故：充装超量，即超过钢瓶体积的 85% 以上，此时瓶体如受外界因素作用，易发生破裂，以致液化气迅速泄漏扩散；残液不按规定处理，由于液化石油气残液易挥发，如擅自处理残液就容易造成火灾；减压阀上不紧或损坏，使燃具未点燃，高压气先着火，就容易发生爆炸事故；减压阀呼吸孔堵塞破坏减压特性，使高压气送出，腔管老化，接口处密封不严，使石油气泄漏出来；用户自己改装燃具，拆卸后密封不良或破坏了原来设计合理的部件，造成燃具漏气，等等。这些都是造成爆炸与火灾的隐患。

（二）火灾防治措施

1. 液化石油气火灾的扑救方法

液化石油气在使用过程中，不慎漏气发生火灾后，要沉着、冷静，尽快采取措施进行扑救。只要方法正确，果断及时，就很容易扑灭。反之，惊慌失措或抢救方法不当，本来不大的事故也会迅速扩大，造成重大损失和伤亡。一般地，火灾扑救方法有：

（1）徒手关闭角阀，切断气源灭火法。一般液化石油气用户漏气着火事故中，不管是减压器上不紧、密封圈丢失、减压器失灵，或胶管漏气造成的，只要立即将钢瓶角阀关闭，切断气源，火焰就会立即熄灭，这是一种扑救漏气火灾的最好方法。徒手关角阀，适用于火焰不大，着火时间很短的情况下进行，但动作要准，要快。一次关不紧时，手要迅速离开，然后再关第二次、第三次，这样反复几次就会把角阀关闭。要特别注意的是，不要转错了角阀的方向，有的用户在关闭角阀时，由于惊慌失措转错了方向，反而把角阀全部打开，使本来不大的火灾迅速扩大，酿成大祸。

（2）用湿布盖火（戴手套关角阀），关闭角阀灭火法。由于失火后处理不及时，火焰比较大，且着火时间较长，角阀太烫不能用手直接关角阀时，可用湿布或湿毛巾垫着去关闭角阀。其方法是，用两手捏住湿布的两角，把布抖开，从钢瓶护罩没有缺口的侧面，使下垂的湿布挡住人体，平盖在护罩上面，这样就可以把火挡到一边去。在盖布的同时，一手迅速抓住角阀手轮将角阀关闭，气源一断，火焰就会立即熄灭。

要注意不能用棉被之类体积太大太厚的东西去盖钢瓶，一是因棉被太厚盖上去后，手不容易抓住角阀手轮；二是容易将钢瓶弄倒，反而将火势扩大。

（3）干粉灭火器灭火法。钢瓶着火后，火焰比较大时，使用备有的干粉灭火器立即灭火。

（4）临时堵漏灭火法。如果角阀失灵不能关闭，可用肥皂或黄泥等临时把漏气处堵住，然后迅速将钢瓶移到室外空旷处，并通知供应站来处理，此时要杜绝周围一切火源。

2. 天然气火灾的扑灭方法

灭火的基本方法就是要破坏燃烧所必须同时具备的条件，即“有可燃物、助燃物和着火温度”，只要破坏其中一条即可奏效，发生天然气火灾爆炸紧急情况时，常用以下四种方法：

（1）隔离法。将火源处和周围的可燃物隔离或将可燃物移开，燃烧会因缺少可燃物而停止。如发现管道上有裂缝、气孔等而发生漏气时，管道上又没有阀门可以控制，可采取临时措施。例如用黏性较强的胶布缠扎在裂缝、气孔砂眼上，避免大量天然气泄漏造成火灾或爆炸。操作时要注意通风。临时处理好后，立即打电话报告燃气公司以便及时派人抢修。

（2）窒息法。阻止空气流入燃烧区或用不可燃物质冲淡空气，使燃烧物得不到足够的氧气而熄灭。

（3）冷却法。将灭火剂直接喷射到燃烧物上，使燃烧物的温度低于燃点而停止燃烧。

（4）抑制法。使灭火剂参与燃烧的联锁反应，使燃烧过程中产生的游离基消失，形成稳定分子或低活性的游离基，从而使燃烧反应停止。

当天然气管道、用气设备发生火灾或爆炸时，首先要用隔离法设法关断离事故现场最近的天然气管线上的阀门。例如，可以立即关断厨房内燃气表前的阀门以切断气源，如火势较大，可将该立管下三通闷头打开用湿布堵塞停气。当阀门附近有火焰时，可以用湿麻袋、湿棉衣、湿手巾等包着关阀门，这样可为迅速灭火创造有利条件。

火势小时，应当机立断，采用灭火器进行灭火；火势大时，应一边扑火，一边设法报告消防部门来扑救。向消防队报警时应说清楚着火单位名称、所在地区、街道的详细地址；说清楚什么东西着火，火势如何。还要说清楚是平房还是楼房；报警人要讲自己的姓名、工作单位和电话号码；报警后，要派人到路口迎接消防车，以免他们一时找不到地方。火扑灭后应注意预防燃气中毒，对燃气设施要认真检查，确认合格后方可恢复供气。

四、其他要求

餐饮场所燃气泄漏爆炸事故时有发生，教训十分深刻。2013 年，国务院安委会下发了《国务院安委会关于深入开展餐饮场所燃气安全专项治理的通知》，对使用天然气（含煤层气）、液化石油气和人工煤气等燃气的餐饮场所进行了专项治理，依据安全生产、公安消防以及燃气、餐饮行业等有关法律法规、标准规范的规定，对餐饮单位的燃气使用提出了更高要求，在此摘录部分要求供发电企业餐饮单位参考。

（1）凡存在以下情形的餐饮场所，一律依法取缔：

1）在地下、半地下空间违规使用燃气的。

2）相关证照不全的。

（2）凡达不到以下要求的餐饮场所，立即停业整改，整改合格后方可营业：

1）使用瓶装压缩天然气的，应当建立独立的瓶组气化站，站点防火间距应当不小于 18m。

2）使用液化石油气的，应当符合下列规定：

a. 存瓶总质量超过 100kg（折合 2 瓶 50kg 或 7 瓶以上 15kg 钢瓶）时，应当设置专用钢瓶间。存瓶总质量小于 420kg 时，钢瓶间可以设置在与用气建筑相邻的单层专用房间内。存瓶总质量大于 420kg 时，钢瓶间应当为与其他民用建筑间距不小于 10m 的独立建筑。

b. 钢瓶间高度应当不低于 2.2m，内部须加装可燃气体浓度报警装置，且不得有暖气沟、地漏及其他地下构筑物；外部应当设置明显的安全警示标志；应当使用防爆型照明等电气设备，电器开关设置在室外。

c. 气相瓶和气液两相瓶必须专瓶专用，使用和备用钢瓶应当分开放置或者用防火墙隔开。

d. 放置钢瓶、燃具和用户设备的房间内不得堆放易燃易爆物品和使用明火；同一房间内不得同时使用液化石油气和其他明火。

e. 液化石油气钢瓶减压器正常使用期限为 5 年，密封圈正常使用期限为 3 年，到期应当立即更换并记录。

f. 钢瓶供应多台液化石油气灶具的，应当采用硬管连接，并将用气设备固定。钢瓶与单台液化石油气灶具连接使用耐油橡胶软管的，应当用卡箍紧固，软管的长度控制在 1.2 ～ 2.0m 之间，且没有接口；橡胶软管应当每 2 年更换一次；若软管出现老化、腐蚀等问题，应当立即更换；软管不得穿越墙壁、窗户和门。

（3）瓶组气化站、燃气管道、用气设备、燃气监控设施及防雷防静电等应当符合《城镇燃气设计规范》。

（4）用气场所应当按照有关规定安装可燃气体浓度报警装置，配备干粉灭火器等消防器材。

（5）应当使用取得燃气经营许可证的供应企业提供的合格的燃气钢瓶，不得使用无警示标签、无充装标识、过期或者报废的钢瓶。

（6）严禁在液化石油气钢瓶中掺混二甲醚。

（7）应当建立健全并严格落实燃气作业安全生产管理制度、操作规程。

（8）从业人员经安全培训合格后，方可上岗；企业负责人、从业人员要定期参加安全教育培训，掌握燃气的危害性及防爆措施。

（9）应当定期进行燃气安全检查，并制定有针对性的应急预案或应急处置方案，保证从业和施救人员掌握相关应急内容。

（10）应当与液化石油气供应单位签订安全供气合同，每次购气后留存购气凭证，购气凭证应当准确记载钢瓶注册登记代码。

第十六章　发电企业检维修单位危险化学品安全管理

发电企业为保障设备的可靠稳定运行，会定期或不定期地开展检维修作业。检维修单位在作业过程中，不可避免地会接触或使用危险化学品，比如各类漆类、有机溶剂，以及氧气、乙炔等。检维修单位危险化学品安全管理是发电企业安全管理重要组成部分。

本章共分为四节，重点介绍发电企业检维修单位危险化学品种类及安全管理、风险防控、常用气瓶安全管理等。

第一节　检维修单位危险化学品种类及安全管理

检维修单位应严格落实安全责任，加强可燃物及易燃易爆危险化学品管理。所需使用的危险化学品按照实际需求通过正规渠道取得，重点做好乙炔等易燃易爆品，以及油漆、涂料等有毒有害材料在储存、使用、废弃处置等过程中的安全管控工作，发现安全隐患立即整改治理。在危险化学品储存、使用、废弃处置等各个环节均应建立相关台账，杜绝违规行为。

一、检维修单位危险化学品种类

发电企业检维修现场中，常用的危险化学品按用途可以分为：油漆类、涂料类、溶剂/清洗剂、胶类和作业用各类气瓶五种。

（1）油漆类：各类油漆等。

（2）涂料类：乳胶漆、防水涂料等。

（3）溶剂/清洗剂类：盐酸、酒精、松节水、天那水等。

（4）胶类：胶水、万能胶、白乳胶、大力胶、502胶、玻璃胶等。

（5）气瓶类：氧气瓶、乙炔气瓶等。

二、采购安全管理

危险化学品应按正常的采购程序进行采购，同时注意以下事项：

（1）按生产计划控制采购量，在一定的时间段内用多少采购多少，尽量少储存危险化学品。

（2）采购时应要求供应商提供安全技术资料，按危险化学品使用说明书的要求操作和使用。

（3）入库验收时，要检查危险化学品的包装材料是否完整，安全附件是否齐全，气瓶、桶和袋等是否严格密封，如发现有泄漏时，应立即换装符合要求的包装。

（4）危险化学品搬运时应轻拿轻放，避免碰撞、翻倒和损坏包装，严禁重抛、撞击等危险行为。

三、储存安全管理

根据化学性质、火灾危险性对危险化学品分类储存，性质相抵消或消防要求不同的危险化学品应分开储存。危险化学品在仓库储存时应设特定区域，在施工现场应有专房存放，其储存场地还应满足安全技术规范要求，氧气、乙炔等气瓶应远离明火等危险区域，并分类储存。

（一）仓库存储安全要求

（1）爆炸品、一级易燃物品、遇湿燃烧物品、剧毒品不应在露天场所及地下仓库堆放。

（2）放射性物质存储应有专用仓库。

（3）剧毒化学品应在专用仓库内单独存放，且双人收发、双人记账、双人双锁、双人运输、双人使用。

（4）危险化学品仓库、罐区、储存场所应根据危险品性质设置相应的防火、防爆、防腐、泄压、通风、调节温度、防潮、防雨等设施，并应配备通信报警装置。

（5）接触性腐蚀等有毒有害的场所应设置应急冲淋装置。

（6）仓库应配置防爆型风机，且照明灯具应符合防爆安全要求。

（7）危险化学品入库时，保管员应检查物品数量、外包装标识，并按规定登入管理台账。

（8）当采购新种类的危险化学品时，采购部门应向供应商索取《危险化学品安全技术说明书》，危险品仓库应张贴安全技术说明书。

（9）危险品仓库应实行人员进出登记，并有专人值班。

（10）危险品仓库应设置明显的安全警示标识。

（11）仓库进口处应放静电释放板。

（12）可燃材料及易燃易爆危险化学品进场后，可燃材料宜存放于库房内，如露天存放时，应分类成垛堆放，垛高不应超过 2m，单垛体积不应超过 50m^3，垛与垛之间的最小间距不应小于 2m，且采用不燃或难燃材料覆盖；易燃易爆危险品应分类专库储存，库房内通风良好，并设置严禁明火标志。

（二）露天储存要求

通常大多数检维修作业是在户外露天，如果危险化学品要放在户外，必须符合露天存放要求：

（1）做好防雨措施。用防水雨布包裹盛漏托盘，以防止雨水、防晒、防止虫鸟进入。

（2）固定的露天堆场，必须符合《建筑设计防火规范》（GB 50016）等有关规范的要求。

（3）遇水受潮，暴晒和尘土污染后可能引起爆炸、燃烧、分解变质的物品，不准长期露天存放。

（4）露天堆场应设垛座平台，其离地高度不低于 0.3m。

（5）堆垛之间应有不少于 3m 的通道。

（6）堆场四周设有排水明沟或暗沟，并有防护围栏。

（7）垛台的设置亦应遵循互相抵触、灭火方法不同而不能混存混放的原则。

四、运输安全管理

检维修单位由于作业的需要，作业地点会经常发生变动，作业所需要的危险化学品就需要进行转移、倒运等，在此环节中应注意以下方面：

（1）危险化学品的装卸应配备专用工具、装卸器具及电气设备，并应符合防火、防爆要求。

（2）装卸时严禁使用电磁起重机和链条、钢丝绳吊装。

（3）在搬运前，应确认存放危险化学品的容器处于完好的密封状态。在搬运中，应小心轻放，防止存放危险化学品的容器受到剧烈撞击、摩擦、跌落及倒置。

（4）夜间搬运应有足够亮度的安全照明。

（5）运输车辆排气管后应加设火花防护罩。

五、使用安全管理

（1）室内使用油漆及其有机溶剂、乙二胺或其他可燃、易燃易爆危险品的物资作业时，应保持良好通风，作业场所严禁明火，并应避免产生静电。

（2）施工产生的可燃、易燃建筑垃圾或涂料，应及时清理。

（3）有限空间作业严格按照规定执行。

（4）储装气体的罐瓶及其附件应合格、完好、有效，严禁使用减压器及其他附件缺损的氧气瓶，乙炔专用减压器、回火防止器及其他附件缺损的乙炔瓶严禁使用。

（5）气瓶运输、存放、使用时应保持直立状态，并采取防倾倒措施，乙炔瓶严禁横躺卧放，严禁碰撞、敲打、抛掷、滚动气瓶，气瓶应远离火源，距火源距离不应小于10m，并应采取避免高温和防止暴晒的措施，燃气储装瓶罐应设置防静电装置。

（6）气瓶应分类储存于通风良好的库房内，空瓶和实瓶同库存放时，应分开放置，两者间距不应小于1.5m。

（7）气瓶使用时，应检查气瓶及气瓶附件的完好性，检查连接气路的气密性，并采取避免气体泄漏的措施，严禁使用已老化的橡胶气管。

（8）氧气瓶与乙炔瓶的工作间距不应小于5m，气瓶与明火作业点的距离不应小于10m。

（9）冬季使用气瓶，如气瓶的瓶阀、减压器等发生冻结，严禁用火烘烤或用铁器敲击瓶阀。

（10）氧气瓶内剩余气体的压力不应小于0.1MPa；气瓶使用后应及时归库。

（11）危险化学品在使用时，应由专人领用、管理和调配，油漆稀释剂如丙酮和乙醇等易燃物品使用和调配过程应在指定的区域进行，使用前应清理场地，远离火源，并保持足够的安全距离，操作人员穿合格防护用品，无关人员应远离施工作业现场。

六、废弃物处理

（1）危险化学品废弃物应由指定部门进行定点回收、保存、定期处理。

（2）应委托具备相关资质的企业处理废弃物品。

（3）泄漏或渗漏危险化学品的包装容器应迅速转移至安全区域，并妥善处理。

第二节　风险防控

检维修单位应强化现场作业的安全管控，制定事故防范措施，对可能发生危害的危险化学品作业场所，应设置报警装置，制定应急预案，配置现场急救用品、设备，并设置应急撤离通道。作业现场发生生产安全事故后，应迅速启动应急救援预案。对事故装置（设备）采取关闭、隔绝、堵漏、灭火等应急措施。发生危险化学品大量外泄事故或火灾事故现场应设警戒线。若泄漏有毒气体，应根据有毒气体性质、风向风力、扩散浓度建立隔离区、警戒线等。

危险化学品泄漏是检维修场所最常发生的事故，使用单位应做好相关预防措施。

（1）确保容器有自己合适的盖子并且密封好。

（2）定期检查容器有没有腐蚀、凸起、缺陷、凹痕和泄漏。把有缺陷的容器放在独立的二次包装桶或者泄漏应急桶里。

（3）确保容器和内容物相容。比如，不要把酸放在一般的铁桶里或把溶剂放在塑料桶里。

（4）准确标识废物容器。

（5）做好二次围堵防泄漏。原则是把有可能泄漏的油桶、化学品桶或其他容器采用二次包装，来控制可能发生的泄漏。需要确保二次围堵具有的盛漏容积至少是所有容器中最大容器体积的 110% 和最大容积两者比较之大值。通常做法如下：

1）所有的钢桶、铁桶、塑料桶、吨桶、千升桶或其他容器在长期的运输、使用过程中都有可能发生损坏，造成泄漏。需要防患于未然。把这些储存油品、化学品和危险化学品的桶或容器放在化学品防泄漏托盘。

2）如果需要储存装有油品的油桶或化学品桶、大型圆桶或其他容器，可以选择盛漏盆、盛漏槽、盛漏围堤等。

3）如果需要临时或经济性储存装有油品的油桶或化学品桶、IBC 桶或其他容器，为防止泄漏，可以采用盛漏衬垫。不需要使用斜坡，推车可以自由进出，可以折叠，不用时可以折叠放入工具架里，节省空间。

第三节　气瓶事故的风险防范和安全处置

发电企业检维修作业中，氧气瓶、乙炔瓶使用量大，容易发生火灾、气瓶爆炸等事故。本部分内容主要参照《气体焊接设备　焊接、切割和类似作业用橡胶软管》（GB/T 2550）、《溶解乙炔气瓶》（GB 11638）、《气瓶安全技术监察规程》（TSG R0006）、《焊接与切割安全》（GB 9448）等标准规程，重点介绍氧气瓶、乙炔瓶使用过程中应注意的安全风险防范及安全处置措施。

一、乙炔瓶使用注意事项

（1）乙炔瓶使用时必须稳固竖立或装在专用车（架）或固定装置上，严禁倒放地面上。《焊接与切割安全》（GB 9448）规定：气瓶在使用时必须稳固竖立或装在专用车（架）或固定装置上。乙炔瓶不直立使用，极易发生事故，主要原因是：

1）乙炔瓶装有填料和溶剂（丙酮），卧放使用时丙酮易随乙炔气流出，不仅增加丙酮的消耗量，还会降低燃烧温度而影响使用，同时会产生回火而引发乙炔瓶爆炸事故。

2）乙炔瓶卧放时，易滚动，乙炔瓶与乙炔瓶，乙炔瓶与其他物体易受到撞击，形成激发能源，导致乙炔瓶事故的发生。

3）乙炔瓶配有防震圈，其目的是防止在装卸、运输、使用中互相碰撞，防震圈是绝缘材料，卧放即等于乙炔瓶放在电绝缘体上，致使乙炔瓶上产生的静电不能向大地扩散，聚集在瓶体上，易产生静电火花，当有乙炔泄漏时，极易造成燃烧和爆炸事故。

4）使用时乙炔瓶瓶阀上装有减压器、阻火器，连接有胶管，因卧放滚动，易损坏减压器、阻火器或拉脱胶管，造成乙炔向外泄放，造成燃烧爆炸。

（2）乙炔瓶在使用时必须装设专用减压器、回火防止器，工作前必须检查是否好用，否则禁止使用；开启时，操作者应站在阀门的侧后方，动作要轻缓，要留有余压，不能用尽。《气瓶安全技术监察规程》（TSG R0006）规定：在可能造成气体回流的使用场合，设备上应当配置防止倒灌的装置，如止回阀、缓冲罐等。乙炔瓶在使用过程中必须安装有减压阀、阻火器，不能用尽，要留有余压，主要原因是：

1）乙炔化学性质不稳定，易发生分解反应，稍微给予能量（如撞击和振动）就会引发分解爆炸。即使在没有氧气或空气等助燃物的情况下，纯乙炔加压到 0.2MPa 以上也会发生爆炸。稍微混有一点空气，达到一定温度也会爆炸，所以乙炔瓶的排气口一定要有减压阀，防止空气混入瓶中，否则下次使用就有爆炸危险。加上减压阀，就是乙炔瓶、氢气瓶等可燃性气瓶里面的气体不能用光，也是这个道理。

2）乙炔瓶内气体用尽，乙炔瓶内压力与大气压力平衡，空气很容易混入乙炔瓶内，形成乙炔与空气的混合气。乙炔的爆炸极限为 2.3% ～ 100%（体积分数），当混有空气的乙炔瓶送去充气，高压乙炔与乙炔瓶内空气混合极易爆炸。乙炔瓶内装有溶剂丙酮，随着瓶内乙炔压力降低，乙炔从乙炔瓶内带出的溶剂逐渐增加。如果乙炔用尽，则增大溶剂流失，会给充装、运输、储存、使用带来爆炸危险。

（3）乙炔瓶不能放在绝缘胶垫上使用。乙炔瓶地面放置可以随时导除静电荷。如果放置在绝缘胶垫上，静电无法导除，积聚到一定程度可能产生静电火花引发爆炸。

（4）乙炔瓶应装设 2 个压力表。乙炔瓶通常在进气端和出气端分别装设有压力表，主要是为了使用安全。进气端是高压表，测量瓶内气压，数值较大（0 ～ 4MPa）。出气端是低压表，测量割刀胶管压力，数值较小（0 ～ 0.25MPa）。使用时先打开乙炔瓶阀门两圈，再调减压阀，低压表调到 0.03MPa 左右就足以用于 1cm 厚度钢板切割了。

（5）乙炔瓶不得靠近热源和电气设备，夏季要有遮阳措施防止暴晒，与明火的距离要大于 10m（高空作业时是与垂直地面处的平行距离）。

乙炔瓶在气焊、气割作业时，应采用防晒措施，不允许暴晒，因为暴晒可导致乙炔瓶内压力升高，会导致乙炔瓶超压发生爆炸。

（6）瓶阀冻结时，严禁用火烘烤，可用 10℃以下温水解冻。

（7）工作地点频繁移动时，应装在专用小车上，乙炔瓶和氧气瓶应避免放在一起。

（8）严禁铜、银、汞等及其制品与乙炔接触，与乙炔接触的铜合金器具含铜量须得高于

70%。

（9）乙炔瓶内气体严禁用尽，必须留有不低于 0.05MPa 余压。

（10）乙炔瓶在使用、运输、储存时，环境温度不得超过 40℃。

（11）乙炔瓶使用时要注意固定，防止倾倒，严禁卧倒使用，对已卧倒的乙炔瓶，不准直接开气使用，使用前必须先立牢静止 15min 后，再接减压器使用。

（12）在用汽车、手推车运输乙炔瓶时，应轻装轻卸，严禁抛、滑、滚、碰。吊装搬运时，应使用专用夹具和防雨的运输车，严禁用起重机和手拉葫芦吊装搬运。

二、氧气瓶使用注意事项

氧气瓶使用过程中，应注意如下安全风险和注意事项：

（1）氧气瓶使用中必须采取防倾倒措施。氧气瓶卧放使用，一旦氧气瓶阀门掉落跑气，氧气瓶由于跑气的巨大反作用力，将向前冲或在地面打转，若附近有人，将会伤及人员。

（2）氧气瓶里的氧气，不能全部用完，必须留有 0.1MPa 剩余压力，严防乙炔倒灌引起爆炸。

（3）禁止用沾染油类的手和工具操作氧气瓶，以防引起爆炸。

（4）氧气瓶不能强烈碰撞。禁止采用抛、摔及其他容易引起撞击的方法进行装卸或搬运，严禁用起重机吊运。

（5）在开启瓶阀和减压器时，人要站在侧面；开启的速度要缓慢，防止有机材料零件温度过高或气流过快产生静电火花而造成燃烧。

（6）冬天，氧气瓶的减压器和管系发生冻结时，严禁用火烘烤或使用铁器一类的东西猛击氧气瓶，更不能猛拧减压表的调节螺钉，以防止氧气突然大量冲出，造成事故。

（7）禁止使用没有减压器的氧气瓶。

（8）氧气瓶、乙炔瓶不得靠近热源、电气设备、油脂及其他易燃物品。

（9）气瓶与明火的距离一般不得小于 10m。氧气瓶、乙炔瓶距离大于 5m。

（10）氧气瓶、乙炔瓶需定置摆放并且划线，使用黄线规格为 50mm。

三、气瓶使用过程中危险源辨识及防控措施

氧气瓶、乙炔瓶在各类气焊、切割等作业中，存在不同类型的安全风险点，针对不同的风险点，应采取相应的预控措施。本节汇总整理了氧气瓶、乙炔瓶一些常见风险点及预控措施，见表 16–1。

表 16–1　　危险点辨识及相应预控措施

危险点	防范类型	预控措施
气瓶直接受热	容器爆炸 火灾	（1）气瓶避免阳光暴晒，须远离明火或热源。 （2）氧气瓶着火时应迅速关闭阀门。 （3）乙炔瓶应储存在通风良好的库房里，必须直立放置；周围设立防火防爆标志，并配备干粉或二氧化碳灭火器，禁止使用四氯化碳灭火器。

续表

危险点	防范类型	预控措施
气瓶直接受热	容器爆炸 火灾	（4）乙炔瓶不能靠近热源和电气设备，防止暴晒，与明火距离不小于10m，严禁用火烘烤。搬运时的温度要保证在40℃以下，乙炔瓶表面温度不能超过40℃。 （5）使用乙炔瓶时必须装有减压阀和回火防止器，开启时操作者应站在阀门的侧后方，动作要轻缓，不要超过一圈半，一般情况宜开启3/4转
气瓶受剧烈震动或撞击	容器爆炸 火灾	（1）在运输、储存和使用过程中，避免气瓶剧烈震动和碰撞，防止脆裂爆炸，氧气瓶要有瓶帽和防震圈。 （2）禁止敲击和碰撞，气瓶使用时应采取可靠的防倾倒措施
放气过快产生静电火化		（1）氧气瓶不应放空，氧气瓶内必须留有0.1～0.2MPa表压余气。 （2）乙炔瓶剩余压力应符合：0～15℃时不低于0.1MPa；15～25℃时不低于0.2MPa。使用时乙炔工作压力禁止超过0.147MPa
气瓶超期未做检验	容器爆炸 火灾	（1）应按规定每3年定期进行技术检查，使用期满和送检未合格气瓶均不准使用。 （2）乙炔瓶的瓶阀、易熔塞等处用肥皂水检验。 （3）严禁使用明火检漏
气瓶中混入可燃气体	容器爆炸 火灾	（1）禁止把氧气瓶与乙炔瓶或其他可燃气瓶、可燃物同车运输。 （2）严禁滥用气瓶
氧气瓶黏附油脂		严禁粘有油脂的手套、棉纱或工具等同氧气瓶、瓶阀降压器及管路接触
乙炔气瓶的多孔性填料下沉形成净空间	火灾	乙炔瓶不能受剧烈震动和下墩，以免填料下沉形成空间
乙炔瓶卧放或大量使用乙炔时丙酮随同流出	容器爆炸 火灾	乙炔瓶搬运、装卸、使用时应直立放稳，严禁在地面上卧放并直接使用，一旦使用已卧放的乙炔瓶，必须直立后静置20min再连接乙炔减压器后使用
氧气、乙炔胶管制造质量不符合要求	火灾	（1）应使用正规厂家合格产品，胶管应具有足够的抗压强度和阻燃特性。 （2）在保存、运输和使用时必须注意维护，保持胶管清洁和不受损坏
由于磨损、重压硬伤，腐蚀或保管维护不善致使胶管老化，强度降低或漏气	火灾	新胶管在使用前，必须先把胶管内壁滑石粉吹除干净，防止割、焊炬的通道被堵塞，在使用中避免受外界挤压和机械损伤，不得与酸、碱、油类物质接触，不得将管身折叠
胶管里形成乙炔与氧气或乙炔与空气的混合气	火灾	氧气与乙炔胶管不得互相混用和代用，不得用氧气吹除乙炔管内的堵塞物，同时应随时检查和消除割、焊炬的漏气或堵塞等缺陷，防止在胶管内形成氧气与乙炔的混合气体

续表

危险点	防范类型	预控措施
产生回火	容器爆炸 火灾	气割操作需要巨大的氧气输出量，因此与氧气表高压端连接的氧气瓶阀门应全打开，以保证提供足够的流量和稳定压力，防止低压表虽已表示工作压力，但使用时压力突然下降，导致发生回火并可能倒燃进入氧气胶管而引起爆炸
气焊、气割作业烧伤或发生爆炸	容器爆炸 火灾 灼伤	（1）焊炬、割炬点火前应检查各连接处及胶带的严密性。 （2）严禁用氧气吹扫衣物，不得将点燃的焊炬、割炬作照明。 （3）气割时应有防止割件倾倒、坠落的措施。 （4）气瓶不得与带电体接触，气瓶内气体不得全部用尽。 （5）乙炔瓶应直立使用，氧气瓶、乙炔瓶的最小安全距离为5m

第四节　其他危险化学品作业安全管理

发电企业检维修作业中，除氧气、乙炔外，还涉及很多其他危险化学品，比如有机溶剂类、有毒有害类、易燃易爆类、剧毒类等危险化学品，也存在着较大的安全风险。一般地，应重视作业人员、作业用危险化学品、作业环境的安全管理并做好防范措施。

一、作业人员

（1）作业前应制定作业方案、安全措施和应急预案。

（2）在进行危险化学品作业时，应安排专人进行现场安全管理。

（3）作业人员应佩戴手套和相应的防毒口罩或面具，并穿防护服。在涉及易燃液体的操作中，作业人员应穿防静电工作服，不应穿钉鞋。

（4）作业人员不应将手机、打火机、电子物品等带入作业场所。

（5）接触有毒化学品的作业中不应饮食，不应用手擦嘴、脸、眼睛等。每次作业完毕，应及时洗净面部、手部，并用清水漱口。

（6）作业过程中作业人员不应擅离岗位。

（7）涂装作业后不应用含苯有机溶剂洗手。

二、作业用危险化学品

（1）作业部门应根据生产需要，根据有关规定领用危险化学品。

（2）应严格控制作业现场存放的危险化学品数量。

（3）作业现场的危险化学品存放应指定专人负责保管。

（4）对易燃易爆化学品应轻搬轻放，防止摩擦和撞击。

（5）每天工作结束时，应将未用（剩余）的危险化学品放入固定的存储场所或容器内带离作业场所，并妥善保管。

（6）当连续休息时，使用部门应将危险化学品封存。

三、作业环境

（1）易燃易爆化学品现场及附近不应使用无线电通信设备，不应动火作业。

（2）遇有大雨、大雪、大雾、6级以上风力等恶劣天气时，应停止作业。

（3）应确保危险化学品作业场所与其他作业场所和生活区分开，危险化学品作业场所不应住人。

（4）在剧毒危险化学品作业场所，应设置红色警示线。在一般危险化学品作业场所，应设置黄色警示线。警示线与使用有毒作业场所外缘的距离不应少于30cm。

（5）在有限空间作业时，应事先加强通风，并在进出口处设置“禁止明火”类字样的警示牌。

第十七章　发电企业危险废物安全管理

发电企业在电力生产运营中会产生一定量的固体废物，这些固体废物中有些是一般固体废物，有些是危险废物。发电企业是危险废物管理的责任主体，应将危险废物作为企业安全管理重点，依法建立规范的危险废物管理档案，加强危险废物在产生、收集、储存、转移、利用、处置环节的安全管理。

本章共分为五节，在固体废物的基础上，重点介绍发电企业危险废物种类及产生环节、危险废物管理责任、危险废物安全管理重点及危废库房的安全管理等。

第一节　危险废物概述

一、相关术语和定义

1. 固体废物

固体废物是指在生产、生活和其他活动中产生的丧失原有利用价值或者虽未丧失利用价值但被抛弃或者放弃的固态、半固态和置于容器中的气态的物品、物质以及法律、行政法规规定纳入固体废物管理的物品、物质。经无害化加工处理，并且符合强制性国家产品质量标准，不会危害公众健康和生态安全，或者根据固体废物鉴别标准和鉴别程序认定为不属于固体废物的除外。

一般地，可以把固体废物大致分为工业固体废物、生活垃圾、建筑垃圾、农业固体废物、危险废物等。

2. 一般工业固体废物

一般工业固体废物是指未被列入《国家危险废物名录》或者根据国家规定的 GB 5085 鉴别标准和 GB 5086 及 GB/T 15555 鉴别方法判定不具有危险特性的工业固体废物。

3. 危险废物

根据《中华人民共和国固体废物污染环境防治法》有关规定，国务院生态环境主管部门应当会同国务院有关部门制定国家危险废物名录，规定统一的危险废物鉴别标准、鉴别方法、识别标志和鉴别单位管理要求。国家危险废物名录应当动态调整。

根据《危险废物鉴别标准 通则》有关规定，危险废物是指列入国家危险废物名录或者根据国家规定的危险废物鉴别标准和鉴别方法认定的具有危险特性的固体废物。

因此，《国家危险废物名录》是判别哪些固体废物属于危险废物的重要依据。《国家危险废物名录》对危险废物的定义和鉴别进行了比较具体的规定，主要条款如下。

第二条规定：具有下列情形之一的固体废物（包括液态废物），列入本名录：

（1）具有腐蚀性、毒性、易燃性、反应性或者感染性等一种或者几种危险特性的；

（2）不排除具有危险特性，可能对环境或者人体健康造成有害影响，需要按照危险废物进行管理的。

第三条规定：列入本名录附录《危险废物豁免管理清单》中的危险废物，在所列的豁免环节，且满足相应的豁免条件时，可以按照豁免内容的规定实行豁免管理。

第四条规定：危险废物与其他物质混合后的固体废物，以及危险废物利用处置后的固体废物的属性判定，按照国家规定的危险废物鉴别标准执行。

第六条规定：对不明确是否具有危险特性的固体废物，应当按照国家规定的危险废物鉴别标准和鉴别方法予以认定。经鉴别具有危险特性的，属于危险废物，应当根据其主要有害成分和危险特性确定所属废物类别，并按代码“900-000-××”（××为危险废物类别代码）进行归类管理。经鉴别不具有危险特性的，不属于危险废物。

二、危险废物的性质和危害

1. 危险废物的性质

危险废物具有毒害性（含急性毒性、浸出毒性、潜伏毒性等，如含重金属）、爆炸性（如含硝酸铵、氮化铵等的废物）、易燃性（如废油和废有机溶剂）、腐蚀性（如废酸和废碱）、化学反应性（如含铬废物）、传染性（如医院临床废物）、放射性等一种或几种以上的危害特性，并以其特有的性质对环境产生污染、对生命产生危害。

2. 危险废物的危害

危险废物的危害较为深远和广泛，不但会破坏生态环境，影响人类健康，还会制约社会经济的可持续发展。

（1）破坏生态环境。随意排放、储存的危险废物在雨水、地下水的长期渗透、扩散作用下，会污染水体和土壤，降低地区的环境功能等级。

（2）影响人类健康。危险废物通过摄入、吸入、皮肤吸收、眼接触而引起毒害，或引起燃烧、爆炸等危险性事件；长期危害包括重复接触导致的长期中毒、致癌、致畸、致变等。

（3）制约可持续发展。危险废物不处理或不规范处理所带来的大气、水源、土壤等的污染也将会成为制约经济活动的瓶颈。

《中华人民共和国固体废物污染环境防治法》对危险废物污染环境的防治进行了规定。

三、危险废物的鉴别

危险废物的鉴别是一项严肃科学的事项，必须进行有依据地或具有权威性地进行鉴别。《危险废物鉴别标准 通则》规定了危险废物的鉴别程序和鉴别规则。

1. 危险废物鉴别程序

一般地，危险废物的鉴别应按照以下程序进行：

（1）依据法律规定和 GB 34330，判断待鉴别的物品、物质是否属于固体废物，不属于固体废物的，则不属于危险废物。

（2）经判断属于固体废物的，则首先依据《国家危险废物名录》鉴别。凡列入《国家危险废物名录》的固体废物，属于危险废物，不需要进行危险特性鉴别。

（3）未列入《国家危险废物名录》，但不排除具有腐蚀性、毒性、易燃性、反应性的固体废物，依据 GB 5085.1、GB 5085.2、GB 5085.3、GB 5085.4、GB 5085.5 和 GB 5085.6，以及 HJ 298 进行鉴别。凡具有腐蚀性、毒性、易燃性、反应性中一种或一种以上危险特性的固体废物，属于危险废物。

（4）对未列入《国家危险废物名录》且根据危险废物鉴别标准无法鉴别，但可能对人体健康或生态环境造成有害影响的固体废物，由国务院生态环境主管部门组织专家认定。

2. 危险废物混合后的判定规则

（1）具有毒性、感染性中一种或两种危险特性的危险废物与其他物质混合，导致危险特性扩散到其他物质中，混合后的固体废物属于危险废物。

（2）仅具有腐蚀性、易燃性、反应性中一种或一种以上危险特性的危险废物与其他物质混合，混合后的固体废物经鉴别不再具有危险特性的，不属于危险废物。

（3）危险废物与放射性废物混合，混合后的废物应按照放射性废物管理。

3. 危险废物利用处置后的判定规则

（1）仅具有腐蚀性、易燃性、反应性中一种或一种以上危险特性的危险废物利用过程和处置后产生的固体废物，经鉴别不再具有危险特性的，不属于危险废物。

（2）具有毒性危险特性的危险废物利用过程产生的固体废物，经鉴别不再具有危险特性的，不属于危险废物。除国家有关法规、标准另有规定的外，具有毒性危险特性的危险废物处置后产生的固体废物，仍属于危险废物。

（3）除国家有关法规、标准另有规定的外，具有感染性危险特性的危险废物利用处置后，仍属于危险废物。

四、《国家危险废物名录》

《国家危险废物名录》是根据《中华人民共和国固体废物污染环境防治法》的有关规定而制定一个明确危险废物的名录。发电企业在危险废物安全管理中，判别所产生的固体废物是否属于危险废物，最直接的鉴别依据就是《国家危险废物名录》。发电企业危险化学品从业人员应熟悉《国家危险废物名录》中的有关术语。《国家危险废物名录》（节选），见表 17–1。

表 17–1　　《国家危险废物名录》（节选）

废物类别	行业来源	废物代码	危　险　废　物	危险特性
HW08 废矿物油与含矿物油废物	非特定行业	900–203–08	使用淬火油进行表面硬化处理产生的废矿物油	T
		900–204–08	使用轧制油、冷却剂及酸进行金属轧制产生的废矿物油	T
		900–205–08	镀锡及焊锡回收工艺产生的废矿物油	T
		900–209–08	金属、塑料的定型和物理机械表面处理过程中产生的废石蜡和润滑油	T，I
		900–210–08	含油废水处理中隔油、气浮、沉淀等处理过程中产生的浮油、浮渣和污泥（不包括废水生化处理污泥）	T，I

续表

废物类别	行业来源	废物代码	危 险 废 物	危险特性
HW08 废矿物油与含矿物油废物	非特定行业	900-213-08	废矿物油再生净化过程中产生的沉淀残渣、过滤残渣、废过滤吸附介质	T，I
		900-214-08	车辆、轮船及其他机械维修过程中产生的废发动机润滑油、制动器油、自动变速器油、齿轮油等废润滑油	T，I
		900-215-08	废矿物油裂解再生过程中产生的裂解残渣	T，I
		900-216-08	使用防锈油进行铸件表面防锈处理过程中产生的废防锈油	T，I
		900-217-08	使用工业齿轮油进行机械设备润滑过程中产生的废润滑油	T，I
		900-218-08	液压设备维护、更换和拆解过程中产生的废液压油	T，I
		900-219-08	冷冻压缩设备维护、更换和拆解过程中产生的废冷冻机油	T，I
		900-220-08	变压器维护、更换和拆解过程中产生的废变压器油	T，I
		900-221-08	废燃料油及燃料油储存过程中产生的油泥	T，I
		900-249-08	其他生产、销售、使用过程中产生的废矿物油及沾染矿物油的废弃包装物	T，I

（1）废物类别：是在《控制危险废物越境转移及其处置巴塞尔公约》划定的类别基础上，结合我国实际情况对危险废物进行的分类。

（2）行业来源：是指危险废物的产生行业。

（3）废物代码：是指危险废物的唯一代码，为8位数字。其中，第1～3位为危险废物产生行业代码，依据《国民经济行业分类（GB/T 4754—2017）》确定；第4～6位为危险废物顺序代码；第7～8位为危险废物类别代码。

（4）危险特性：是指对生态环境和人体健康具有有害影响的毒性（Toxicity，T）、腐蚀性（Corrosivity，C）、易燃性（Ignitability，I）、反应性（Reactivity，R）和感染性（Infectivity，In）。

五、危险废物豁免管理

（一）危险废物豁免管理的意义

国家在危险废物管理中，基于有限的监管能力与复杂的废物性质之间的矛盾，采取危险废物豁免管理，以减少危险废物管理过程中的总体环境风险，提高危险废物环境管理效率。

《国家危险废物名录》第五条规定，列入名录附录《危险废物豁免管理清单》中的危险废物，在所列的豁免环节，且满足相应的豁免条件时，可以按照豁免内容的规定实行豁免管理。

需要特别注意的是,《危险废物豁免管理清单》仅豁免了危险废物特定环节的部分管理要求，并没有豁免其危险废物的属性，在豁免环节的前后环节，仍需按照危险废物进行管理，且在豁免环节内，可以豁免的内容也仅限于满足所列条件下列明的内容，其他危险废物或者不满足豁免条件的此类危险废物的管理仍需执行危险废物的要求。

（二）危险废物豁免管理流程

一般地，确定某种危险废物是否符合豁免管理的流程如下：

（1）确定该危险废物属于列入《危险废物豁免管理清单》的危险废物，通常通过核对废物类别、代码和名称进行确定。

（2）确定该危险废物的豁免环节是否与《危险废物豁免管理清单》一致。

（3）核对是否具备《危险废物豁免管理清单》列明的豁免条件。

（三）危险废物豁免管理部分内容的具体含义

列入《危险废物豁免管理清单》中的危险废物，在所列的豁免环节，且满足相应的豁免条件时，可以按照豁免内容的规定实行豁免管理。在满足上述条件前提下，“豁免内容”含义如下：

（1）“全过程不按危险废物管理”：全过程，即各管理环节均豁免，无需执行危险废物环境管理的有关规定。

（2）“收集过程不按危险废物管理”：收集企业不需要持有危险废物收集经营许可证或危险废物综合经营许可证。

（3）“利用过程不按危险废物管理”：利用企业不需要持有危险废物综合经营许可证。

（4）“填埋过程不按危险废物管理”：填埋企业不需要持有危险废物综合经营许可证。

（5）“水泥窑协同处置过程不按危险废物管理”：水泥企业不需要持有危险废物综合经营许可证。

（6）“不按危险废物进行运输”：运输工具可不采用危险货物运输工具。

（7）“转移过程不按危险废物管理”：进行转移活动的运输车辆可不具有危险货物运输资质；转移过程中可不运行危险废物转移联单，但转移活动需事后备案。

第二节　发电企业危险（固体）废物种类及产生环节

发电企业在电力生产运营中，由于其生产特点，在某些生产环节不可避免地产生一定数量的固体废物，这些固体废物中，有些可能是一般固体废物，有些可能是危险废物。本部分以国内主流燃煤发电机组为基础，介绍发电企业一般固体废物、危险废物的种类及产生环节。

一、发电企业固体废物鉴别

发电企业产生的固体废物依据《中华人民共和国固体废物污染环境防治法》《固体废物鉴别导则》进行鉴别，分别鉴别为一般固体废物和危险废物。

一般地，国内 30MW、60MW 机组在生产运营中可能产生的固体废物约有 16 种，分别是石子煤、炉渣、粉煤灰、脱硫石膏、废脱硝催化剂、废矿物油、废含油抹布、废油渣、废酸液、废变压器油、废保温材料、废铅酸蓄电池、废离子交换树脂、污泥、废包装物、废药品等。

二、发电企业危险废物鉴别

根据《国家危险废物名录》，对燃煤电厂所产生的主要固体废物进行鉴别，筛选出危险废物，主要是废油渣、废含油抹布、废保温材料、废包装物、废铅酸蓄电池、废变压器油、废脱硝催化剂、废矿物油、废酸液、废离子交换树脂、废药品等大致 11 种危险废物。其中，废含油抹布属于可以按照《危险废物豁免管理清单》管理的危险废物。

因此，在发电企业可能产生的 16 种典型固体废物中，其中 5 种为一般工业固体废物，11 种为危险废物。具体鉴别结果可参见表 17–2。

表 17–2　　发电企业主要固体废物鉴别结果一览表

序号	工段	固体废物名称	性质鉴定		产生环节
1	燃烧系统	石子煤	生产过程中产生的废弃物质、报废产品	一般工业固体废物	选煤
2		炉渣	生产过程中产生的废弃物质、报废产品	一般工业固体废物	锅炉燃烧
3		粉煤灰	其他污染控制设施产生的垃圾、残余渣、污泥	一般工业固体废物	烟气除尘
4		脱硫石膏	其他污染控制设施产生的垃圾、残余渣、污泥	一般工业固体废物	烟气脱硫
5		废脱硝催化剂	被污染的材料	危险废物	烟气脱硝（仅 SCR 工艺中产生）
6	设备检修与维护	废矿物油	被污染的材料	危险废物	设备检修与维护
7		废含油抹布	生产过程中产生的废弃物质、报废产品	危险废物	设备检修与维护
8		废酸液	被污染的材料	危险废物	设备检修与维护
9		废保温材料	生产过程中产生的废弃物质、报废产品	危险废物	设备检修与维护
10		废铅酸蓄电池	生产过程中产生的废弃物质、报废产品	危险废物	设备检修与维护
11		废油渣	生产过程中产生的废弃物质、报废产品	危险废物	燃油油罐
12	电气系统	废变压器油	生产过程中产生的废弃物质、报废产品	危险废物	变压器维护、更换拆解过程

续表

序号	工段	固体废物名称	性质鉴定		产生环节
13	汽水系统	废离子交换树脂	被污染的材料	危险废物	软化水处理
14	废水处理系统	污泥	其他污染控制设施产生的垃圾、残余渣、污泥	一般工业固体废物	废水处理
15	分析检测	废药品	实验室产生的废弃物质	危险废物	分析检测
16	设备检修与维护 / 分析检测	废包装物	实验室产生的废弃物质、被污染的材料	危险废物	设备检修与维护 分析检测

三、危险废物产生环节

发电企业运行过程中危险废物主要产生于燃烧系统、汽水系统、电气系统、设备检修与维护和分析检测五个环节。

1. 燃烧系统

燃烧系统产生的危险废物主要是废脱硝催化剂（HW50 废催化剂）：该催化剂主要成分是二氧化钛（TiO_2）、五氧化二钒（V_2O_5）、三氧化钨（WO_3）、三氧化钼（MoO_3）等，脱硝过程中催化剂沾染了烟气中大量镉（Cd）、铍（Be）、砷（As）、汞（Hg）等重金属。根据《国家危险废物名录》，该废催化剂属于危险废物。

2. 汽水系统

汽水系统产生的危险废物主要是废离子交换树脂（HW13 有机树脂类废物）：给水处理环节产生的废离子交换树脂，含有高分子有机物等有毒成分。根据《国家危险废物名录》，该废树脂属于危险废物。

3. 电气系统

电气系统产生的危险废物主要是废变压器油（HW08 废矿物油与含矿物油废物）：废变压器油是指变压器油受外界杂质和设备本身高温的影响，导致变压器油品质下降，变质后的变压器油不能起到应有的绝缘、冷却作用而失效的变压器油。

发电企业设备维护环节产生废变压器油，含有多环芳烃、苯系物等有毒物质。根据《国家危险废物名录》，该废变压器油属于危险废物。

4. 设备检修与维护

设备检修与维护过程中产生的危险废物主要是废矿物油、废含油抹布、废油渣、废酸液、废铅酸蓄电池、废保温材料、废包装物。

（1）废矿物油（HW08 废矿物油与含矿物油废物）：废矿物油是指从石油、煤炭、油页岩中提取和精炼，在开采、加工和使用过程中由于外在因素作用导致其改变了原有物理和化学性能，不能继续被使用的矿物油。

发电企业在设备检修与维护环节产生的废矿物油，含有石油类等有毒、易燃成分。根据

《国家危险废物名录》，该废矿物油属于危险废物。

（2）废含油抹布（HW49 其他废物）：设备在运行、检修过程产生废含油抹布，含有石油类等有毒、易燃成分。根据《国家危险废物名录》，废含油抹布属于危险废物。该危险废物已被列入豁免清单。

（3）废油渣（HW08 废矿物油与含矿物油废物）：燃油罐检修清理过程产生的废油渣，含有苯系物、酚类、芘、蒽等有毒、易燃物质。根据《国家危险废物名录》，该废油渣属于危险废物。

（4）废酸液（HW34 废酸）：使用含乙二胺四乙酸（EDTA）溶液清洗锅炉时产生废酸液，含 EDTA 等酸性成分。根据《国家危险废物名录》，该废酸液属于危险废物。

（5）废铅酸蓄电池（HW49 其他废物）：主要是指主控室、配电装置以及各级电压配电装置的断路器合闸线圈、汽轮机和锅炉技术控制屏的控制信号回路、各汽轮机直流润滑油泵及氢冷直流密封油泵的电动机等直流用电设备使用后废弃的铅酸蓄电池。

电厂直流用电设备检修过程中产生废铅酸蓄电池，含有硫酸、铅、砷等多种有毒物质。根据《国家危险废物名录》，该废铅酸蓄电池属于危险废物。

（6）废保温材料（HW36 石棉废物）：主要是指燃煤电厂管道、烟道等设施外包裹的含石棉类材料因丧失保温效果后更换的废弃保温材料。

电厂管道检修过程中产生的废保温材料，含有石棉等有毒成分。根据《国家危险废物名录》，该废保温材料属于危险废物。

（7）废包装物（HW49 其他废物）：主要是指发电企业在设备检修与维护及分析检测过程中所产生的不用于原用途的油漆、涂料、化学药品等的包装物。

设备检修与维护过程中所使用的油漆等外包装物，具有毒性、易燃性等危险特性。根据《国家危险废物名录》，该废包装物属于危险废物。

5. 分析检测

分析检测过程中产生的危险废物主要是废包装物、废药品。

（1）废包装物（HW49 其他废物）：分析检测过程中所使用药剂的废弃包装物、容器、过滤吸附介质，含有或沾染毒性、感染性危险废物。根据《国家危险废物名录》，该废包装物属于危险废物。

（2）废药品（HW49 其他废物）：主要是指发电企业分析检测实验室产生的失效、变质、淘汰的药物和药品。这些废药品具有毒性、感染性等危险特性。根据《国家危险废物名录》，该废药品属于危险废物。

发电企业主要危险废物鉴别结果一览表见表 17–3。

表 17–3　　发电企业主要危险废物鉴别结果一览表

序号	产废环节	废物名称	主要污染物	废物类别	废物代码	危险废物	备注
1	燃烧系统	废脱硝催化剂	V_2O_5、WO_3 以及 Hg、As 等重金属	HW50 废催化剂	772–007–50	烟气脱硝过程产生的废钒钛系催化剂	仅产生于 SCR 脱硝系统

续表

序号	产废环节	废物名称	主要污染物	废物类别	废物代码	危险废物	备注
2	汽水系统	废离子交换树脂	高分子有机物	HW13 有机树脂类废物	900-015-13	废弃的离子交换树脂	仅产生于含离子交换技术的水处理工艺
3	电气系统	废变压器油	多环芳烃、苯系物等有毒物质	HW08 废矿物油与含矿物油废物	900-220-08	变压器维护、更换和拆解过程中产生的废变压器油	—
4	设备检修与维护	废矿物油	废润滑油	HW08 废矿物油与含矿物油废物	900-249-08	其他生产、销售、使用过程中产生的废矿物油及含废矿物油废物	—
5	设备检修与维护	废含油抹布	废润滑油	HW49 其他废物	900-041-49	废弃的含油抹布劳保用品	仅当少量废含油抹布混入生活垃圾处理时，全过程豁免，不按危险废物管理
6	设备检修与维护	废油渣	苯系物、酚类芘、蒽等有毒物质	HW08 废矿物油与含矿物油废物	900-221-08	废燃料油及燃料油储存过程中产生的油泥	—
7	设备检修与维护	废酸液	废酸	HW34 废酸	900-300-34	使用酸进行清洗产生的废酸液	—
8	设备检修与维护	废铅酸蓄电池	硫酸、铅、砷等多种有毒物质	HW49 其他废物	900-044-49	废弃的铅酸蓄电池、镉镍电池、氧化汞电池、汞开关、荧光粉和阴极射线管	—
9	设备检修与维护	废保温材料	石棉	HW36 石棉废物	900-032-36	含有隔膜、热绝缘体等石棉材料的设施保养拆换产生的石棉废物	—

续表

序号	产废环节	废物名称	主要污染物	废物类别	废物代码	危险废物	备注
10	设备检修与维护/分析检测	废包装物	含有或沾染毒性、感染性危险废物	HW49 其他废物	900-041-49	含有或沾染毒性、感染性危险废物的废弃包装物、容器、过滤吸附介质	例如废油漆桶、废弃的实验室化学药品包装物等
11	分析检测	废药品	废药品	HW49 其他废物	900-047-49	研究、开发和教学活动中，化学和生物实验室产生的废物（不包括HW03、900-999-49）	—

第三节　发电企业危险废物管理责任

一、危险废物的管理责任

发电企业是危险废物污染防治和安全处置的责任主体，对危险废物的收集、储存、利用、转移、处置的全过程负主体责任，应履行的职责主要包括：

（1）必须按照国家相关法律、法规进行无害化处置或合法转移，不得擅自倾倒、填埋或排放。

（2）建立危险废物管理制度，明确管理机构、管理职责；编制危险废物管理计划；制定污染防治措施和事故应急预案；办理危险废物申报登记；建立健全危险废物收集、储存、利用、转移、处置等基础管理台账（保存时间不少于 5 年）。

（3）加强危险废物储存场所、设施的安全管理；加强管理人员、工作人员的教育培训；每季度开展一次自查，发现问题及时整改。

发电企业相关职能部室对危险废物的收集、储存、利用、转移、处置的全过程按各自职责负管理责任。发电企业要对危险废物实行统一收集、分类存放，具体包括如下内容：

（1）按国家《危险废物贮存污染控制标准》（GB 18597）的要求，建设或改造出专用的危险废物储存设施或专用储存场所。

（2）危险废物及其容器上要设置危险废物识别标志，标明名称、成分、危险特性及入库时间等。

（3）储存场所要设置危险废物警示牌，并具备防火、防水、防盗等安全措施。

（4）禁止将危险废物与其他废物混合储存。

（5）危险废物储存时间不得超过一年。

具备自行处置条件的或已建立合法处置渠道的危险废物，发电企业可自行处置或外委处置。自行处置必须严格按照国家相关规定进行无害化处置；外委处置必须委托持有相应有效《危险废物经营许可证》的单位。

二、法律责任

1.《中华人民共和国固体废物污染环境防治法》对危险废物产生单位应承担的法律责任有明确的相关规定

第一百一十二条规定：违反本法规定，有下列行为之一，由生态环境主管部门责令改正，处以罚款，没收违法所得；情节严重的，报经有批准权的人民政府批准，可以责令停业或者关闭：

（1）未按照规定设置危险废物识别标志的；

（2）未按照国家有关规定制定危险废物管理计划或者申报危险废物有关资料的；

（3）擅自倾倒、堆放危险废物的；

（4）将危险废物提供或者委托给无许可证的单位或者其他生产经营者从事经营活动的；

（5）未按照国家有关规定填写、运行危险废物转移联单或者未经批准擅自转移危险废物的；

（6）未按照国家环境保护标准储存、利用、处置危险废物或者将危险废物混入非危险废物中储存的；

（7）未经安全性处置，混合收集、储存、运输、处置具有不相容性质的危险废物的；

（8）将危险废物与旅客在同一运输工具上载运的；

（9）未经消除污染处理，将收集、储存、运输、处置危险废物的场所、设施、设备和容器、包装物及其他物品转作他用的；

（10）未采取相应防范措施，造成危险废物扬散、流失、渗漏或者其他环境污染的；

（11）在运输过程中沿途丢弃、遗撒危险废物的；

（12）未制定危险废物意外事故防范措施和应急预案的；

（13）未按照国家有关规定建立危险废物管理台账并如实记录的。

有以上第一项、第二项、第五项、第六项、第七项、第八项、第九项、第十二项、第十三项行为之一，处十万元以上一百万元以下的罚款；有前款第三项、第四项、第十项、第十一项行为之一，处所需处置费用三倍以上五倍以下的罚款，所需处置费用不足二十万元的，按二十万元计算。

第一百一十三条规定：违反本法规定，危险废物产生者未按照规定处置其产生的危险废物被责令改正后拒不改正的，由生态环境主管部门组织代为处置，处置费用由危险废物产生者承担；拒不承担代为处置费用的，处代为处置费用一倍以上三倍以下的罚款。

第一百一十八条规定：违反本法规定，造成固体废物污染环境事故的，除依法承担赔偿责任外，由生态环境主管部门依照本条第二款的规定处以罚款，责令限期采取治理措施；造成重大或者特大固体废物污染环境事故的，还可以报经有批准权的人民政府批准，责令关闭。

造成一般或者较大固体废物污染环境事故的，按照事故造成的直接经济损失的一倍以上三倍以下计算罚款；造成重大或者特大固体废物污染环境事故的，按照事故造成的直接经济损失的三倍以上五倍以下计算罚款，并对法定代表人、主要负责人、直接负责的主管人员和其他责任人员处上一年度从本单位取得的收入百分之五十以下的罚款。

第一百二十条规定：违反本法规定，有下列行为之一，尚不构成犯罪的，由公安机关对法定代表人、主要负责人、直接负责的主管人员和其他责任人员处十日以上十五日以下的拘留；情节较轻的，处五日以上十日以下的拘留：

（1）擅自倾倒、堆放、丢弃、遗撒固体废物，造成严重后果的；

（2）在生态保护红线区域、永久基本农田集中区域和其他需要特别保护的区域内，建设工业固体废物、危险废物集中储存、利用、处置的设施、场所和生活垃圾填埋场的；

（3）将危险废物提供或者委托给无许可证的单位或者其他生产经营者堆放、利用、处置的；

（4）无许可证或者未按照许可证规定从事收集、储存、利用、处置危险废物经营活动的；

（5）未经批准擅自转移危险废物的；

（6）未采取防范措施，造成危险废物扬散、流失、渗漏或者其他严重后果的。

2.《中华人民共和国刑法》的有关规定

违反国家规定，向土地、水体、大气排放、倾倒或者处置有放射性的废物、含传染病病原体的废物、有毒物质或者其他危险废物，造成重大环境污染事故，致使公私财产遭受重大损失或者人身伤亡的严重后果的，处三年以下有期徒刑或者拘役，并处或者单处罚金；后果特别严重的，处三年以上七年以下有期徒刑，并处罚金。

第四节 发电企业危险废物安全管理重点

发电企业是危险废物管理的责任主体，应依法建立规范的危险废物管理档案，加强危险废物在产生、收集、储存、转移、利用、处置环节的日常安全管理。同时，做好当地及上级环保部门的核查迎检管理工作。

一、危险废物日常安全管理

1. 危险废物产生情况管理

发电企业应对危险废物产生、收集、储存、转移、利用、处置环节做好原始记录，明确危险废物种类及数量，建立危险废物储存台账。

2. 危险废物收集、储存管理

发电企业应根据《危险废物贮存污染控制标准》《危险废物污染防治技术政策》等要求，定期检查厂区内危险废物储存设施、盛（包）装容器规范性情况，危险废物分类收集、储存情况，污染防治措施落实情况，包括防扬撒、防流失、防渗透情况。

3. 危险废物利用、处置、转移管理

发电企业应符合《危险废物污染防治技术政策》等相关要求，并做好记录留存。

不能自行利用处置的危险废物，需经环保部门批准后委托有资质的单位利用处置。在委托利用处置时，按照就近原则，优先选择利用处置实力强、信誉好、有相应危险废物经营资质的单位；优先选择安全可靠有相应资质的危险废物运输单位。危险废物转移计划应经环保部门批准，转移过程中严格执行危险废物转移联单制度。

4. 档案管理

危险废物档案一般包括行政许可资料和日常管理资料。

（1）行政许可资料。是指建设项目环境影响评价文件、清洁生产审核报告、危险物转移计划批复文件等资料。

（2）日常管理资料。是指企业危险废物污染环境防治责任制度、危险废物申报登记、危险废物管理计划、危险废物转移计划、危险废物利用处置管理台账、危险废物转移联单、危险废物应急预案和演练记录、危险废物委托处置协议、危险废物管理培训记录、污染排放、自动监测报告及原始记录、环境违法问题处理历史记录和整改情况等。

5. 信息录入

发电企业应依据环保部门或本单位管理需要，将本单位产生的危险废物、种类、数量、储存、利用、处置、流向等信息建档留存，定期准确录入危险废物管理有关的信息系统。

二、核查迎检管理

环保部门会定期、不定期地依法对企业的档案管理，以及危险废物产生、收集、储存、利用、转移、处置等全过程进行监督管理。发电企业作为危险废物安全管理的主体，应重视各级政府部门的核查工作，做好核查迎检管理。一般地，各级环保部门的核查重点主要是档案核查和现场核查。

1. 档案核查

查阅企业危险废物管理档案，对于未建立危险废物管理档案或档案不完整的企业，责令企业限期建立健全档案。

2. 现场核查

（1）危险废物信息一致性核查。核查企业危险废物管理档案中危险废物申报登记、管理计划、管理台账、危险废物产生环节、产生种类、危险废物代码等信息是否与实际一致，发现填写信息不一致的，将由企业相关负责人说明原因并进行记录。

（2）危险废物产生量核查。环保部门将依据危险废物产废系数，结合企业实际规模，对照企业危险废物管理原始记录，核对危险废物产生量。若实际产生量与核算范围不符，将由企业负责人说明原因并进行记录。

（3）危险废物收集、储存核查。核查企业危险废物储存设施、盛（包）装容器是否符合《危险废物贮存污染控制标准》（GB 18597）、《危险废物污染防治技术政策》等规定要求，核查内容一般包括：建设是否规范；与危险废物储存设施的设计能力是否一致；是否有规范的危险废物标识标志；危险废物是否分类收集、分类储存；是否建立危险废物储存台账；危险废物储存是否超期等。

（4）危险废物自行利用、处置核查。核查企业自行利用、处置设施是否与环境影响评价批复一致，自行利用、处置设施能力与实际处置能力是否一致，利用处置设施是否符合《危险废物污染防治技术政策》及其他相关规范要求；对需要暂存再利用的危险废物，要做好危险废物管理台账。

（5）危险废物转移、委托利用处置核查。核查企业危险废物转移计划是否经环保部门批准，是否执行了危险废物转移联单制度，委托利用处置单位的危险废物经营资质、经营范围以及利用处置合同资料是否合法有效。必要时，会对接收危险废物的经营单位进行延伸核查，重点核查是否存在非法转移。

第五节　发电企业危险废物库房安全管理

企业作为危险废物污染防治的责任主体，一般均建设有用于暂时存储危险废物的库房，危险废物库房安全管理是企业日常管理的重点之一，应按照《危险废物贮存污染控制标准》《危险废物收集贮存运输技术规范》等标准规范在危险废物储存设施建设、运行和管理阶段有效管控环境风险。

一、危险废物库房相关标准规范

关于危险废物库房管理，主要执行如下法律法规、标准规范：

（1）《中华人民共和国固体废物污染环境防治法》。

（2）《危险废物贮存污染控制标准》（GB 18597）。

（3）《危险废物收集贮存运输技术规范》（HJ 2025）。

（4）《危险废物转移联单管理办法》。

（5）《危险废物污染防治技术政策》。

二、危险废物的储存

（一）设置标识

（1）危险废物的容器和包装物，收集、储存、运输、利用、处置危险废物的设施、场所，必须设置危险废物识别标志。

（2）危险废物识别标识就是用文字、图像、色彩等综合形式，表明危险废物的危险特性。

（3）字体为黑体字，底色为醒目的橘黄色。

（二）分类储存

（1）须按照国家有关规定和环境保护标准要求储存、利用、处置危险废物，不得擅自倾倒、堆放。

（2）收集、储存危险废物，必须按照危险废物特性分类进行。

（3）禁止混合收集、储存、运输、处置性质不相容而未经安全性处置的危险废物。

（4）储存危险废物必须采取符合国家环境保护标准的防护措施。

（5）禁止将危险废物混入非危险废物中储存。

（三）储存时间

从事收集、储存、利用、处置危险废物经营活动的单位，储存危险废物不得超过一年；

确需延长期限的，必须报经原批准经营许可证的生态环境主管部门批准。

三、危险废物库房选址要求

鉴于危险废物的性质和危害，国家对危险废物库房选址有严格要求，主要按照《危险废物贮存污染控制标准》进行选址。主要要求有：

（1）地质结构稳定，地震烈度不超过 7 度的区域内。

（2）设施底部必须高于地下水最高水位。

（3）应依据环境影响评价结论确定危险废物集中储存设施的位置及其与周围人群的距离，并经具有审批权的环境保护行政主管部门批准，并可作为规划控制的依据。在对危险废物集中储存设施场址进行环境影响评价时，应重点考虑危险废物集中储存设施可能产生的有害物质泄漏、大气污染物（含恶臭物质）的产生与扩散以及可能的事故风险等因素，根据其所在地区的环境功能区类别，综合评价其对周围环境、居住人群的身体健康、日常生活和生产活动的影响，确定危险废物集中储存设施与常住居民居住场所、农用地、地表水体以及其他敏感对象之间合理的位置关系。

（4）应避免建在溶洞区或易遭受严重自然灾害如洪水、滑坡，泥石流、潮汐等影响的地区。

（5）应在易燃、易爆等危险品仓库、高压输电线路防护区域以外。

（6）应位于居民中心区常年最大风频的下风向。

（7）集中储存的废物堆选址除满足以上要求外，还应满足上述第（3）条要求。

四、危险废物库房建设原则

（1）危险废物库房应防风、防雨、防晒、防渗漏。

（2）危险废物库房应有完善的防渗措施和渗漏收集措施，防渗措施应满足《危险废物贮存污染控制标准》（GB 18597）防渗要求：基础必须防渗，防渗层为至少 1m 厚黏土层（渗透系数 $\leqslant 10^{-7}$cm/s），或 2mm 厚高密度聚乙烯，或至少 2mm 厚的其他人工材料，渗透系数 $\leqslant 10^{-10}$cm/s。

（3）危险废物库房的设计原则：

1）地面与裙脚要用坚固、防渗材料建造，建筑材料必须与危险废物相容。

2）必须有泄漏液体收集装置、气体导出口及气体净化装置。

3）设施内要有安全照明设施和观察窗口。

4）用以存放装载液体、半固体危险废物容器的地方，必须有耐腐蚀的硬化地面，且表面无裂隙。

5）应设计堵截泄漏的裙脚，地面与裙脚所围建的容积不低于堵截最大容器的最大储量或总储量的 1/5。（存放液体类危险废物的危险废物库房四周应有围堰，围堰容积要满足总储量的 1/5）。

6）不相容的危险废物必须分开存放，并设有隔离间隔断。

五、危险废物库房堆放要求

对于危险废物的堆放，相关要求如下：

（1）基础必须防渗，防渗层为至少 1m 厚黏土层（渗透系数≤ 10^{-7}cm/s），或 2mm 厚高密度聚乙烯，或至少 2mm 厚的其他人工材料，渗透系数≤ 10^{-10}cm/s。

（2）堆放危险废物的高度应根据地面承载能力确定。

（3）衬里放在一个基础或底座上。

（4）衬里要能够覆盖危险废物或其溶出物可能涉及的范围。

（5）衬里材料与堆放危险废物相容。

（6）在衬里上设计、建造浸出液收集清除系统。

（7）应设计建造径流疏导系统，保证能防止 25 年一遇的暴雨不会流到危险废物堆里。

（8）危险废物堆内设计雨水收集池，并能收集 25 年一遇的暴雨 24h 降水量。

（9）危险废物堆要防风、防雨、防晒。

（10）产生量大的危险废物可以散装方式堆放储存在按上述要求设计的废物堆里。

（11）不相容的危险废物不能堆放在一起。化学性质不相容的危险废物一律分隔堆放，其分区应采用完整的隔离间（不渗透隔墙或围堰）分割，并在各区域醒目位置设该类危废的标志牌。

（12）总储存量不超过 300kg（L）的危险废物要放入符合标准的容器内，加上标签，容器放入坚固的柜或箱中，柜或箱应设多个直径不小于 30mm 的排气孔。不相容危险废物要分别存放或存放在不渗透间隔分开的区域内，每个部分都应有防漏裙脚或储漏盘，防漏裙脚或储漏盘的材料要与危险废物相容。

（13）其他堆放要求：不同种类危险废物应有明显的过道划分（应设置搬运通道、人员运输通道），墙上张贴对应的危险废物名称。装载液体、半固体危险废物的容器内须留足够空间，容器顶部与液体表面之间保留 100mm 以上的空间，液态危险废物需将盛装容器放至防泄漏托盘（或围堰）内并在容器粘贴危险废物标签。固态危险废物包装需完好无破损并系挂危险废物标签，并按要求填写。危险废物库房内禁止存放除危险废物及应急工具以外的其他物品。

六、危险废物库房管理重点

发电企业应加强危险废物库房的管理，具体要求如下：

（1）危险废物库房要独立、密闭，上锁防盗，仓库内要有安全照明设施和观察窗口，危险废物仓库管理责任制要上墙。

（2）危险废物库房必须要密闭建设，门口内侧设立围堰，地面应做好硬化及“三防”措施，即防扬散、防流失、防渗漏。

（3）仓库门上要张贴包含所有危险废物的标识、标牌，仓库内对应墙上有标志标识，无法装入常用容器的危险废物可用防漏胶袋等盛装，包装桶、袋上有标签。

（4）危险废物库房需按照“双人双锁”制度管理。

（5）建立台账并悬挂于危险废物间内，转入及转出（处置、自利用）需要填写危险废物种类、数量、时间及负责人员姓名。

（6）危险废物库房内禁止存放除危险废物及应急工具以他的其他物品。

（7）存放危险废物为液体的仓库内必须有泄漏液体收集装置（如托盘、导流沟、收集池），存放危险废物为具有挥发性气体的仓库内必须有导出口及气体净化装置。

（8）危险废物和一般固体废物不能混存，不同危险废物分开存放并设置隔断隔离。

（9）仓库现场要有危险废物产生台账和转移联单，在危险废物回取后应继续保留三年。

（10）装载液体、半固体危险废物的容器内须留足够空间，容器顶部与液体表面之间保留100mm 以上的空间。用以存放装载液体、半固体危险废物容器的地方，必须有耐腐蚀的硬化地面，且表面无裂隙。

七、危险废物库房相关警示标识

《中华人民共和国固体废物污染环境防治法》第七十七条规定：对危险废物的容器和包装物以及收集、储存、运输、利用、处置危险废物的设施、场所，应当按照规定设置危险废物识别标志。

危险废物库房门口需张贴标准规范的危险废物标识和危险废物信息板，危险废物库房内张贴企业《危险废物管理制度》（含责任人及联系方式等）。

八、危险废物自查和迎接检查重点

（一）危险废物自查重点

1. 污染物总体情况

固体废物与危险废物产生量、储存量、处置量、综合利用量、转移量。

2. 依法合规性

（1）储存场所环境影响与防护。

（2）运输过程环境影响与防护。

（3）处置场所、过程环境影响与防护。

（4）转移过程（联单）。

（5）对危险废物鉴别与程序的说明。

3. 制度建立及责任制落实

（1）业务培训情况。

（2）是否建立收集、储存前的检验与登记制度。

（3）是否建立连续、完整的收集、储存、处置、利用、移送的管理台账制度。

（4）危险废物的移送和接收与台账是否建立了交接班制度和责任人制度。

（5）是否制定了相关安全管理措施。

（6）是否建立内部监督管理制度。

4. 管理制度落实和执行

管理制度包括：污染防治责任制度、识别标识制度、管理计划、管理台账制度、源头分类制度、转移联单制度、经营许可制度、应急预案备案制度。

（二）危险废物被查重点

1. 被查前重点关注事项

（1）认真对待危险废物的辨识管理。

（2）建立规范的危险废物管理档案（产污企业的危险废物档案目录、经营企业的档案目录）。

（3）通过环评验收确定企业危险废物的产生环节、与哪些原辅料有关、成分分析结果、单位产品的产生强度等。确认产生量还需了解企业的产品产量，原辅材料是否有变化。

（4）注重各类数据间的逻辑关系，产生台账（经营记录）、申报登记、管理计划、转移申请与批准、转移联单、储存台账、上年度产生量、环评数量等数据之间的平衡关系。

（5）对工业危险废物鉴别及程序的说明。

（6）做好介绍本单位危险废物管理情况汇报材料。

（7）检查固体废物的种类、数量、理化性质、产生方式。

（8）危险废物应当委托具有相应危险废物经营资质的单位利用处置，严格执行危险废物转移计划审批和转移联单制度。

2. 被查前应准备的重点资料

（1）建设项目环境影响评价与“三同时”验收报告及批复。环评关于危险废物和疑似危险废物的分析结论。

（2）申报登记证明（比如：年度环统、年度排污申报，以及试点区域的网上申报等）固体废物产生、储存、综合利用、处理处置数量、去向记录台账（向运输 / 处置单位索取转运点或处置单位收据，作为台账重要信息来源）规范的固体废物储存场所。

（3）运输转移、综合利用、处理处置合同及运输 / 处置单据（别忘了向运输 / 处置单位索取转运点或处置单位收据）跨省转移批文。

（4）管理台账（分年度），超期储存与申请情况。

（5）管理计划及备案申请表、申报登记。

（6）委托处置合同、委托单位经营许可证复印件。转移计划及转移联单（分年度）。

（7）内部管理制度（包括危险废物包装内部规范制度）、业务人员培训记录。

（8）来信来访和举报材料。

（9）应急预案及备案申请表、应急演练记录、应急物资、设施和器材清单等。

（10）企业自查记录和环保部门检查及整改记录。有自行处置的，还需提供处置装置（设施）的环评和验收技术文件及批复及处置设施运行污染物排放监测报告。

九、常见的危险废物错误处置行为

固体废物、危险废物如果处置不规范，会造成生态环境污染或者严重的导致二次环境污染。本部分整理了一些固体废物、危险废物处置过程中常见的错误处置行为，供发电企业危险化学品从业人员参考。

（1）车间临时收集危险废物的设施未张贴危险废物识别标志。

（2）危险废物仓库不规范，例如：库房未封闭、“三防”措施不到位、地面未做防渗处理、地面有积水等。

（3）危险废物标识不规范，例如：标志标识老化褪色、危险废物警示标志错误、危险废物标签不规范等。

（4）危险废物转运不及时。

（5）车间临时收集的固体废物移送至固体废物仓库时未建立移交入库合账或合账记录不完善。

（6）一般工业固体废物或危险废物露天堆放。

（7）危险废物储存场所未设施危险废物识别标志，包装容器上未张贴标签。

（8）将一般固体废物和危险废物混合储存，未做到分类储存。

（9）危险废物储存超过一年未申报。

（10）储存危险废物的场所未设置导流槽和收集井。

（11）储存一般固体废物和危险废物的场所存在一般固体废物和危险废物的流失情况。

（12）有恶臭产生的固体废物堆放场所未设置废气收集和处理设施。

（13）将危险废物混入一般工业固体废物或生活垃圾中进行处置。

（14）将一般工业固体废物委托给外省单位进行处置，未申报。

（15）未申报，未获得审批，将危险废物转移至外省单位进行处置和利用。

（16）将危险废物交给无危险废物持证单位进行处置。

（17）未向县（市、区）生态环境局申报危险废物的种类、产生量、流向、储存、处置等有关资料。

（18）转移危险废物未按规定填写联单，或联单未保存 5 年。

第十八章　发电企业危险化学品安全管理信息平台建设

近年来，全国危险化学品较大及以上事故频繁发生，暴露出危险化学品企业安全管理不到位、安全生产风险监测预警手段落后、监测预警信息化系统缺失等问题。随着现代科技技术的发展以及互联网技术的普及，采取现代化手段提升危险化学品安全监管的信息化、智能化水平，已成为目前安全生产的重要举措之一。

本章共分为三节，以某发电集团公司危险化学品安全管理信息平台的建设为背景，介绍发电企业建立危险化学品安全管理信息平台的意义、基本功能、建设框架、信息平台内容等。

第一节　危险化学品安全管理信息平台的基本功能

一、建设的必要性

（一）满足危险化学品监管的要求

按照《危险化学品安全管理条例》《危险化学品登记管理办法》《化学品物理危险性鉴定与分类管理办法》等，列入《危险化学品目录（2015 版）》的危险化学品需要进行危险化学品登记、编写安全技术说明书和安全标签，申请安全生产许可证或经营许可证。未列入《危险化学品目录（2015 版）》的化学品需要进行危险性鉴定，根据鉴定结果按照《化学品分类和标签规范》（GB 30000）系列标准要求进行 GHS（全球化学品统一分类和标签制度）分类，分类结果列入危险化学品确定原则的，需要进行危险化学品登记、编写安全技术说明书和安全标签，不需要申请许可。

建立企业危险化学品安全管理信息平台有利于与地方各级政府监管部门实现信息互通互联，满足地方监管部门监管要求。

（二）满足危险化学品及重大危险源安全信息档案管理要求

近几年，国家先后印发《中共中央　国务院关于推进安全生产领域改革发展的意见》《国务院办公厅关于印发危险化学品安全综合治理方案的通知》，意见要求严格落实企业主体责任，加强安全风险管控和建立隐患治理机制。通知要求全面摸排风险，对危险化学品生产、储存、使用、经营、运输和废弃处置各环节的安全风险，建立危险化学品安全风险分布档案；组织开展危险化学品重大危险源排查，建立重大危险源数据库并落实企业安全生产主体责任，完善监测监控设备设施；认真落实“一书一签”要求，确保危险特性等安全信息沿供应链有效传递。

建立企业危险化学品安全管理信息平台是防范化解危险化学品行业系统性重大安全风险、实现新时代安全监管工作改革发展、提升企业本质安全水平的迫切要求，是以信息化推动安全监管思想观念变革、监管机制变革、工作模式变革和业务流程变革的探索创新。

（三）满足危险化学品及重大危险源在线监测监控要求

按照《危险化学品重大危险源在线监控及事故预警系统建设指南（试行）》具体要求，国家安全监管总局决定在全国范围内实施重大危险源在线监控预警（以下简称“在线监控预警”）工程。要求相关企业配合各级地方政府完成危险化学品安全生产风险监测预警系统的建设投用，建立完善安全风险监测预警系统自动预警机制和管理制度，实现安全风险分类、分析、自动预警等功能。

建立危险化学品安全管理信息平台，最重要的一项功能就是最终实现对危险化学品及重大危险源在线监测监控。

（四）满足企业自身管理需要

危险化学品安全管理作为发电企业安全生产管理的重要内容，企业要全面排查、评估企业危险化学品安全风险，重点摸排危险化学品生产、储存、使用、经营、运输和废弃处置等各环节、各领域的安全风险，全面排查危险化学品生产、储存、使用、经营、运输和废弃处置等各环节的安全风险，依法依规建立危险化学品安全风险分级、分布档案。

建立危险化学品安全管理信息平台，综合利用大数据、云计算、人工智能等高新技术，对危险化学品各环节进行全过程信息化管理和监控，可以实现企业对危险化学品和重大危险源分布、风险状态、风险预警的实时动态管控，实现企业内部危险化学品监管数据归集共享，进一步降低安全风险，确保企业生产安全，同时对推动企业信息化建设具有重要意义。

二、信息平台的基本功能

（一）基本功能

实现企业危险化学品信息化管控的总体要求，构建危险化学品安全管理信息平台，动态展示危险化学品区域分布信息，实时掌握重大危险源管控状态，实现危险化学品及重大危险源的风险预警和防控，为企业危险化学品安全管理、事故应急提供技术支撑。根据当前发电企业的分级管理机制，形成集团公司—分（子）公司—基层企业三级危险化学品风险预警与防控体系，提升企业总部及各下属单位危险化学品和重大危险源的安全监管水平，实时共享各级管理体系危险化学品管控信息。

（二）具体功能

1. 构建危险化学品信息化分级管理体系

实现对危险化学品信息的实时监控，结合各级管理职责利用该信息化手段对危险化学品进行分级管理。

2. 建立危险化学品安全风险分布信息化档案

通过全面摸排企业化学品安全风险，建立化学品品种清单、数量清单，梳理化学品安全信息，对有数据缺口进行危险性鉴定，对所有化学品进行 GHS 分类、完善化学品安全技术说明书和安全标签档案，实现对危险化学品安全风险信息档案的信息化管理。

3. 建立危险化学品重大危险源信息化档案

依照企业填报重大危险源基本信息及完整的建档备案和审批机制，对重大危险源的控制水平等级自动进行评估分级和风险辨识，借助 GIS 实现企业各重大危险源的分布动态管理。按要求与国家危险化学品登记系统以及各级地方政府危险化学品预警系统进行衔接，形成危险化学品重大危险源数据信息资源库。

4. 构建企业安全状态与趋势分析模型，实现重大风险预警防控

可充分结合企业已有安全管理平台、各相关业务管理系统、生产运行监控系统、安全生产管理和自动化监控数据，开展安全大数据分析，量化评估企业安全状况，发现突出安全问题，明确安全监管重点，建立企业危险化学品及重大危险源安全状态与趋势分析模型，提供风险实时报警、超期运行预警、重大险情预警等功能，为安全监管提供决策支持。

5. 建立危险化学品及重大危险源数据库，实现安全生产监测数据在线联网巡查

结合企业视频监控、安全生产管理、过程安全控制、安全仪表、实时在线监测等安全生产数据采集和存储，实现企业一级、二级、三级和四级重大危险源的全覆盖，形成危险化学品及重大危险源安全生产大数据库，实现危险化学品及重大危险源安全生产监测数据在线联网巡查。

6. 建立在线监测数据规范体系和支撑服务平台

规范数据采集、存储、传输和使用，开发安全生产数据采集器，搭建数据采集支撑服务平台，保证企业现有系统的互联互通和集成共享，实现企业安全生产数据的有效采集。

7. 为突发事件和事故抢险救援提供应急支持，增强事故应急指挥能力

依托安全生产大数据库，快速提供事故抢险救援所需企业、化学品、危险工艺、重大危险源、风险点、实时工艺参数、视频等信息，为应急处置提供信息支持。

第二节　建设范围与原则

一、建设范围

危险化学品安全管理信息平台的建设范围可以上下贯穿企业各级管理体系，涵盖所有涉及的危险化学品及重大危险源的各类企业，以及非主营的物业后勤、化验、污水处理等存在危险化学品的相关企业。

二、建设原则

发电企业可以根据自身企业实际情况，结合实际需求，逐步建立和完善危险化学品安全管理信息平台，逐步构建和拓展信息平台相关功能。建立危险化学品安全管理信息平台的原则可以包括如下几项：

（1）统筹规划、分步实施。统筹规划和推进各级危险化学品安全管理系统平台建设，分步分阶段、分区域分重点推进，逐步形成危险化学品安全管理体系。

（2）标准先行，以用促建。按照国家和企业自身已有信息化标准规范，出台危险化学品安全管理相关标准规范，紧密结合安全风险分级管控与预警的实际需要，坚持以用促建，充分发挥系统应用成效。

（3）资源整合、开放共享。优化信息资源配置，整合完善已有信息系统，强化资源整合，统一数据标准，开放数据接口，实现信息互联共享。

三、建设内容

危险化学品安全管理信息平台的建设内容，必须满足国家及各级政府部门对危险化学品及重大危险源监管和信息化管理的要求，与企业自身需求紧密相关。一般地，作为信息化平台至少包括如下内容。

（一）建立危险化学品管理平台

根据企业危险化学品的种类、分布、分级等，建立危险化学品管理平台，实现危险化学品登记管理、重大危险源风险预警与防控、安全生产数据实时监控、法律法规辨识与服务等功能，实现对重点监管危险化学品企业安全风险和实时动态数据进行远程巡查、抽查，满足企业各级安全管理部门对危险化学品企业安全生产预警、监管、备查等需要。

以国家化学品登记中心危险化学品数据库为基础，建设危险化学品登记平台，建立危险化学品数据库和危险化学品管理档案，包括化学品名称、CAS、组分信息、数量、位置、理化特性、危害性等信息。

建设范围可以涵盖下属各生产单位在用危险化学品，可以考虑至少建立危险化学品生产企业的“一图两表”，即一张危险化学品企业分布图、危险化学品信息表和统计报表。以实现如下功能。

1. 危险化学品企业分布信息

在 GIS 地图上展示集团公司下各危险化学品企业基本信息，支持企业名称、企业类型、地域区划、危险化学品名称、危险化学品分类等关键字段模糊查询。

企业可以根据化学品的危害信息、数量信息、管理情况等综合考虑，制定符合需要的分级管理方案。

2. 危险化学品信息化管理

通常，大型发电集团都是三级管理体系，即集团公司—分（子）公司—基层企业，危险化学品也按照分级管理机制进行管控。各级公司建立的目标和内容会有不同。

（1）基层企业。

基层企业危险化学品管理可以分为：基础资料管理、体系管理、台账管理、风险点管理。

危险化学品基础资料管理：对企业生产涉及危险化学品，以及物业后勤、化验、污水处理等涉及的危险化学品进行详细的基础数据管理。

危险化学品体系管理：对基层企业涉及危险化学品管理的组织机构、各级管理人员，相关的证照资料等内容进行管理。

危险化学品台账管理：对企业的危险化学品的生产、储存、使用、经营、运输和废弃处置全过程的相关过程进行管理，动态掌握在用的危险化学品的数量、种类和分布情况。

危险化学品风险点管理：对危险化学品的危险点进行梳理，按照风险分级管控和隐患排查治理双重预防体系进行管理，对隐患排查发现的问题进行动态追踪。

信息平台应具备生成基层单位所需统计报表的功能。

（2）分（子）公司。

分（子）公司危险化学品管理主要分为：基础资料管理、体系管理、督查管理。

危险化学品基础资料管理：对分（子）公司所辖基层企业的危险化学品进行统计汇总，掌握详细危险化学品基础数据。

危险化学品体系管理：对分（子）公司危险化学品管理的组织机构、各级管理人员，相关的证照资料等内容进行管理。

危险化学品督查管理：分（子）公司定期和不定期对各单位的危险化学品管理情况进行检查，对于发现的问题，督促整改，减少事故隐患。

信息平台应具备生成分（子）公司所需统计报表的功能。

（3）集团公司总部。

集团公司总部危险化学品管理主要分为：基础资料管理、体系管理、督查管理、统计管理。

危险化学品基础资料管理：对危险化学品的名称、物理化学特性、风险点、防范措施等基础资料进行整理汇集，供各级人员使用。对集团公司范围内所有的危险化学品进行统计汇总，掌握详细危险化学品基础数据。

危险化学品体系管理：对集团公司涉及危险化学品管理的组织机构、各级管理人员，国家和集团公司相关的管理制度，进行管理。

危险化学品督查管理：集团公司定期和不定期对各单位的危险化学品管理情况进行检查，对于发现的问题，督促整改，减少事故隐患。

危险化学品统计管理：能生成集团公司所需的统计报表，并能与集团公司内部相关系统进行接口，同时预留与政府相关监管机构的接口。

（二）重大危险源风险预警

通过梳理企业各级单位重大危险源信息，包括重大危险源的分布、级别、备案情况、安全风险评估情况等信息，建立重大危险源基础数据库，形成企业整体重大危险源信息库。范围可以覆盖所有涉及危险化学品企业的所有重大危险源，基础数据库包括区域、行业、等级、关键工艺参数等信息，建立危险化学品企业重大危险源的“一图两表”。重大危险源风险预警与防控覆盖危险化学品企业的所有重大危险源。

基于地理信息平台，绘制重大危险源安全风险等级分布电子地图，实现涉及危险化学品单位安全生产动态数据的在线监控和风险预警，展示高危企业的安全状态与趋势，并针对应急处置提供信息支持。在 GIS 地图上展示辖区内重大危险源基本信息，支持危险源名称、性质、类别、等级等关键字段模糊查询。

1. 实现重大危险源风险云图展示功能

基于地理信息平台，以云图形式直观展示各企业重大危险源的固有风险和动态风险，可进行多条件联动查询，并可穿透到具体企业查看详细信息。固有风险重点考虑重大危险源等级、火灾爆炸指数等因素，动态风险在固有风险的基础上将实时容量、安全管理数据、报警数据、安全设施、环境（气象因素、地质灾害等）、设备运行和证书超期情况等内容进行计算叠加。

2. 实现重点信息的统计分析功能

重大危险源分布及统计分析，主要用于从宏观层面对企业重大危险源总体情况进行多维度分析汇总。

重大危险源统计：可以进行多维度统计分析，例如重大危险源统计分析，危险源级别占比分析，危险源易引发事故类型占比分析，危险源区域分布分析，危险源逐年变化趋势，危险源可能造成的死亡人数分类分析，危险源涉及的物质类型占比分析，危险源涉及的存储设备类型占比分析，危险源死亡半径对比分析，安全标准化级别占比分析，危险源危险工艺类型占比分析，重点监管危险化学品统计。

3. 实现风险预警功能

综合企业现场工艺参数、报警信息，安全管理数据，外部信息（气象、自然灾害、突发事件等），实现实时、超期运行、重大险情预警和安全生产趋势预警及预警信息的展示、即时推送，并可查看每个报警点的详细信息。实时预警主要包括工艺参数（压力、温度、流量、液位）、有毒有害气体、可燃气体、火灾不同类型的报警；超期运行预警包括资质证书、设备检验和超量存储预警；重大险情预警包括泄漏、火灾、雷击、超压、溢罐、抽空等预警；结合上述指标监管体系，从隐患排查与治理、风险识别与控制、检查问题整改、应急演练与总结、工艺报警管理、安全关键设备等多个安全标准化要素量化评估企业安全状况，实现安全生产趋势预警。

4. 实现备查巡查功能

备查巡查包括企业备查信息、专项备查信息和视频备查信息。企业备查信息，主要针对企业档案的查询，包括企业备案信息、化学品信息、工艺信息、重大危险源信息，支持历史记录及变更查询；专项备查信息包括重大危险源信息、危险工艺信息、危险化学品信息及危险化学品目录；视频备查，实现对企业历史视频的回查回看。

5. 实现安全监控功能

实现按照当日报警数量统计展示，按地区统计的报警数量展示和月度报警、报警时长的统计展示。接收各企业汇总上传的各项安全参数，按照温度、压力、液位、气体浓度等分类进行展示。

实时监控并大屏展示重点企业、高危化学品的生产运行情况，并实现恶劣天气状态下的现场画面展示推送。重点监控场景包括企业罐区、大型油库、接卸作业企业重大危险源的关键部位。

6. 实现事故应急支持功能

实现事故状态下应急资源的一键导出，导出内容主要包括企业基本信息、化学品信息（包括危险化学品一书一签）、危险工艺信息、重大危险源信息、风险点信息、实时工艺参数、视频摄像头列表等，为应急处置提供信息支持。

（三）标准规范查询

实时录入和识别危险化学品管理安全生产相关法律法规、部门规章等，根据法规识别条款，与企业现在制度进行对比，提出制度增补修订计划，实时更新法规库，供危险化学品从业人员实时查询和使用。

第三节　危险化学品数据支撑中心的构建

一、架构数据中心的作用

以安全生产信息资源规划和数据应用服务为导向，形成企业统一数据采集、存储、加工、分析、利用和更新的入口，建设化学品安全生产统一数据库，实现对危险化学品企业安全管理基础数据、监管监察业务数据、安全生产实时数据、交换共享数据和公共服务数据集中管理和应用；建立"一数一源、一源多用"的服务模式，实现安全生产数据资源"底细清、情况明"，有效支撑业务系统开发、应用和大数据分析决策。

二、数据中心的基本架构

安全大数据中心可针对企业在生产运行过程中积累的大量多源、异构、离散的安全数据，基于生产调度中心的大数据平台，建立统一的主数据仓库，实现安全数据的统一规划、采集、清洗、存储和共享，为安全研发提供数据依据，为安全运行提供预测预警，为安全生产提供决策支撑。

大数据中心总体架构可分为基础层、数据产生层、数据交换层、数据存储层、数据应用层和应用展示层。其中基础层包括统一的数据管理支持平台，利用云服务技术对服务器集群虚拟化，以实现对服务器集群的集中统一管理和资源分配，为上层数据应用提供基础技术支撑，由IT基础设施（服务器、存储、网络）和分布式数据库组成；数据产生层主要针对结构化数据和非结构化数据实现数据的有效获取，数据交换层完成异构离散数据源的采集、清洗、转换和加载；数据存储层基于大数据平台实现化学品数据、重大危险源数据、生产调度中心数据、生产管控平台数据存储；数据应用层利用主数据仓库所特有的储存架构，系统的分析整理，开展联机分析处理（OLAP）、数据挖掘（Data Mining），构建安全大数据中心的多维分析能力、数据挖掘能力、实时分析能力、预测预警能力、数据共享能力；应用展示层是在能力层的基础上，组合开发构建针对具体应用需求的安全应用，搭建应用研究平台，包括：预警监控、运维支持、集团内部企业服务和公共服务平台。

三、实时监控数据的采集范围

对生产过程中的危险化学品的相关参数进行数据展示和异常报警，对于存在生产、储存和使用危险化学品企业的储罐区、库区、生产装置等关键场所因监控对象不同，所需要采集的预警数据也要有所区别。实时数据采集可以包括以下内容：

（1）储罐区：储罐以及生产装置内的温度、压力、液位、储量、流量等可能直接引发安全事故的关键工艺参数；当易燃易爆及有毒物质为气态、液态或气液两相时，应监测现场的可燃 / 有毒气体浓度；气温、湿度、风速、风向等环境参数；火灾报警信号；消防系统实施数据。

（2）库区：根据对库区危险及有害因素的分析，采集参数为可燃气体浓度、有毒气体浓度、仓库外视频。

（3）生产装置：涉及危化品的生产装置。

（4）视频监控数据的采集：视频数据种类包括模拟视频信号与数字视频信号。视频信号采集部位包括企业重大危险源、关键部位（设备）、主要出入口、应急疏散通道、特殊作业过程（特级和一级动火、受限空间）等。视频数据信息可包括但不限于：重大危险源视频监控信息，主要包括危险化学品生产、存储使用的区域视频；关键部位（设备）视频监控信息，主要设计危险化学品的工艺生产装置和易燃易爆区域设备设施，易燃易爆介质管道、储罐焊缝、法兰连接处、阀门、采样口以及重点部位人员作业的区域；主要出入口视频监控信息，主要包括危险化学品生产、储存区的出入口、药物、半成品、中转库的出入口，以及主要人员通道、危险化学品运输通道、人员密集场所等；应急疏散通道视频监控信息，主要包括安全通道门、主要疏散通道等；特殊作业过程（特级和一级动火、受限空间）视频监控信息，主要包括高空、高压、易燃、易爆、剧毒、放射性等作业场所以及作业人员数量、作业行为的相关区域。

实时监控数据采集、安全管理数据采集以及法律法规识别与服务涉及集团公司总部、分（子）公司及基层生产单位。

四、安全管理数据采集

根据危险化学品管理业务需求采集安全生产管控平台、生产调度中心相关系统数据。

五、建立配套标准规范与指标体系

1. 信息系统建设标准和数据交换规范

在充分利用已有标准的基础上，编制各类信息系统建设标准和数据交换规范，建立安全生产信息化数据共享交换管理体系，制定信息分类与编码、元数据、信息采集、交换、安全等标准规范，以标准规范指导信息化系统开发、建设、使用和运行管理，同时进一步补充完善标准规范体系，最终完成安全生产信息系统标准规范体系建设，实现安全生产信息系统接口互通、数据共享。

2. 企业重大危险源综合安全监管指标体系

建立企业重大危险源综合安全监管指标体系，通过对企业在用安全管理信息系统，生产执行系统，实时数据库等进行数据集成，构建重大危险源的预警模型，以静态风险和动态风险分别评估各企业重大危险源的风险等级。

静态风险指标参考《危险化学品重大危险源辨识》，并综合各种量化计算方法，考虑危险化学品种类、数量、火灾爆炸风险、毒性风险等指标，形成重大危险源的静态风险值。

重大危险源动态风险预警指标体系构建可依据国家安全监督总局关于印发《危险化学品

从业单位安全生产标准化评审标准》的通知（安监总管三〔2011〕93 号）、《危险化学品从业单位安全标准化通用规范》（AQ3013—2008）、《危险化学品从业单位安全生产标准化评审标准》等。

重大危险源风险预警分析指标体系由多个一级指标二级指标构成，其中一级指标可包括领导力与安全文化、工艺危害信息、过程安全控制、检查与绩效考核。通过对企业安全风险预警指标对应的问题进行选择，自动计算出指标得分，指标得分经过企业固有危险等级修正系数修正后，计算出最终的安全生产预警指数，将重大危险源安全生产状况划分为安全、注意、警告、危险四个等级，形成企业重大危险源安全生产总体趋势图，指导企业采取相应预防措施，防范事故，以实现安全生产。

六、建设展示系统

展示系统主要应用于危险化学品及重大危险源分布生产实时信息系统在线展示和汇报，了解危险化学品及重大危险源的分布情况。

系统定位于关键信息系统展示和汇报，所以系统应具有非常好的视觉效果，展示信息应该简洁、并易于操作和使用。结合在线地理信息服务，通过数据、图表等提供具有未来和科技感觉的酷炫信息展示。

第三篇　事故案例篇

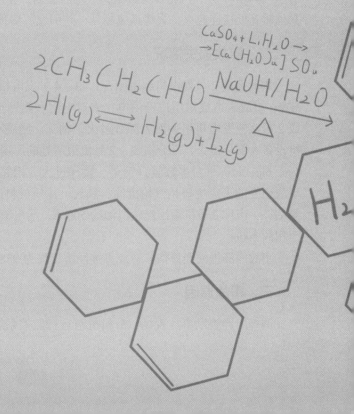

第十九章　发电企业危险化学品典型事故案例

发电企业危险化学品事故时有发生，但公开信息不多，能够查到的完整事故报告更少，因此根据公开信息整理的案例内容不全，格式也无法统一。本章案例内容以事故经过和直接原因为主，个别案例包括典型的间接原因、防范措施及整改措施（均摘自事故报告），仅供参考。

第一节　氢气事故案例

◆ 案例一　某热电公司“3·13”氢气爆炸事故

2015 年 3 月 13 日 14 时 47 分，某热电公司 2 号汽轮发电机组突然发生爆炸燃烧，火势迅速蔓延，并产生大量浓烟。经调查认定，“3·13”事故是一起设备质量缺陷导致的一般设备事故，事故未造成人员伤亡，共造成直接经济损失 988.46 万元。

一、事故发生经过

2015 年 3 月 13 日 14 时 47 分，2 号机组出力 140MW，带供热负荷 580GJ/h（吉焦 / 小时）。14 时 47 分，汽轮发电机组突然剧烈振动，在 6 号轴瓦处发生爆炸（氢气爆炸），几秒后其他轴瓦处接连起火，火势迅速蔓延，并引燃厂房顶棚，产生大量浓烟，2 号机组跳闸。

二、事故损失情况

事故造成 2 号发电机组跳闸，1、3、4 号发电机组接连避险停运，全厂损失电力负荷 640 MW，事故未造成对用户停供电，未对电网和热网运行造成实质性影响。事故引发的火灾造成 2 号汽轮发电机组表面大部分过火，轴瓦、励磁小轴、轴承箱等部分设备损毁，汽轮机辅机设备大部分过火，部分损毁，2 号机组所处的厂房顶棚钢梁过火，局部顶棚烧穿，厂房 0m、4m、6m、12m 平台多数竖直钢梁、楼梯过火，相邻厂房顶棚部分损毁，部分窗户玻璃破损。事故引发的火灾主要是汽轮机油、氢气、建筑材料以及电缆等易燃物品的燃烧。根据运行记录估算，当日 2 号机溢出汽轮机油约 5000L，漏出氢气量约 $15.5m^3$。根据消防部门估算，过火面积约 $500m^2$。

事故经济损失经评估，造成直接经济损失为 988.46 万元。

三、事故原因

调查组经查勘事故现场，分析机组运行监控系统各类信号和数据，问询电厂运行和检修人员，未发现人为误操作、运行管理失职和恶意破坏的因素。调查组经技术分析后认为，事故原因是由于该热电厂 2 号机组汽轮机第 20 级叶轮轮缘在运行中突然断裂。钢铁研究总院和华北电力科学研究院技术鉴定确定，该轮缘的断裂属于在应力和腐蚀性介质共同作用下发生的应力腐蚀断裂。经核对机组原始设计资料，20 级叶轮正处在干、湿蒸汽交替区，具备发生应力腐蚀的条件。汽轮机长期运行过程中，在应力和腐蚀性介质共同作用下，首先在叶轮反 T 形槽内壁上方根部形成微裂纹，随着应力腐蚀裂纹的扩展，裂纹面积越来越大，剩余承载面积越来越小，当剩余承载面积不足以承受叶片离心力的作用时，剩余面积将以剪切的方式瞬时断裂，从而导致轮缘的脱落。

另一方面，20 级轮缘加工工艺粗糙，材质存在缺陷。经某电机有限责任公司检测，20 级轮缘反 T 形槽加工工艺粗糙，多个部位表面粗糙度达到 6.3 μm，远远大于同类型机组技术引进单位哈尔滨汽轮机厂《汽轮机主要零部件（转子部分）加工装配技术条件》规定的 3.2 μm；现场测量反 T 形槽两个 R 角低于 0.3mm，也低于上述技术条件。工艺不规范的部位会导致应力的高度集中，使断裂更易发生。20 级轮缘材质经华北电力科学研究院金属检验，材质与国产 34CrNi1Mo 型号的钢材近似，主要强度特性满足国内标准要求，但冲击韧性和断面后延伸率低于标准，材料表现偏脆、硬和韧性较低。第 20 级叶轮轮缘断裂后，连带 39 片叶片脱落在汽轮机低压缸内。由于总体脱落质量达到了 123kg，导致汽轮发电机组轴系严重失衡，机组轴系发生了剧烈的振动，导致轴和轴瓦严重磨损，同时导致轴封和氢气密封系统失效。随后，润滑油和氢气发生大量泄漏。由于润滑油和氢气都属于可燃物，接触空气后，加之存在正常运行的励磁系统火花和高温的轴系转动部位，润滑油和氢气发生了剧烈的爆炸和燃烧。

四、事故性质

经调查认定，“3・13”事故是一起设备质量缺陷导致的一般设备事故。

五、事故防范和整改措施

（1）事故单位应进一步加强设备事故隐患管理工作，不断完善设备的巡视检查和实时监控，强化长期监测数据的分析应用，特别是对机组异常的监测数据，应及时采取措施，必要时，联合制造厂家和研究机构对问题彻底分析、全面排查。

（2）事故单位应积极推动汽轮机组转子、叶轮、叶片等部件金属试验的研究工作，提升金属部件事故隐患的排查治理能力；对其他俄制汽轮机组通流部件的金属材质和力学性能应进行检验，并对设计上应力集中区域加以详细分析，评估其安全性，及时研究制定和实施改进措施，避免此类事故再次发生。

（3）事故单位及其上级公司应认真吸取此次事故经验教训，举一反三，全面落实企业的安全生产主体责任，严格细致地做好设备的基础性管理工作，并发挥集团优势，加强安全生产技术交流，全面提升发电运行整体安全水平。

◆ 案例二　某电厂 1 号机组“11・12”氢气泄漏爆燃事故

2018 年 11 月 12 日 23 时 49 分，某电厂 1 号机停机准备检修时，1 号机组发生氢气泄漏爆燃较大事故，致使部分电缆及设备烧损、1 号机组厂房顶棚坍塌、启动 / 备用变压器跳闸、2 号机组解列，全厂停电。

一、事故经过

11 月 12 日 22 时 28 分，1 号机组打闸停机，电气一次 5012、5013 断路器由运行状态转热备用。

11 月 12 日 23 时 25 分，1 号汽轮机处于盘车状态。

11 月 12 日 23 时 35 分，1 号发电机—变压器组出口 50136 隔离开关执行分闸操作，由合闸状态转入分闸状态。

1 号机组停机操作结束，2 号机组处于运行状态，按照国网辽宁省电力有限公司调度要求将 5013、5012 由热备用转入运行，执行合环操作。

11 月 12 日 23 时 48 分 23 秒，运行人员将 5013 断路器投入运行，由于 50136 隔离开关分闸过程执行不到位，系统电源通过 50136 隔离开关反送至 1 号发电机。此时 1 号机组氢气压力为 0.36MPa，氢油压差为 89.55kPa，定子电压、电流由 0 分别升至 6.10kV（额定相电压为 11.54kV，为额定相电压 0.53 倍）、56.5kA（额定相电流为 19.25kA，为额定相电流的 2.9 倍），机组转速急剧升高，轴系振动开始持续加大。

11 月 12 日 23 时 48 分 41 秒，1 号机组转速由盘车状态 3.4 r/min 升至最高值 1146.5 r/min，轴振值显示量程最大值 400μm，发电机密封瓦损坏。氢气压力由最高值 0.46MPa 降至 0.23MPa。氢气、密封油从发电机端部泄漏，转子与油挡摩擦打火导致爆燃。致使部分电缆及设备烧损，1 号机组厂房顶棚坍塌。

11 月 12 日 23 时 49 分 07 秒，5013 断路器跳闸。

11 月 12 日 23 时 52 分，2 号机组循环泵动力电缆烧损，造成 2B 循环泵跳闸，2A 循环泵联启后跳闸，真空无法维持 2 号机组运行，手动打闸停机。

11 月 13 日 00 时 52 分，启动 / 备用变压器控制电缆烧损，重瓦斯等启动信号误动导致 500kV 5000 断路器跳闸，全厂失去厂用电。

11 月 13 日 01 时 30 分，现场明火扑灭。

二、事故造成的人员伤亡和直接经济损失

1. 人员伤亡情况

无人员伤亡。

2. 设备损失情况

1 号机厂房顶棚坍塌，1 号汽轮发电机组、电控等设备及部分电缆烧损，13.7m 及 69m 平台钢构及混凝土不同程度受损。直接经济损失 1898.88 万元。

3. 电量损失情况

事故导致 2 号机组停运 16 天，损失电量约为 9400 万 kWh。

三、事故原因

1 号发变组电气一次 50136 隔离开关 A 相传动轴承锈蚀导致机构卡滞、隔离开关驱动电动机烧损，无法继续分闸，致使三相隔离开关未分闸到位，是这起事故的直接原因。

1 号发电机—变压器组电气一次 50136 隔离开关在分闸过程中，由于夜间光线不足，以及开关状态指示观察窗污损严重，运行人员在就地确认隔离开关状态时，无法通过观察窗看清隔离开关实际位置，仅通过操动机构动作声音及 NCS 监控系统分闸信号判断 50136 已分开，认为分闸到位，致使在后续操作时，未投入 1 号发电机—变压器组电气一次 5013 断路器保护屏短引线保护压板。当 5013 断路器合闸时，50136 隔离开关导通，造成 1 号发电机反送电，1 号发电机从盘车状态转速由 3.4r/min 急剧上升至 1146.5r/min，引发 1 号发电机转子剧烈振动，发电机密封瓦损坏，氢气、密封油从发电机端部泄漏，转子与油挡摩擦打火导致爆燃，是这起事故的间接原因。

四、暴露问题

1. 设备质量问题

某高压开关公司现场运行的开关设备存在严重质量问题。

2. 监控设备逻辑不完善

NCS 测控装置隔离开关位置显示逻辑未采用隔离开关常开、常闭双位置进行判断，导致监控后台未能准确显示隔离开关实际位置。

3. 隐患排查工作有漏洞

检修人员未发现设备存在的隐患，对设备存在的问题未及时整改，设备长期处于缺陷运行状态。

4. 集控运行规程不完善，操作执行不严格

电气操作票个别条款编写不正确。操作人员未严格执行操作规程。

5. 运行人员培训不到位

运行人员操作技能低，当设备出现异常情况时，未按照保护原理及保护装置行状态进行正确分析，对设备异常情况判断错误。

五、防范措施及整改措施

1. 提高设备质量

某高压开关有限公司对其他同类型涉网在运开关设备进行隐患排查，彻底消除隐患，满足不同气候环境的运行需求。

2. 深刻吸取事故教训

开展一次全面的隐患排查，重点对 GIS 高压组合电器开关设备、隔离开关状态指示和 NCS 监控系统逻辑的排查，整治开关设备、隔离开关、互感器、避雷器等高压设备的隐患，举一反三，防止类似事故发生。

3. 加强设备管理

针对本次事故暴露的问题，应强化设备治理，制定有效措施；对全厂设备开展一次全面

的隐患排查和治理，确保设备在健康状态下运行。

4. 加强运行管理

严格执行两票三制，完善运行规程、操作票等相关内容，加强运行人员培训，开展事故预想和反事故演习，提高应急处置能力和水平。

5. 防止次生灾害的发生

恢复生产时应采用有效隔离防护措施，加强对抢修队伍的管理，对动火、高空作业、带电作业、大型吊装及脚手架作业编制有效的专项作业方案，并按方案实施；对事故损坏的设备及厂房按要求进行检测，防止次生灾害的发生。

◆ 案例三　某电厂“8·13”盐酸储罐动火氢气爆炸事故

2004年8月13日9时10分，某电厂化学分厂盐酸储罐发生爆炸，将储罐上方屋顶崩开，检修班专业焊工张某从罐上摔落地面后，被掉落的混凝土盖板压住，送医院抢救无效死亡。

一、事故经过

化学分厂共有六个班组，检修班负责该分厂所属各设备的维护。2004年8月12日，化学分厂安全员在检查过程中发现卸酸站1罐容积$50m^3$，钢质内衬橡胶，装30%左右的盐酸排污管根部泄漏，当时由于酸味较重，人员无法靠近。8月13日上午，化学分厂检修班长文某带领本班人员张某、李某、孙某、毕某到卸酸站处理1罐排污管漏点，办理工作票后开始检修。为了把酸罐排空，班长刘某带领人员注水后将水排净。9时，刘某、张某、李某上到罐顶准备打开人孔对漏点进行检查，因螺栓腐蚀锈死，三人动用气焊切割。切割作业进行10min左右，突然一声巨响，酸罐人孔盲板被崩开，气流冲击致使房盖被崩开2m×3m左右的洞，造成焊工张某跌落地面后，被掉落的混凝土盖板块压住，送医院抢救无效，于10时10分左右死亡。

二、事故原因

酸站1罐内衬脱落，造成酸罐钢质罐壁直接与内盐酸接触反应，产生氢气，与罐内空气形成爆炸性混合气体，被气焊引爆，造成爆炸。

◆ 案例四　某电厂4号机定冷水管道系统动火发生氢爆

一、事故经过

因定冷水走出水管路放水管有一砂眼（工作票已于1月19日开出），工作地点至定冷水箱的管路距离约5m，至发电机本体的管路距离约7m。1月21日上午办理一级动火票准备对此砂眼进行补焊处理。检查定冷水箱顶部及定冷水管现场的氢气浓度表计均显示为0%（此表计量程为2%，超1%报警），打开定冷水箱顶部的排空门，现场经消防人员测氢、运行人员分别测氢后，安健环负责人，消防保卫负责人，动火部门负责人，值长现场签字许可，公司领导批准后于9时30分左右动火票开工。10时左右焊工对定子冷水正走出水管路放水管砂眼开始焊接工作，当电焊时突然听到定冷水箱处“砰”的一声，在场人员均听到此响声，初以为是什么东西掉下来了，抬头查找，发现连接定冷水箱的管道上面有灰尘落下，焊工讲焊接的管道有轻微的震动，立即停止工作，收回了一级动火工作票，向上级汇报并进行原因分析。

二、事故原因

发电机内的氢气已经全部置换完毕，但在定冷水箱内有少量的残留氢气存在，而动火作业的定冷水正走出水管道内的水又全部被排尽，导致管道内串入少量的残留气体。定冷水正走出水管道内有残留的氢气，在电焊过程中导致管道内的残留氢气浓度大于 4% 产生爆燃。

◆ 案例五　某热电厂发生氢气爆炸事故

一、事故经过

1984 年 6 月 28 日，某热电厂发生氢气爆炸造成 2 人死亡、1 人受伤的事故。1984 年 6 月 25 日，该电厂 5 号机组因主油泵推力瓦磨损被迫停机检修，因需要明火作业，发电机退氢。6 月 27 日，在检修人员对 5 号发电机内部接线套管是否流胶进行检查，并清擦发电机内部渗油时，感觉在发电机内发闷，因未找到轴流风机通风，改用家用台式电风扇通风。6 月 28 日，当检修人员将电风扇放入发电机人孔门内并开停几次寻找合适放置位置时，发生氢气爆炸。

二、事故原因

由于在发电机检修时，制氢站到发电机内部的氢管道未采取彻底的隔离措施，而该管道两道阀门又不严密，使发电机内氢气达到爆炸浓度，而检修工作中使用的日用电风扇是非防爆电器，在启停特别是换挡时，产生电火花，从而造成了发电机内发生氢气爆炸。

第二节　液氨事故案例

◆ 案例一　某电厂“11·8”氨区液氨泄漏爆炸事故

2016 年 11 月 8 日 9 时 40 分，JZ 热力有限公司（以下简称 JZ 热力）在技改工程管道施工时，发生一起爆炸事故，造成 5 人死亡，6 人受伤，直接经济损失约 1000 万元。

一、事故经过

2016 年 11 月 7 日 21 时，JN 环保公司（以下简称 JN 环保）调试工宋某某在系统调试时，发现氨水储罐顶部与水封罐连接的管道与图纸不符，图纸设计为 U 形管，实际安装为直管，将管道变更情况向 JN 环保工艺调试负责人刘某某反映。21 时 21 分，刘某某打电话告知 JZ 热力机化车间主任刘某某，要求将连接管道按要求整改，刘某某将增加 U 形管工作安排给 JZ 热力维修班长李某。

11月7日22时，WY公司将氨水储罐人孔封闭。

11月8日7时50分，第一车氨水向氨水储罐注入完毕。9时32分，第二车氨水向氨水储罐注入完毕，共向氨水储罐注入氨水53.15m^3。

11月8日9时，JZ热力机化车间维修工李某、袁某、陶某某、胥某某、李某某5名维修工，用小车推着2个U形管到氨水储罐进行更换。李某、袁某、陶某某、胥某某到罐顶进行U形管与水平管定位焊接，李某某在地面配合罐顶人员作业。9时40分，罐顶施工人员在进行U形管与水平管定位焊接时，产生的火花引燃了氨水储罐顶部直管段内氨气与空气混合气体，直管段内燃爆的混合气体又引燃了氨水储罐内混合气体。9时40分27秒氨水储罐罐底变形、抬高，9时40分43秒，氨水储罐东南侧罐底与罐体连接处撕裂，大量氨水夹杂气体喷出，氨水储罐在喷出气液混合物的反冲作用下飞出。在罐顶进行焊接的施工人员李某、袁某、陶某某、胥某某4人，在爆炸力的推动下抛至氨水储罐基础西北方向35m外，李某、胥某某坠落在厂区内ZY制品厂消防通道上当场死亡，袁某、陶某某坠落在ZY制品厂厂房屋面上受伤，李某某被喷溅出的氨水气液混合物冲击受伤。扩散的氨气使JZ热力输煤控制室的王某某、郭某某2名操作人员，WY公司现场烟道施工的胡某某、张某某2名作业人员，JZ热力现场组织的耿某某，孙某某2名管理人员呼吸道受伤。

二、事故原因和性质

（一）直接原因

11月7日22时，封闭罐体人孔，因未对氨水储罐进行惰性气体吹扫、置换，氨水储罐内存有空气。氨水储罐注入氨水后，挥发出的氨气与罐内空气形成了爆炸性混合气体。

安装人员进行直管段与U形管焊接作业时，未采用隔断措施，焊接产生的火花引燃了氨水储罐顶部与水封罐之间管道内混合气体，直管段内燃爆的混合气体又引燃了氨水储罐内爆炸性混合气体，使罐内压力异常升高，罐底与罐体东南方向的接合处撕裂，大量气液混合物喷出，反冲力使氨水储罐抬高并抛出35m坠落，是导致事故发生的直接原因。

（二）间接原因

（1）WY公司未履行安全管理主体责任，未明确安全管理职责，施工现场安全管理混乱。

1）未落实安全管理主体责任。项目负责人无资格证书；发包方人员参与承包范围内工程施工，未签订安全管理协议；未对发包方施工人员进行安全培训教育和安全技术交底。

2）未履行现场安全管理责任。U形管道未进行气密性试验，氨水储罐未进行焊缝无损检测，就同意向氨水储罐加注氨水；未发现和制止施工人员在已注入氨水的罐体顶部焊接作业。

3）未建立动火作业管理机制。涉及动火作业既未按标准办理作业票证，也未进行作业前的动火分析。

（2）JN环保未履行安全监督检查职责，未明确安全管理职责，未对发现的隐患跟踪整改。

1）未履行安全检查职责。未对参与施工的发包方人员进行危险危害告知和技术方案交底，也未督促分包单位对发包方施工人员进行安全培训教育和安全技术交底；管道未进行气密性试验，氨水储罐未进行焊缝无损检测，未对氨水储罐内进行惰性气体吹扫、置换，就同意向氨水储罐加注氨水。

2）工程项目管理混乱。项目负责人无资格证书；发现管道未按设计要求安装，未向分包单位移交，未对隐患跟踪整改；发包方人员参与施工，未签订安全管理协议，明确安全管理责任。

（3）JZ 热力未落实发包单位安全管理责任，参与工程施工，未明确安全管理职责。

1）未履行工程管理责任。未办理工程施工许可；未将安全施工措施向主管部门备案；为加快施工进度参与施工，未签订安全管理协议。

2）未落实安全管理责任。未审查承包单位项目经理资格证书；安排未经培训人员从事管道安装作业；安排无证人员从事动火作业。

（4）监管部门对技改项目疏于管理，履行监管责任不到位。

（三）事故性质

经调查认定，该事故是一起较大生产安全责任事故。

◆ 案例二　某公司“3·17”氨气管道密封损坏导致泄漏事故

2008 年 3 月 17 日，湖北某公司液氨罐区发生氨气泄漏事故，造成约 50 人被紧急疏散，3 人呼吸道不适住院观察治疗。

一、事故经过

2008 年 3 月 16 日下午，湖北某公司液氨罐区维修人员在对氨回收系统进行常规检修时，更换了 2 号储罐弛放气管道连接法兰的石棉垫片，3 月 17 日凌晨，氨回收和弛放气系统相继投入使用。投用半小时后约 4 时许，2 号储罐弛放气管道连接法兰处发生氨气泄漏。3 名操作人员未佩戴任何防护用具，就试图关闭弛放气控制阀，但因现场氨气浓度太大，未能成功，操作人员立即报警求援。消防人员和厂部救援人员赶到现场后，进行紧急救援处置。5 时 40 分，弛放气控制阀被关闭，成功消除漏点。事故造成约 $2m^3$ 氨气泄漏，3 人因呼吸道不适送往医院观察治疗。

二、事故原因

（1）在更换弛放气管道连接法兰的石棉垫片时，未按要求对角拧紧法兰螺栓，造成石棉垫片受力不均，密封不严，为事故的发生埋下了隐患。

（2）更换石棉垫片后，未对弛放气管道系统进行压力试验和气密性试验，错失了补救的机会，导致了事故的发生。

（3）现场应急器材配备不足，应急处置能力差。

三、防范措施

针对该起泄漏事故，该公司应当吸取深刻的教训并采取切实的防范措施，避免类似事故的再次发生。

（1）要加强危险化学品检修过程的安全管理，严格执行设备检修安全规程。危险化学品项目的设备检修过程是安全生产事故的多发阶段，应提高员工安全意识，严格按照设备检修安全规程的操作要求，坚决杜绝违反安全作业规程。

（2）要加大职工安全教育和应急知识的培训力度，增强职工的安全意识，提高作业人员的应急自救能力。危险化学品事故具有易发性和突发性特点，从业人员必须掌握一定的安全知识，不断增强安全意识，提高应急自救能力，才能在突发事故中做到降低风险，减少不必要的伤害。本次事故中，3 名操作人员在氨气泄漏现场未佩戴任何防护用具，就试图关闭驰放气控制阀，导致 3 人呼吸道不适住院观察治疗，属于盲目施救，造成了不必要的伤害。

（3）要加大隐患排查治理工作力度，认真落实安全生产责任制，本次氨气泄漏的事故现场，应急器材配备不够，给救援造成了障碍，导致事故的扩散，增大了事故的影响，氨气具有强烈的刺激性，氨气泄漏事故影响大、危害重、易造成严重后果，涉氨企业和单位更应该加大隐患排查治理工作力度，认真落实安全生产责任制，有效控制安全事故的发生。

第三节　燃油罐区事故案例

◆ 案例一　某发电公司“10 · 10”燃油罐维修爆炸事故

2015 年 10 月 10 日 15 时 44 分，JL 发电公司在维修油罐过程中发生一起爆炸事故，造成 4 人死亡（3 人当场死亡 1 人失踪，失踪人员于 10 月 13 日 16 时 40 分在罐底发现并确认死亡），事故直接经济损失约 950 万元。

（一）事故经过

2015 年 9 月 30 日，JL 发电公司开展安全专项检查发现：1 号、2 号油罐盘梯至顶部呼吸阀、安全阀处只有防滑踏步，没有护栏，1 号、2 号油罐爬梯及平台部分踢脚板不全，作业时存在安全隐患。经研究，JL 发电公司设备部决定对 1 号油罐进行整改。

2015 年 10 月 8 日，1 号油罐整改制作材料到厂，根据 JL 发电公司设备部安排，锅炉专业主任王某通知 ST 检修项目部锅炉班长解某某，准备进行 1 号油罐护栏整改工作。

2015 年 10 月 9 日 15 时 49 分，ST 检修公司锅炉班长解某某提交热力机械一种工作票，工作票工作内容：1 号油罐内部防腐检查等工作。

2015 年 10 月 10 日 9 时 07 分 ST 检修公司技术员提交热力机械二种工作票，工作内容：1 号油罐顶部平台补焊（工作票由锅炉班副班长郭某某代办）。

2015 年 10 月 10 日下午 15 时左右，一级动火工作票按照程序走到三值值长贾某某处，处于待审批状态。

在一级动火工作票程序没有走完，工作负责人、工作许可人、消防监护人未接到通知到场验收安全措施执行情况下，ST 检修公司解某某指挥维修工人去燃油罐区做维修准备工作。

15 时 15 分左右，陈某某等 5 人携带备好的花纹钢板、钢管以及动火工具凭热力机械一种工作票和二种工作票进入燃油罐区，5 人先后两次反复登上 2 号燃油罐顶部搬运材料及动火工具。

15 时 20 分左右，苗某某由燃油罐区南门进入燃油罐区，从燃油泵房 MCC 柜进行焊机电源接线。

15 时 35 分左右，柳某某在 2 号油罐顶部喊："电压不足"，苗某某又单独进入燃油罐区，赵某某从 2 号油罐顶部下来与苗某某一同检查线路，苗某某进入燃油泵房配电室重新接线。

15 时 40 分，2 号油罐突然爆炸，顶盖掀起翻转 180° ，落在两个罐体中间（1 号油罐西南），2 号油罐内燃起大火。罐顶上部三人落入防火堤，另外一人掉入油罐。解某某、赵某某、苗某某等人先后从油区南门跑出。

事故造成 4 人死亡（其中 1 人失踪，3 人当场死亡，失踪人员于 10 月 13 日 16 时左右在爆炸罐体内发现，确认死亡），250t 燃油废弃，2 号油罐报废。

（二）事故原因

1. 直接原因

JL 发电公司将外围设备维护分包给 ST 检修公司。ST 检修公司在事故发生时，未办理完动火作业票，便违章误登上 2 号柴油罐顶进行焊接动火作业。

ST 检修公司动火作业票办理和现场焊接平行进行，未起到危险作业票证对危险作业的管控作用。ST 检修公司相关人员违章焊接时引燃 2 号罐柴油，油气与空气混合物发生爆炸，致使 ST 检修公司陈某某等 4 人死亡。

2. 间接原因

ST 检修公司作业票证与实际危险作业存在两层皮现象，即办票的管办票，作业的管作业，起不到危险作业票证对危险作业的控制作用。

按照 JL 发电公司的规章制度以及和 ST 检修公司、XH 服务公司签订的劳务合同，生产安全管理由 JL 发电公司负责。在危险作业过程中，作业票证由 JL 发电公司进行确认及签署放行。但是 ST 检修公司现场危险作业和作业票证的办理分别进行，不按动火票证管理制度进行，JL 发电公司并未对此类管理混乱进行有效制止。

XH 服务公司对燃油罐区进行管理，当班管理人员在作业票不完整的情况下，允许作业人员进入现场作业，作业人员与票证人员不符，致使焊接人员不仅违规接通电源，而且错误在存有柴油的罐上进行焊接作业。

◆ 案例二　某电厂"11·15"柴油泄漏事故引发重大污染事件

2006 年 11 月 15 日，四川省 LZ 电厂发生柴油泄漏事件，部分柴油流入长江，造成 LZ 市区自来水厂停止取水，并对重庆市部分地区造成影响。

（一）事故经过

2006 年 11 月 13 日 9 时许，LZ 市环境监察支队接到群众举报，反映 LZ 电厂有油污外排。执法人员调查发现，电厂排污口下游有少量油污，但未继续排放。经查，这些油污是电厂抽取废油池底部清水时将部分池中废油带出所致。油污未进入长江。执法人员当即向企业下达《环境监察通知书》，要求查明废油来源，停止排放，清理小溪沟油污，并将处理情况书面报市环境监察支队。

2006 年 11 月 15 日 15 时 30 分，LZ 市环境监察支队又接到举报，长江 FS 镇段发现油污，疑为LZ电厂所排。当日16时40分，环境执法人员在现场发现长江江面有条长约几千米的柴油污染带，立即通知LZ电厂环保人员查找原因，检查发现这些柴油是经1号供油泵冷却水管泄漏，随雨水排放沟直接外排，执法人员立即组织封堵，切断泄漏源。

此次柴油泄漏从2006年11月15日上午10时供油泵运行时开始至下午6时切断，历时8h，核定泄漏油量为16.9t。

（二）事故原因

此次柴油泄漏事件主要原因，一方面是由于LZ电厂与施工单位擅自将冷却水管接入雨水沟，点火系统调试过程中供油泵密封圈损坏，导致大量柴油从冷却水管外泄；另一方面是由于厂方及施工单位管理不善，操作工人蛮干，致使抽取污油池中冷却水时不慎将部分污油外排。

此次柴油泄漏系LZ电厂及施工单位安全生产事故引发的重大环境污染事件；事件造成LZ市水务集团两个取水点取水中断，污染物流入重庆市JJ县境内，属跨省域污染事件。

发生此次污染事件，暴露出企业环境安全意识淡薄，管理中存在严重缺陷。

“三同时”制度执行不到位。LZ电厂在事故应急池未建成、污油池未连通污水处理厂，也没有制定环境污染应急预案，不具备带油调试条件的情况下，未报告当地环保部门擅自调试分系统，引发了柴油泄漏污染环境事件。

企业环境安全意识淡薄。擅自修改冷却水排放管道，将冷却水管直接与雨水排放沟连通，致使本应在污油池及集油管沟收集的废油直接外排。

企业在管理中也存在严重缺陷。LZ电厂废油池的抽油泵无严格操作规程和管理制度，与施工单位责任不明确，加之施工单位操作人员责任心不强，致使污油外排。

第四节　强碱事故案例

◆ 案例　强碱溶液灼伤事故

2000年12月26日，某企业发生一起热碱液喷出伤人事故，造成1名检修人员面部灼伤。该事故尽管发生在非发电企业，但对发电企业也有警示作用。

一、事故经过

2000年12月26日21时许，某企业碱洗工段操作人员张某在对现场进行巡回检查时，发现该工段碱液配置罐至碱液贮罐的地面管线上的阀门漏液，地面有积水，经确认是阀门填料漏。于是找来检修工李某准备更换阀门填料，首先2人关闭了漏液阀门两端连接2个贮罐的阀门，然后李某对漏液的阀门进行填料更换，王某在一旁监护。在更换过程中，因需弯腰低头作业，为方便操作，检修工李某将防酸碱罩摘下，递给了站在一旁的王某。当解开阀门压盖螺栓后，从阀门填料的密封处喷出一股夹带碱液的蒸汽，溅在李某面部，造成李某面部灼伤，王某立即将李某扶至附近泵房内的洗眼器处进行冲洗，幸好李某戴着近视镜，才没有造成眼部灼伤，后送医院进行治疗。

二、事故原因分析

该工段因生产需要使用 5%NaOH 碱液，在室外装置区设有 NaOH 碱液配置罐和 NaOH 碱液临时贮罐，2 罐之间连通的管线沿地面敷设。为防止冬季碱液管线内积液冻堵，在管线外敷设蒸汽伴热管线和保温材料。

当 NaOH 溶液自配碱罐输送至临时贮罐后，2 罐相连管线内残存的碱液因受热汽化而使管线内压力增大，当解开阀门填料压盖时，蒸汽夹带碱液喷出，溅到检修工李某面部，而李某在作业过程中未按规定佩戴防护用具，造成李某面部灼伤，是事故发生的直接原因。

第五节　中毒事故案例

◆ 案例一　磨煤机内部发生人员 CO 中毒窒息事故

2017 年 2 月 23 日上午 9 时 25 分左右，某公司动力厂磨煤机内部发生一起中毒窒息事故，造成 1 人死亡，2 人受伤，直接经济损失 75.99 万元。

一、事故基本情况

甲公司动力厂主要生产设备有 3 台 220t/h 高温高压煤粉锅炉和配套的 6 台磨煤机。事故发生的具体部位为磨煤机内部，该磨煤机外形为圆柱体，筒体有效内径为 2900mm，筒体有效长度为 4100mm，筒体有效容积为 37.08m^3，内部装有磨碎煤块的钢球，进料口为 850mm × 850mm 方形管（邻近路侧的管壁上开有人孔门，只有检修时打开），上接输煤管和热风管，出料管道直径为 100mn，后接管道连通排风机和筛分塔，管道上安装有重力闸门。磨煤机正常停车程序是：先停止输煤，然后，把磨煤机内的粉吹干净，再停排风机，重力闸门自动关闭，磨煤机内部形成有限空间。2017 年 2 月 7 日，锅炉水冷壁破裂漏水，锅炉及其配套设备自动紧急停车，磨煤机内部煤粉没有按照正常程序被吹走，存留在磨煤机内部各处。2 月 21 日，甲公司动力厂向甲公司机动部上报锅炉（包括磨煤机）检修计划，2 月 22 日上午，甲公司机动部批准该计划，甲公司动力厂让乙公司项目部具体实施该计划。2 月 22 日上午，乙公司项目部未按规定取得检修工作票和有限空间作业证的情况下，乙公司项目部维修班长张某安排秦某把磨煤机人孔门打开，让磨煤机内部与外部环境进行自然通风。

由于磨煤机是非正常停机，内部存有煤粉，磨煤机内的原煤水分为 8% ～ 10%，进入磨煤机的热风温度为 300℃以上，出磨热风温度为 80℃以上，磨机内煤的温度较高，部分煤粉热解产生一氧化碳等有毒气体，直到 2 月 22 日上午，磨煤机才打开了人孔门，用于自然通风。经过现场勘验、调查询问和查阅相关记录，中毒受伤人员临床病例诊断治疗方案，甲公司化验室工作人员对磨煤机内的氧气、一氧化碳、硫化氢进行检测结果等情况综合进行科学分析，调查组认为：磨煤机事故发生时的有害气体应为一氧化碳。

二、事故经过

2017年2月23日上午8时30分班前会上，乙公司项目部维修班长张某安排张某等4人对磨煤机内外进行检查。会后，张某带领秦某3人来到磨煤机进行检查，随后张某离开，9时25分左右，甲公司动力厂工艺专工刘某发现有人晕倒在磨煤机内，于是跑到乙公司项目部值班室喊人救援，张某、梁某、任某等闻讯赶到事故现场，梁某第一个进入磨煤机内救人，进入磨煤机十几秒后，也晕倒在磨煤机内距人孔门大约1m处，随后张某吸了口气进去抢救，在几个同事的帮助下，把梁某救了出来，抬到通风处，进行人工呼吸抢救（随后梁某醒过来），紧接着任某进入磨煤机内把秦某救了出来，抬到了通风处，做人工呼吸抢救。9时50分左右，120救护车赶到，将秦某和梁某送至医院抢救，张某随后骑电动车去医院接受治疗。2017年3月24日夜晚11点多钟，秦某医治无效死亡。

三、原因分析

（一）直接原因

乙公司项目部员工秦某，在未取得有限空间作业证，对有限空间危险情况不了解的情况下，未佩戴相应的劳动防护装置，违规冒险进入危险场所有限空间内进行作业，导致中毒窒息。

（二）间接原因

甲公司安全生产主体责任落实不到位，与承包单位签订事故免责协议，不符合《中华人民共和国安全生产法》的相关规定，对承包单位的安全生产工作疏于管理，没有定期对承包单位开展安全生产检查，对承包单位安全生产工作中存在的问题未能及时发现和纠正，乙公司对项目部安全生产管理不力，项目部安全规章制度不健全，安全检查不到位，职工安全管理存在漏洞。安全培训不到位，个人防护装备配备不齐全，缺乏应急救援演练，违章指挥，违章作业现象严重。

◆ 案例二　某电力公司水电站“3·1”中毒事故

某年3月1日，XH公司在GY公司水电站引水隧洞缺陷处理施工过程中，发生一起一氧化碳中毒事故，造成3人死亡，1人重伤。

一、事故经过

GY公司水电站试运行满一年后进行常规停产检修，检修中发现引水隧洞存在裂缝，公司决定对引水隧洞裂缝进行防渗处理。2月28日，GY公司合同委托XH公司承担电站引水隧洞补漏缺陷维修工程。3月1日13时40分，XH公司10名工作人员进入引水隧洞施工，对隧洞裂缝实施注浆堵漏，在隧洞内用发电机发电提供作业动力和施工照明。17时20分左右，在发电机附近的施工人员李某某感觉头晕，他关闭了发电机后昏倒在地。由于发电机停止了工作造成隧洞内停电，隧洞内的施工人员就往洞外撤离，在撤离的过程中发现昏倒的李某某，他们就抬着李某某往洞外撤离。在撤离过程中，先后有5人昏倒，中毒轻微的施工人员爬出了隧洞。出洞后，他们立即拨打 120、119 电话报警。经现场救援，3 人经抢救脱离生命危险，3 人经抢救无效分别于 3 月 3 日内先后死亡。事故直接经济损失 280 万元。

二、事故原因

1. 直接原因

（1）XH 公司没有制订施工安全技术方案；在自然通风条件差的隧洞内施工，没有安装通风换气设备，又使用发电机发电，消耗隧洞中的氧气，造成隧洞中缺氧，同时发电机运转时还产生一氧化碳气体。

（2）XH 公司未对狭小空间作业的人员配发个人防护用品，使作业人员暴露在有毒有害的作业环境中。

2. 间接原因

（1）XH 公司原有建筑防水工程专业承包三级资质，但已于 2011 年 3 月 6 日到期，属于无资质承包工程。

（2）XH 公司未对入场工人进行“三级”安全教育，未派有资质的施工管理人员进行现场施工组织和监督管理，对作业人员在自然通风条件差的狭小空间使用发电机供电的隐患未及时发现和制止。

（3）GY 公司在工程发包时未严格审查 XH 公司的资质，将工程发包给已不具备资质的企业。

（4）GY 公司安排的隧洞施工管理人员无水电施工管理的资质和相应的能力，虽然发现 XH 公司员工在自然通风条件差的狭小空间隧洞中使用发电机和隧洞内有刺激性气味的安全隐患，但未采取措施予以纠正和制止。

◆ 案例三　污水泵站沉淀池清淤作业发生硫化氢中毒事故

2013 年 7 月 25 日 15 时 40 分左右，某公司施工人员在某社区 2 污水泵站沉淀池进行清淤作业过程中，发生中毒事故，造成 4 人死亡，直接经济损失 220.6 万元。该事故非常典型。

一、基本情况及事故经过

为保证污水站的正常运行，某社区从 2013 年 6 月开始准备对各提升泵站进行清淤，施工任务由该公司承担。

7 月 20 日，该公司施工人员开始对某社区 2 号泵房污水沉淀池进行施工准备，捞取浮渣，使用自备泥浆泵抽水降低水位。21 日，因自备泥浆泵烧坏，停止作业。

7 月 24 日，社区职能部门组织有关单位召开了协调会议，再次强调并进一步明确了施工作业的相关安全防护措施。

7 月 25 日 14 时 30 分左右，4 名施工人员来到该社区 2 号泵房污水沉淀池，进行施工准备，启动临时排水泵排水。14 时 45 分左右，项目经理于某到达现场。14 时 58 分，社区技术质量监督中心质检员王某到现场检查安全防护情况。因现场安全措施未到位，质检员王某对施工负责人于某说：“天气炎热，无安全绳，措施不到位，禁止施工，整改后再干。”质检员王某在禁止施工队伍作业后离开。

15时40分，施工队伍在未做整改的情况下擅自开始施工，施工员于某佩戴防尘口罩，在未系安全绳的情况下，携带铁锹下池作业，拟清除堵塞在格栅上的垃圾。尚未下到沉淀池底部（池底水深1m左右），就喊“不行，我得上去”，随后扔掉铁锹向上爬，但已抓不住梯子和绳子（提升垃圾用），坠入沉淀池底。经理见状，立即佩戴防尘口罩下去施救，随后施工员于某、孙某未佩戴防护器材也相继下到沉淀池底参与施救，3人一起托起施工员于某，试图将其顶上来，但3人已出现中毒症状，无力将其救出。地面施工人员张某见状，向3人身边甩动绳子，呼喊让他们抓住绳子，试图将3人拉上来，但3人已无法抓住绳子，张某随即呼喊救人。沉淀池旁边的电动车店主徐某闻讯赶来，与张某一起向3人身边甩动绳子，3人已无反应。15时43分，徐某让其女儿徐某拨打“119”报警。徐某拨打派出所报警电话，因无法说清情况，就跑到不远处的派出所报警。民警赶到现场后，迅速联系了消防和医护人员到现场施救。

15时50分，该社区消防中队接到报警后，迅速向消防支队指挥中心报告，请求指挥中心协调周边消防队前来增援。社区管理中心接到报告后立即启动应急援预案，组织、协调、实施救援。16时7分左右，消防队相继赶到现场实施救援，佩戴空气呼吸器、防化服，进入沉淀池，开展施救，依次将4名施工人员救出。医院救护人员立即进行了现场诊断和救治，随后送往医院继续抢救。4人经抢救医治无效死亡，死亡医学证明死亡原因为“溺水”。

二、原因分析

1. 直接原因

（1）施工人员于某违章作业，未佩戴规定的防护器材，在仅佩戴防尘口罩、未系安全绳的情况下，擅自进入污水泵站沉淀池底作业，吸入了硫化氢等有害气体，造成急性中毒，坠入池中溺水，导致死亡。

（2）现场其他3名施工人员缺乏应急救援知识，在未采取安全防护措施的情况下，相继下到沉淀池底部盲目施救，造成急性中毒、溺水死亡，导致事故进一步扩大。

2. 间接原因

（1）进入受限空间作业制度执行不严，是造成事故发生的主要原因。该公司未按照规定要求办理《进入受限空间作业许可证》，未进行危害识别，未制定有效的防范措施，未按规定取样分析，作业人员未按规定佩戴隔离式防护面具进入受限空间。

（2）该公司安全意识淡薄，是导致事故发生的重要原因，施工人员缺乏防范硫化氢、二氧化碳等有害气体的常识，施工人员在现场没有进行有效的危害辨识，没有配备符合规定要求的防护用品，导致事故发生。

（3）该公司安全生产主体责任不落实，是导致事故发生的重要原因。该公司没有按照相关安全规定，对施工队进行有效管理，没有进行安全教育、安全监督检查，对《开工报告》《施工组织设计（方案）》审查不严。

（4）该社区承包商安全监管不到位，是事故发生的原因之一。该社区虽然与承包商签订有《安全施工协议书》，但对作业人员的安全教育针对性不够。对承包商《施工组织设计》中的安全措施审查不细致，把关不严，未指出防硫化氢措施。

该社区对《进入受限空间作业安全管理规定》等制度执行不到位。社区技术质量监督中心质检员负责现场监管工作，虽然到现场进行了检查，对施工人员进行了口头制止，但未按规定进行书面确认，施工现场安全监管不到位。

第六节 燃气电厂事故案例

案例 某燃气热电公司“6·6”燃气爆燃生产安全事故

2012年6月6日14时许，TYG燃气热电有限公司（以下简称TYG公司）厂区内启动锅炉房附属建筑增压站MCC控制间内发生燃气爆燃事故，造成2人死亡、1人重伤。

一、事故基本情况

2010年7月，TYG公司将780MW燃气联合循环机组检修维护工作外包给JF热电有限责任公司（以下简称JF公司），双方签订了《外委服务合同》。同月，JF公司将服务项下的保洁服务项目分包给LLT公司，双方签订了《保洁服务分包合同》。

（一）爆燃区域建筑及相关管线情况

爆燃事故现场位于TYG公司厂区西北角的启动锅炉房建筑楼房。该楼建筑面积为308㎡，房屋整体采用钢筋混凝土框架结构，部分部位为斜坡屋顶。该建筑共分为四个区域，自东向西依次为增压站MCC控制间、氮气瓶间、启动锅炉房以及启动锅炉MCC控制间。各房间隔墙及四周墙体均采用充气水泥砖填充砌筑，充气水泥砖墙体与混凝土梁之间采用实体灰渣砖斜放填充，内外墙与房屋立柱之间连接有钢筋，房间窗户为双层玻璃塑钢材质，门为铁质防盗门（门边有橡胶条密封）。

爆燃区域为增压站MCC控制间，该房间为一层，建筑面积为84㎡，与氮气瓶间有墙体隔离。增压站MCC控制间为无人值守远程控制机房，主要控制启动锅炉房建筑楼房东侧天然气调压、增压站内的设备运转。

增压站MCC控制间东侧（距外墙1m）地下有一条南北走向混凝土浇筑电缆沟。电缆沟呈“凹”字型，上盖水泥盖板，宽0.9m，深0.8m，由增压站MCC控制间东侧地下进入增压站MCC控制间，在室内地下南北向呈“U”形布局，上盖有水泥盖板，东侧电缆沟上摆放有两组控制柜，西侧电缆沟上摆放有五组控制柜。增压站MCC控制间南侧（距外墙0.6m）地下1.6m深处有一条东西走向DN100的天然气管线，通往启动锅炉。

氮气瓶间室内西南角部位有一DN180氮气主管线入地，主阀门内侧有一安全阀，连接有氮气放散口，放散口设置于室内，设计排放压力为0.99MPa。该管线由氮气瓶间外南侧地下向东进入调压站和主厂区，用于燃气管线的吹扫，管线设计工作压力为0.6 MPa。

增压站MCC控制间外北侧约12m处地下有一条由调压站至厂前区食堂的DN80天然气管线，压力为0.3 MPa。

调压站位于增压站MCC控制间东侧增压机房内，调压系统天然气流向依次为：天然气市政管线（管线压力为 2.2 MPa）、天然气粗精一体过滤器、流量计、电加热器、调压站、至启动锅炉和厂前区食堂。

（二）事故发生前爆炸区域周边作业情况

2012 年 4 月底，BJ 燃气集团有限责任公司按照《中华人民共和国计量法》中“贸易结算用流量计需定期标定”规定，对安装在 TYG 公司增压调压站内用于贸易结算的启动锅炉 DN50 流量计进行拆卸标定，5 月底完成标定后，定于 6 月 6 日对流量计进行回装。

经调查，由于流量计安装在 TYG 公司增压机房，回装流量计工作应当由 TYG 公司人员配合完成。按照 TYG 公司生产作业要求，BJ 燃气集团安排运营调度中心、燃气集团高压分公司、TH 公司、JH 公司等 7 名人员在 TYG 公司发电部 3 名工人配合下，于 6 日上午 9 时开始回装作业。

6 月 5 日 17 许，TYG 公司生产保障部樊某在厂内计算机系统内提交热工工作票（工作票编号：WT201206050023），工作内容为“启动锅炉管线流量计回装”。该工作票的工作许可人为发电部运行丙值主值班员李某（其主要职责核实安全措施是否符合要求，工作完成后到现场确认工作终结）。发电部工作人员黄某、刘某负责现场安全措施的执行，吹扫天然气管线。

6 月 6 日上午 8 时 30 分左右，主值班员李某到流量计回装现场下达了工作票。9 时许，黄某依次关闭天然气流量计入口阀门、启动炉 ESD 阀门和厂前区阀门，然后打开电加热器放散阀门，待电加热器压力下降后，关闭电加热器出口阀门，将流量计入口阀门至电加热器出口阀门这段管线与其他管线隔离，打开电加热器放空阀门，把这段管线内部的天然气排空。随后通过对讲机通知位于氮气瓶间的刘畅打开氮气汇流排阀门，然后黄某关闭电加热器放散阀门，打开两个电加热器下方用于天然气置换的氮气一次阀（截止阀）和二次阀（手动球阀），待这段管线内氮气充满并达到一定压力后，打开流量计后的天然气管线放散阀门。在吹扫过程中，发电部副主任吴某，来到作业现场，要求黄某在流量计回装前，关闭流量计出口阀门，将氮气充到电加热器出口阀门至流量计出口阀门这段管线中，关闭电加热器下两个氮气阀门保压。在流量计回装后，利用电加热器出口阀门至流量计出口阀门这段管线内部的剩余氮气，吹扫置换流量计入口阀门至出口阀门这段管线因更换流量计进入的空气。黄某 3 次吹扫该段管线后，打开电加热器放散阀门和取样阀门，用天然气检漏仪检查天然气浓度为 0.5%，关闭电加热器放散阀门和取样阀门。随后，按照吴某要求关闭了流量计出口阀门，把氮气充到电加热器出口阀门至流量计出口阀门这段管线，但并未关闭电加热器下方一次阀（截止阀）、二次阀（手动球阀）。此时，黄某通知位于氮气瓶间的刘畅关闭氮气汇流排阀门。此后，BJ 燃气集团有限责任公司高压管网分公司王某、苗某对作业现场环境燃气浓度进行检测，经检测符合要求后，TH 公司管道维护分公司徐某某、李某某对流量计进行拆装，JH 公司王某某、刘某对流量计二次仪表线进行拆接。9 时 42 分左右，流量计回装工作完成，黄某打开流量计出口阀门，反复开关了几次流量计后的放散阀门，将流量计入口阀门至出口阀门这段管线内空气置换成氮气。置换结束后，黄某关闭流量计放散阀门，并打开流量计入口阀门和电加热器放散阀门将该段管线内氮气恢复为天然气。9 时 47 分，黄某打开电加热器旁取样阀门，用检漏仪检测天然气浓度为满值后，关闭取样阀门和电加热器放散阀门，依次打开启动炉 ESD 阀门、电加热器出口阀门和厂前区一次阀门后，离开作业现场。

二、事故经过

2012年6月6日14时左右，由JF公司聘用的LLT公司保洁工人田某某、郑某某、董某某和桂某某4名人员，到增压站MCC控制间进行保洁作业。14时0分25秒，田某某打开增压站MCC控制间门进行入房间，郑某某、董某某在门外做准备工作，桂某某在增压站MCC控制间东侧路旁休息，14时02分55秒，增压站MCC控制间发生爆燃，爆燃冲击波将在门外做准备工作的郑某某、董某某抛至增压站MCC控制间20余米外路面死亡，室内人员田某某受重伤。

爆燃产生的冲击波造成增压站MCC控制间屋顶隆起，四面墙体被炸毁。北侧厂区铁制栅栏墙、东侧18m处调压增压站外墙、南侧14m处循环水PC间外墙、东南侧约60m处的1号发电机组外墙均不同程度被破坏。启动锅炉房与氮气瓶间隔墙最南端氮气放散口及上部墙体位置有过火燃烧痕迹。

三、事故原因及性质

事故调查组依法对事故现场进行了认真勘查，查阅了有关资料，对事故目击者和涉及的相关人员进行了询问，同时结合专家分析及技术鉴定结论，查明了以下情况：

（1）事故现场氮气瓶间内氮气安全阀放散口及其上部墙体有燃烧过火现象存在，确认事故发生后，此放散口仍有天然气泄漏，并存在喷射状火焰。

（2）通过调阅调压站流量计（以下简称流量计）运行记录证实，流量计从6月6日9时47分至14时02分存在约2500m^3（标准大气压下体积）的天然气流过。经过此表的天然气一路供厂前区食堂，一路供启动锅炉，其下游再无其他用气设备。根据调取食堂日常用气量分析，每天食堂用气量在100m^3左右。当天启动锅炉没有工作。通过对流量计的远传数据与流量计回装作业起始及结束时间比对，流量计回装工作结束时间与当天流量计读数变化起始时间一致，同时，流量计读数结束时间与事故发生时间吻合。由此认定从此流量计流出的2500m^3天然气是此次爆燃事故的气体来源。

（3）国家特种泵阀工程技术研究中心对止回阀检测证实，止回阀不能密封，反端无法建压。止回阀流道基本处于畅通状态，不能达到阻止天然气逆流氮气管线的目的。经计算，电加热器下手动球阀和止回阀在2.2MPa压力下流通能力为801.40kg/h空气，相应压力下的体积流量为30.07m^3/h，约合标准大气压下（p=0.101MPa（A），t=0℃）体积流量619.80m^3/h。在事故发生前4h的气体泄漏量与调压站前流量计显示的约2400m^3天然气（不包含厂前区食堂燃气用量）基本一致。由此认定天然气由增压机房调压站电加热器下的二次阀（手动球阀）、止回阀和一次阀（截止阀）逆流进入氮气系统，从氮气瓶间内安全阀放散口泄漏至氮气瓶间内，与实际泄漏量基本一致。

（4）TYG公司发电部运行丙值巡检员黄某违章操作，未按照TYG公司《S209FA联合循环机组运行规程》（Q/JYRD–113.11–01–2011 13.2.2.1 3）管路天然气置换氮气的要求关闭电加热器下一次阀（截止阀）、二次阀（手动球阀），便离开现场；发电部运行丙值主值班员李某，作为工作票许可人，在工作结束后也未亲自到现场检查验收。

（5）天然气在氮气瓶间和增压站MCC控制间扩散模拟计算分析。由于氮气瓶间和增压站

MCC 控制间的隔断墙体完全损毁，无法找到氮气瓶间内泄漏的天然气扩散至增压站 MCC 控制间的直接证据。事故调查组委托劳动保护科学研究所对氮气瓶间内氮气管道安全阀放散口处天然气流量进行计算，并委托北京理工大学爆炸科学与技术国家重点实验室结合现场爆燃后情况对增压站 MCC 控制间内的参与此次爆燃事故的天然气进行模拟分析，经模拟分析认定，氮气瓶间内氮气管道安全阀放散口天然气泄漏量约为 $480m^3/h$；在增压站 MCC 控制间的内部参与爆燃的天然气量为 $42m^3$ 时，爆燃破坏情况与现场情况最为吻合。

（6）事故发生前，聚集在氮气瓶间内的天然气具备扩散进入到增压站 MCC 控制间并形成聚集的能力。事故调查组委托专家组结合上述计算和模拟结果进行综合论证得出以下结论：

一是启动锅炉房整体采用混凝土框架结构，各房间隔墙及四周墙体均采用充气水泥砖填充砌筑，充气水泥砖墙体与混凝土梁之间采用实体灰渣砖斜放填充。由于氮气瓶间与增压站 MCC 控制间之间墙体在设计时未考虑隔绝气体，采用的充气水泥砖、实体灰渣砖和混凝土梁各自膨胀系数不同，在填充墙体沉降和温度变化影响下，填充墙体顶部与混凝土梁的交接处出现通体裂缝。专家对太阳宫热电厂相同年代和结构建筑物进行验证，证实类似结构墙体均存在无法对气体形成有效隔绝的裂缝，氮气瓶间内安全阀放散口泄漏的天然气的泄漏量约为 $480m^3/h$，在氮气瓶间扩散达到一定压力后，经墙体的裂缝向增压站 MCC 控制间渗透后形成天然气聚集。

二是当保洁人员打开 MCC 控制间门后，室内天然气经约 2 分 30 秒扰动，达到爆炸极限（浓度约为 9.5% V/V），遇配电柜处点火源，发生爆燃。

调查组根据上述调查事实和分析结论，认定了事故的原因和性质。

（一）事故直接原因

防止天然气逆流的止回阀损坏失灵；TYG 公司发电部运行丙值巡检员黄某违章操作，在实施管线燃气置换作业后，未按要求关闭一次阀（截止阀）、二次阀（手动球阀），致使天然气逆流至氮气管线系统，在氮气瓶间放散，并通过墙体裂缝扩散至增压站 MCC 控制间，遇配电柜处点火源发生爆燃，是造成此次事故的直接原因。

（二）事故间接原因

TYG 公司安全管理存在漏洞，对本单位从业人员进行安全生产教育和培训不到位，致使作业人员未能熟练掌握氮气置换的操作规程；对燃气设施的日常巡查不到位，未能及时发现用于防止天然气逆流的止回阀失灵的情况；工作票制度管理流于形式，未能认真督促相关人员严格按照工作票制度要求到作业现场实施检查验收。

（三）事故性质

鉴于上述原因分析，根据国家有关法律法规的规定，事故调查组认定，该起事故是一起由于安全设施损坏和作业人员违章操作导致的生产安全责任事故。

第七节　食堂燃气事故案例

◆ 案例一　某生活区办公楼“6·11”重大液化石油气爆炸事故

2013 年 6 月 11 日 7 时 26 分，SZ 燃气集团有限责任公司 HS 储罐场生活区综合办公楼发生液化石油气泄漏爆炸事故，造成 11 人死亡，9 人受伤入院救治，其中 1 名伤员伤势严重，经抢救无效于 6 月 20 日死亡，直接经济损失 1833 万元。

一、基本情况

综合办公楼总建筑面积为 638.41m^2，一楼设有职工餐厅、厨房、食堂储藏室和汽修厂员工更衣室，二楼是罐场、钢瓶检测站办公室、会议室，三楼为送气中心办公室、送气工更衣室、罐场职工更衣室，值班室（含夜间值班）及职工活动室。厨房和储藏室净高约 3.15m，总面积为 34m^2，其中厨房和储藏室各占约 17m^2，厨房和储藏室北侧各有 2.4m × 1.8m 窗。厨房有两扇门，一扇门通向东侧储藏室（据厨房工作人员反映，该门一般不关闭），另一扇门通向南侧打饭打菜间。厨房内有双眼大锅灶和双眼家用燃气灶各一台，抽油烟机一台、荧光灯两盏，储藏室内电气设备有电冰箱一台、荧光灯两盏。厨房液化气用 DN25 管道以架空方式接自锅炉房液化石油气管道在厨房西北角穿墙引入，管道进墙后连接角阀、调压器，调压后的低压液化石油气采用橡胶软管方式与灶具连接。

二、事故经过

2013 年 6 月 11 日 7 时 20 分左右，储罐场和送气中心部分参加节日（端午节小长假）加班的职工先后有 19 名职工到达综合办公楼，都在办公室或在更衣室更衣。7 时 24 分 45 秒，包冬某驾车停靠在综合办公楼东侧楼下，下车后向南走开，包菊某下车后于 7 时 25 分 02 秒进入食堂储藏室和厨房间东侧门，1min 后即 7 时 26 分 02 秒，在该小轿车停放位置西侧、综合办公楼东侧厨房位置突然发生爆炸，当场造成该综合办公楼整体坍塌，包括包菊某在内的楼内 20 人被埋压。

三、事故原因和性质

（一）直接原因

包菊某进入可燃气体浓度达到爆炸极限范围的厨房后处置不当，触动电器开关产生引爆源引起爆炸。

事故的主要原因：包菊某未遵守《职工食堂管理制度》有关安全用气的规定，致使大锅灶灶头意外熄火后长时间泄漏；值班运行工范某某违反《运行工岗位责任制》规定，6 月 10 日下班时，未按规定关闭通向生活辅助区锅炉房和厨房供气管道的阀门，导致厨房液化石油气连续泄漏。

造成重大人员伤亡的重要原因：事发时正处于职工集中上班时间，职工进入综合办公楼更衣和办公。而综合办公楼建筑形式为砖混结构，爆炸产生的冲击波破坏了房屋的承重结构，导致综合办公楼坍塌。

（二）间接原因

（1）燃气安全使用培训教育不到位。食堂负责人忽视燃气安全使用规定，疏忽大意，夜间长时间无人值守蒸煮食物。

（2）安全管理制度不落实。储罐场对食堂有值班巡查制度，但未得到认真落实。储罐场运行工违反操作规程，未按规定关闭管道阀门，无人及时监督检查和制止。

（3）储罐场安全管理存在盲区。储罐场负责人及安全管理人员未认真履行安全管理职责，忽视对食堂安全管理工作，未定期检查食堂安全管理工作情况，及时发现安全隐患和事故苗头。

（4）有关行政主管单位和燃气行业管理部门安全监管不到位。

（三）事故性质

经调查认定，SZ 燃气集团有限责任公司 HS 储罐场生活区综合办公楼“6.11”重大液化石油气爆炸事故是一起安全生产责任事故。

四、事故防范措施建议

（1）切实加强企业安全生产主体责任的落实。燃气生产经营单位要从根本上强化安全意识，真正落实企业安全生产法定代表人责任制，坚持“安全第一、预防为主、综合治理”的方针，建立健全安全管理机构和安全责任体系，健全完善燃气生产经营单位安全管理制度和操作规程，并严格贯彻执行，严格监督检查。要加强设备维护，进一步落实燃气经营单位安全生产主体责任，坚决防止各类事故发生。

（2）切实加强生活辅助区隐患排查治理。在强化生产区安全管理的同时，要加大燃气行业生活辅助区隐患排查，要将事故隐患排查治理工作与建立长效管理机制相结合，进一步健全完善隐患排查治理工作机制。认真建立隐患排查台账，全面开展自查自纠活动。对一般事故隐患，要立即组织整改落实，对重大事故隐患，要及时主动上报。对危险性较大的工程项目，要加大隐患排查力度，全面排查治理各类生产安全隐患，做到早发现、早报告、早排除，全力维护安全稳定，确保燃气行业安全生产。同时，要进一步完善事故应急救援预案，加强应急演练，提高应对突发事故的能力。

（3）广泛开展宣教活动，提高全民安全意识。燃气安全使用常识的宣传是一项长期工作。许多用气单位、职工和广大人民群众对燃气的危险性认识不足，普及安全使用燃气常识十分重要。各级行业管理部门和燃气企业要充分利用广播、电视、报纸等新闻媒介，采取文艺宣传、课外辅导、科普教育、知识竞赛、发放安全手册等多种方式宣传燃气安全使用常识。推广使用燃气安全报警系统，提高燃气安全技防能力。加大燃气安全宣传和行业技能培训，通过典型案例分析，多渠道进行安全用气宣传，全面提高燃气经营者、管理者、监管人员、从业人员和广大人民群众的安全意识，提高燃气行业从业人员技能水平和广大人民群众安全用气能力。

（4）加大监管执法力度，严打违法违规行为。SZ 市政府及住建部门、SZ 城市建设投资发展有限公司和其他相关部门要切实落实燃气的安全监管职责，进一步健全并层层落实安全生产责任制。燃气行业管理部门要健全燃气安全管理体系，从基层基础抓起，培养企业安全观念和安全意识，树立良好的安全至上风气，督促企业把安全责任落实到每个岗位、每个员工，切实做好燃气行业的安全管理工作。要对全市燃气领域进行一次全面安全隐患排查整治，同时督促企业定期自查。对燃气企业操作不规范、制度不落实，消防设施不完善、设备设施维护不力等现场存在的安全隐患进行突击检查，要加大执法力度，严格处罚，及时消除安全隐患，杜绝同类事故的发生。

◆ 案例二　某公司“2·28”机关食堂天然气爆炸事故

一、事故经过

2014 年 2 月 28 日 5 时 57 分，某公司机关食堂内发生天然气泄漏，在食堂操作间附近密闭空间内积聚，疑遇电气设备或其他原因产生火花后发生爆炸，爆炸造成食堂坍塌，食堂内当时有 3 人，1 人当场死亡，2 人送医院抢救无效死亡。

二、事故原因

（一）直接原因

食堂内天然气泄漏，在操作间和与其相连接的空间内，达到爆炸浓度，疑遇使用电器或其他原因产生的火花发生剧烈爆炸。

早 5 点操作人员进入食堂，食堂操作间天然气浓度已经达到爆炸极限，报警装置已经蜂鸣报警，但熟睡的管理员和操作人员均未听见，启动电器或使用明火时引发爆炸。

（二）间接原因

（1）对食堂内部燃气系统检查不到位，没有及时发现并消除天然气泄漏隐患，造成天然气泄漏。

（2）室外切断球阀、室内电磁阀关闭不严。报警器报警后，电磁阀联动，未完全切断气源。

（3）食堂内部房间功能分配不合理。报警装置所在房间夜间无人值班且房门关闭，值班人员无法听到报警声响。

（4）操作人员应急处置不当。爆炸时操作间内 H_2S 含量至少可达 1.62×10^{-6}，操作人员进入操作间时应该能够“嗅到难闻气味”，但二人未采取相应处置措施。

（5）设备设施管理不严格，未按规定每年由专业检测机构对可燃气体报警系统进行计量检定，没有进行电磁阀功能性检测，不掌握电磁阀切断功能是否有效。

（6）安全培训没有达到应有效果。

（7）日常执行制度不严细。

（8）非生产性岗位风险辨识工作开展不扎实。

第八节　化验室危险化学品事故案例

◆ 案例一　硫酸灼伤事故

该事故虽然不是发生在发电企业，但误用化学品导致事故并不少见，该事故具有很强的警示作用。

一、事故经过

2008 年 3 月 19 上午 8 时 55 分左右，某公司生产技术科中心化验室副组长朱某某在溶液室配制氨性氯化亚铜溶液（1 体积氯化亚铜，加入 2 体积 25% 的浓氨水）时，在量取 200mL 氯化亚铜溶液放入 500mL 平底烧瓶中后，需加入 400mL 的氨水。朱某某从溶液室临时摆放柜里拿了自认为是两个 500mL 的瓶装氨水试剂（每瓶约 200mL，其中一瓶实际为 98% 的浓硫酸，浓硫酸瓶和氨水瓶的颜色较为相似），将第一瓶氨水试剂倒入一只 500mL 烧杯中，后拿起第二瓶，在没有仔细查看瓶子标签的情况下，误将约 200mL 实为 98% 的浓硫酸倒入烧杯中，烧杯中溶液立即发生剧烈反应，烧杯被炸裂，溶液溅到朱某某脸上和手上，当时化验员沈某某正好去溶液室拿水瓶经过，脸上也被喷溅出的溶液粘上，造成两人脸部及朱某某手部局部化学灼伤。

二、原因分析

（1）朱某某在配制溶液过程中，没有仔细查看试剂瓶标签的情况下，错把 98% 浓硫酸当作是氨水，注意力不集中、操作责任心不强。

（2）中心化验室的零散试剂管理不到位，酸、碱试剂长期混放，存在习惯性违章现象。

（3）在配制有刺激性试剂时，没有按照规定在通风橱中操作，执行规范标准不到位。

（4）自我防范意识差，未按规定佩戴防护用品。

◆ 案例二　润滑油开口闪点分析燃烧事故

虽然润滑油不是危险化学品，但润滑油高温裂解产生的油气（轻烃）是危险化学品，易燃易爆，在使用中应引起注意。

一、事故经过

某厂化验室做润滑油开口闪点分析，当班化验员做实验时加热速度过快，使润滑油很快达到燃烧温度，遇火发生爆炸。化验员当时慌了手脚，没有采用旁边的灭火器灭火，而是大叫起来，结果在通风橱风力作用下，火焰更大、烟雾弥漫，其他人听到喊叫声冲进化验室，及时用灭火器将大火扑灭。灭火后发现整个木制通风橱被烧得面目全非，玻璃都被烧变了形。

二、事故原因

化验员违反操作规程，升温速度过快，导致润滑油很快产生油气，遇火发生爆炸。平常演习次数少，遇事不冷静，发生事故慌做一团，放在附近的灭火器忘记使用，致使事态扩大。

第九节　乙炔及氧气钢瓶爆炸事故案例

◆ 案例一　乙炔泄漏爆炸事故

一、事故经过

2009 年 6 月 24 日上午，某厂焊工班在 1 号、2 号、3 号贮罐之间安装纵向走台。9 点多，焊工王某将割枪借给外单位现场施工人员使用，20min 后，割枪被还回。王某接割枪后，随手就近把割枪插入 2 号贮罐顶上的连接口内。

中午 11 时 30 分下班时，工人李某去关氧气瓶和乙炔瓶阀门，氧气瓶高、低压正常退气完毕，李某却发现乙炔瓶高、低压表指针已回零，说明乙炔瓶内乙炔已经跑空。李某立即告诉了班长张某，但没有引起张某的重视。焊工王某也没理会，从罐顶连接口中提出割枪拆下，离开现场吃饭休息去了。

下午 15 时 30 分左右，电焊工赵某用电焊机焊接 2 号贮罐顶护栏立柱时，该罐发生爆炸，固定罐盖的 68 根直径 14mm 的螺栓全部被拉断，235kg 的罐盖向西飞出 20.8m，致使现场作业的 4 人死亡，多人受伤。

二、事故原因

（一）直接原因

外单位现场施工人员没有将乙炔瓶关严，焊工王某将漏气的割枪插入 2 号贮罐，致使乙炔泄漏至 2 号贮罐内，并与罐内空气混合，到达爆炸极限。赵某用电焊机打火施焊时，罐体局部高温，引爆罐内混合气体。

（二）间接原因

（1）没有严格的规章制度，如动火审批制度、罐内气体浓度监测制度等。

（2）施工前没有制定完善的安全施工方案，没有现场交底。

（3）现场管理混乱，为赶进度，操作违反工艺流程，如无清罐记录，不开罐通风换气就进行明火作业。

（4）安装不符合设计要求。

（5）职工安全素质差，缺乏自我保护能力。如明知乙炔泄漏，不检查，不分析；割枪随意外借、乱放；施工人员未经专门培训，用一般的起重、安装、焊接操作技术工人来从事危险化学品设备拆迁和安装，缺少必要的安全知识。

三、防范措施

（1）预防乙炔泄漏是首要的措施。如发现焊割设备有漏气现象，应立即停止工作，及时检查，消除漏气隐患。当气体导管漏气着火时，首先应立即关闭阀门，切断可燃气源，用灭火器、湿布、石棉布等扑灭燃烧气体。每次作业完毕确认关紧后方可离去。

（2）防止乙炔达到爆炸极限。乙炔是无色气体，相对密度为 0.9，在空气中的爆炸极限为 2.5% ～ 82%，在氧气中的爆炸极限为 2.8% ～ 93%。化学性质极不稳定，容易扩散与空气混合，达到爆炸极限。

（3）控制着火源。乙炔在空气中的燃点较低，由于火花、加热、摩擦等原因，都有发生爆炸的可能。乙炔用于焊接作业时，一旦发生泄漏，高速的气体冲出胶管或其他部位，在摩擦中会产生静电，极易引起火灾和爆炸事故，因此，在进行作业前一定要检查工具，防止乙炔泄漏。

◆ 案例二　违章作业造成乙炔瓶爆炸事故

一、事故经过

2005 年 2 月 16 日 20 时 30 分，某乙炔气焊门市部发生爆炸，门市部及附近建筑物遭到不同程度的破坏，导致建筑物内及路上行人 4 人死亡，1 人重伤。

二、事故原因

公司顾某和施某在门市部门前违章修理农用车，顾某在焊接作业时手持点燃的焊割工具调节乙炔瓶减压阀，引起乙炔瓶爆炸。

◆ 案例三　违章装卸造成乙炔瓶爆炸事故

一、事故经过

2015 年 2 月 5 日 17 时 50 分，某公司驾驶员双某，押运员兼装卸工学某在本厂区院充装车间外站台往拉运车辆上装乙炔瓶时，学某将滚动的乙炔瓶撞击在汽车的后尾梁上，乙炔瓶爆炸致使乙炔瓶从车间外雨棚顶飞出落到车间后的渣池，乙炔瓶底座落到装运台西 20m 的墙根处，拉运车辆的后尾梁严重变形，就在乙炔瓶飞出的一瞬间撞击在学某的头部，当场抢救无效学某死亡。

二、事故原因

押运员兼搬运工学某在搬运乙炔瓶的过程中，将乙炔瓶撞击在汽车的后尾梁上，乙炔瓶发生爆炸，乙炔瓶上半部分从上飞出撞击在学某的头部致学某当场死亡。

◆ 案例四　违章装卸造成氧气瓶爆炸事故

一、事故经过

某单位用货车运回新灌装的氧气，装卸工为图方便，把氧气瓶从车上用脚蹬下，第一个氧气瓶刚落下，第二个氧气瓶跟着正好砸在上面，立刻引起两个氧气瓶的爆炸，造成一死一伤。

二、事故原因

两个氧气瓶相互碰撞，压缩气体在氧气瓶内碰撞时受到猛烈振动，引起压力升高，使氧气瓶某处产生的压力超过了该瓶壁的强度极限，即引起氧气瓶爆炸。

第十节　电气设备油气着火事故

◆ 案例　某换流站“1·7”换流变着火事故

2019 年 1 月 7 日，某地 ±1100KV 特高压直流输电工程某换流站发生极 I 高端 YD–C 相换流变压器调试着火事故，未造成人员伤亡，估算损失约 48 万元。

一、事故经过

2019 年 1 月 6 日 21 时 30 分，某换流站现场调试指挥按照国调第 2018–0258 号调度方案进行系统调试，极 I 高端和极 I 低端开始做空载加压试验，极Ⅱ低端输送功率为 300MW，极 2 高端的状态为冷备用。

1 月 7 日 0 时 28 分 39 秒，该换流站极 I 高端 Y/DC 相换流变压器在分接开关分接头挡位自动调节至 19 挡时，换流变压器差动保护动作，有载分接开关重瓦斯保护跳闸动作、压力释放报警，网侧绕组中性点套管升高座重瓦斯保护跳闸动作，本体压力释放报警，换流变压器起火。

二、事故原因

专家分析认为，极 I 高端 Y/DC 相换流变压器有载分接开关（ABB）的切换开关部分发生内部短路故障，使得绝缘油在极短时间内分解产气，导致压力释放装置和重瓦斯保护动作。由于有载分接开关的切换开关油室的相对容积很小，压力释放装置无法有效缓解和释放，瞬间的压力膨胀导致切换开关部盖板爆裂，高温高压油气混合物喷出，造成换流变压器起火。

附录 1　危险象形图及对应的危险性类别

危险象形图			
该图形对应的危险性类别	爆炸物，类别 1 ～ 3； 自反应物质，A、B 型； 有机过氧化物，A、B 型	压力下气体	氧化性气体； 氧化性液体； 氧化性固体
危险象形图			
该图形对应的危险性类别	易燃气体，类别 1； 易燃气溶胶； 易燃液体，类别 1 ～ 3； 易燃固体； 自反应物质，B ～ F 型； 自热物质； 自燃液体； 自燃物体； 有机过氧化物，B ～ F 型； 遇水放出易燃气体的物质	金属腐蚀物； 皮肤腐蚀 / 刺激，类别 1； 严重眼损伤 / 眼睛刺激，类别 1	急性毒性，类别 1 ～ 3
危险象形图			
该图形对应的危险性类别	急性毒性，类别 4； 皮肤腐蚀 / 刺激，类别 2； 严重眼损伤 / 眼睛刺激，类别 2A； 皮肤过敏	呼吸过敏； 生殖细胞突变性； 致癌性； 生殖毒性； 特异性靶器官系统毒性一次接触	对水环境的危害，急性类别 1，慢性类别 1、2

附录 2　化学品安全标签样例

化学品名称　A 组分：40%；B 组分：60%

危险

极易燃液体和蒸气，食入致死，对水生生物毒性非常大

【预防措施】

· 远离热源、火花、明火、热表面，使用不产生火花的工具作业。

· 保持窗口密闭。

· 采取防止静电措施，容器和接收设备接地、连接。

· 使用防爆电器、通风、照明及其他设备。

· 戴防护手套、防护眼镜、防护面罩。

· 操作后彻底清洗身体接触部位。

· 作业场所不得进食、饮水或吸烟。

· 禁止排入环境。

【事故响应】

· 如皮肤（或头发）接触：立即脱掉所有被污染的衣服。用水冲洗皮肤、淋浴。

· 食入：催吐，立即就医。

· 收集泄漏物。

· 火灾时，使用干粉、泡沫、二氧化碳灭火。

【安全储存】

· 在阴凉、通风良好处储存。

· 上锁保管。

【废弃处置】

· 本品或其容器采用焚烧法处置。

请参阅化学品安全技术说明书

供应商：×××××××××　　电话：××××

地　址：×××××××××　　邮编：××××

化学事故应急咨询电话：××××××

危险

极易燃液体和蒸气，食入致死，对水生生物毒性非常大

请参阅化学品安全技术说明书

供应商：××××××××××　　电话：××××

化学事故应急咨询电话：××××××

附录 3　常用危险化学品标志

爆炸品标志	易燃气体标志	不燃气体标志	有毒气体标志

易燃液体标志	易燃固体标志	自燃物品标志	遇湿易燃物品标志

氧化剂标志	有机过氧化物标志	有毒品标志	剧毒品标志

一级放射性物品标志	二级放射性物品标志	三级放射性物品标志	腐蚀品标志

附录 4　危险货物包装标志

附录 5　各类危险废物警告标志牌式样

1. 危废仓库标志标牌

A-1　危险废物警告标志牌式样一

（适合于室内外悬挂的危险废物警告标志）

	**说　明** 1. 危险废物警告标志规格颜色 形状：等边三角形，边长 40cm 颜色：背景为黄色，图形为黑色 2. 警告标志外檐 2.5cm 3. 使用于：危险废物贮存设施为房屋的，建有围墙或防护栅栏，且高度高于 100cm 时；部分危险废物利用、处置场所。

A-2　危险废物警告标志牌式样二

（适合于室内外独立摆放或树立的危险废物警告标志）

	**说　明** 1. 主标识要求同附件 A-1。 2. 主标识背面以螺钉固定，以调整支杆高度，支杆底部可以埋于地下，也可以独立摆放，标志牌下沿距地面 120cm。 3. 使用于： （1）危险废物贮存设施建有围墙或防护栅栏的高度不足 100cm 时； （2）危险废物贮存设施其他箱、柜等独立贮存设施的，其箱、柜上不便于悬挂时； （3）危险废物贮存于库房一隅的，需独立摆放时； （4）所产生的危险废物密封不外排存放的，需独立摆放时； （5）部分危险废物利用、处置场所。

2. 危险废物标签

B–1　危险废物标签式样一

（适合于室内外悬挂的危险废物标签）

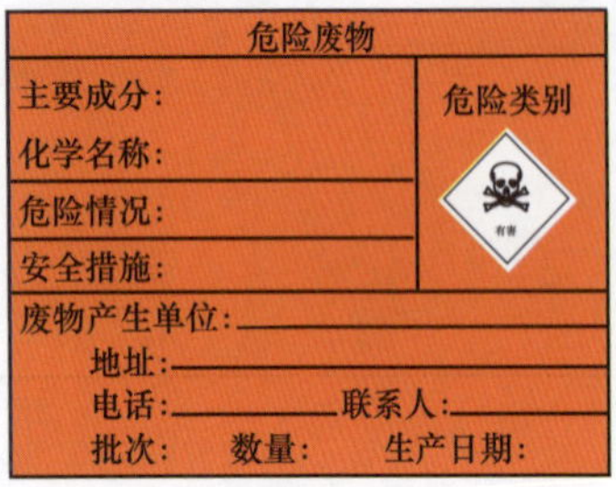

说　　明

1. 危险废物标签尺寸颜色。

　　尺寸：40cm×40cm

　　底色：醒目的橘黄色

　　字体：黑体字

　　字体颜色：黑色

2. 危险类别：按危险废物种类选择。

3. 使用于：危险废物贮存设施为房屋的；或建有围墙或防护栅栏，且高度高于100cm时。

B–2　危险废物标签式样二

（适合于室内外独立树立或摆放的危险废物标签）

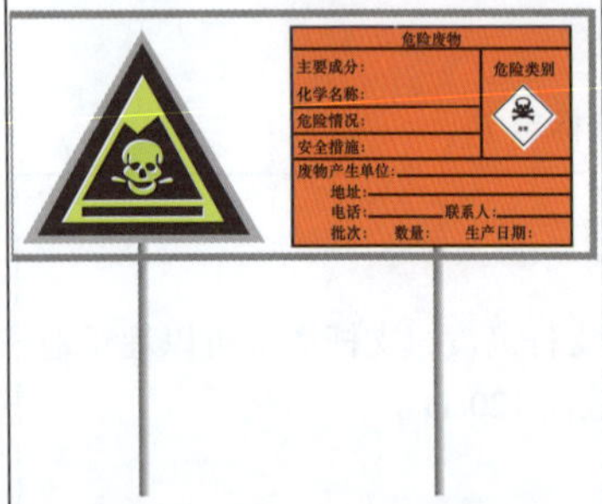

说　　明

1. 危险废物警告标志要求同附件A–1。

2. 危险废物标签要求同附件B–1。

3. 支杆距地面120cm。

4. 使用于：

（1）危险废物贮存设施建有围墙或防护栅栏的高度不足100cm时；

（2）危险废物贮存设施其他箱、柜等独立贮存设施的，其箱、柜上不便于悬挂时；

（3）危险废物贮存于库房一隅的，需独立摆放时；

（4）所产生的危险废物密封不外排存放的，需独立摆放时。

B–3　危险废物标签式样三

（粘贴于危险废物储存容器上的危险废物标签）

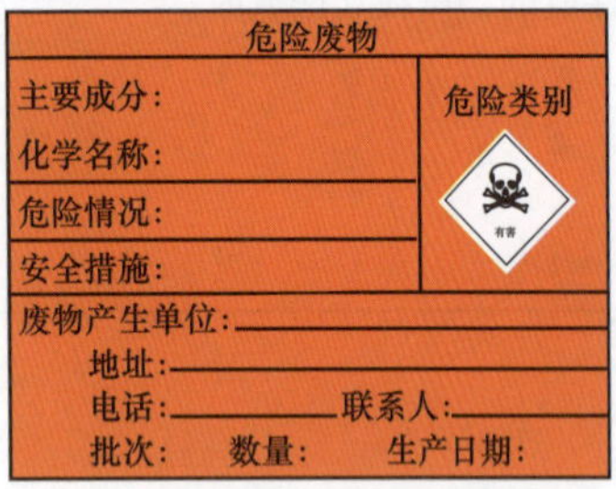

说　　明

1. 危险废物标签尺寸颜色

　　尺寸：20cm×20cm

　　底色：醒目的橘黄色

　　字体：黑体字

　　字体颜色：黑色

2. 危险类别：按危险废物种类选择。

3. 材料为不干胶印刷品。

B–4　危险废物标签式样四
（系挂于袋装危险废物包装物上的危险废物标签）

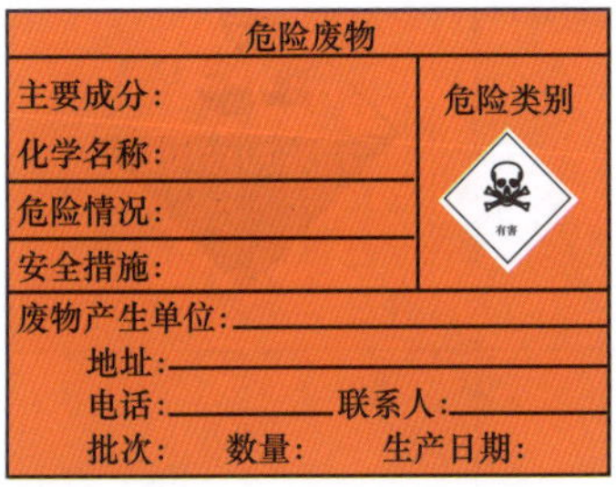

说　　明

1. 危险废物标签尺寸颜色
   尺寸：10cm × 10cm
   底色：醒目的橘黄色
   字体：黑体字
   字体颜色：黑色
2. 危险类别：按危险废物种类选择。
3. 材料为印刷品。

B–5　一些危险废物的危险分类

废物种类	危险分类
废酸类	刺激性 / 腐蚀性（视其强度而定）
废碱类	刺激性 / 腐蚀性（视其强度而定）
废溶剂如乙醇、甲苯	易燃
卤化溶剂	有毒
油—水混合物	有害
氰化物溶液	有毒
酸及重金属混合物	有害 / 刺激性
重金属	有害
含六价铬的溶液	刺激性
石棉	石棉

B–6　危险废物种类

危险分类	符号	危险分类	符号
Explosive 爆炸性	 黑色字 橙色底	Toxic 有毒	
Flammable 易燃	 黑色字 红色底	Harmful 有害	

续表

危险分类	符号	危险分类	符号
Oxidizing 助燃		Corrosive 腐蚀性	
Irritant 刺激性		Asbestos 石棉	

3. 医疗废物标志标牌

C-1　医疗废物警示标志式样一

（适用于医疗废物暂存、处置场所的医疗废物警示标志）

	**说　　明** 1. 形状：等边三角形 2. 颜色：背景色为黄色 文字和字母为黑色 边框和主标识为黑色 3. 尺寸：警示牌　等边三角形边长 400mm 主标识　高 150mm 中文文字　高 40mm 英文文字　高 40mm 4. 适用于：医院医疗废物暂存间、医疗废物处置中心医疗废物暂存间或医疗废物处置设施。

C-2　医疗废物警示标志式样二

（适用于医院科室医疗废物收集点的医疗废物警示标志）

	**说　　明** 1. 主标识形状、颜色同附件 C-1。 2. 尺寸：警示牌　等边三角形边长 200mm 主标识　高 75mm 中文文字　高 20mm 英文文字　高 20mm 3. 适用于：适用于医院科室医疗废物收集点。

C–3　医疗废物转运车警示标志

	**说　　明** 1. 形状：菱形 2. 颜色：背景色　醒目的橘红色 文字和字母　黑色 边框和主标识　黑色 3. 尺寸：警示牌　边长 400mm 主标识　高 150mm 中文文字　高 40mm 英文文字　高 40mm

参考文献

［1］中国安全生产科学研究院．安全生产法律法规 2020 版 [M]．北京：应急管理出版社，2020．

［2］中国安全生产科学研究院．安全生产专业实务（化工安全）2020 版 [M]．北京：应急管理出版社，2020．

［3］中国化学品安全协会．化工（危险化学品）企业安全管理人员安全管理知识问答 [M]．北京：中国石化出版社，2018．

［4］中国化学品安全协会．化工（危险化学品）企业主要负责人安全管理知识问答 [M]．北京：中国石化出版社，2018．

［5］全国安全生产教育培训教材编审委员会．危险化学品经营单位主要负责人及安全管理人员安全培训教材（2018 修订版）[M]．北京：中国矿业大学出版社，2018．

［6］全国安全生产教育培训教材编审委员会．危险化学品生产单位主要负责人及安全管理人员安全培训教材（2018 修订版）[M]．北京：中国矿业大学出版社，2018．

［7］中安华邦（北京）安全生产技术研究院．餐饮服务场所燃气安全管理培训教材 [M]．北京：团结出版社，2015．

［8］中安华邦（北京）安全生产技术研究院．危险化学品使用单位负责人和安全管理人员安全培训教材 [M]．北京：团结出版社，2016．

［9］许铭．危险化学品安全管理 [M]．北京：中国劳动社会保障出版社，2018．

［10］袁国汀．燃气用户安全须知 [M]．北京：中国建筑工业出版社，2017．

［11］四川省安信文创文化传播有限公司．危险化学品经营单位主要负责人及安全管理人员安全培训教材 [M]．成都：四川民族出版社，2019．

［12］上海市安全生产科学研究所．危险化学品生产经营单位安全管理人员安全生产管理知识 [M]．上海：上海科学技术出版社，2010．

［13］李安学，付志新，王鹏．大型发电集团危险化学品安全管理模式研究与实践探索 [J]．中国安全生产．2019，14（08）：48-51．

［14］陈亚子，李品．火电厂“危化品”管理的法律梳理和管理要点 [C]．全国火电大机组（300MW 级）竞赛第三十五届年会论文集，2006．

［15］北京华能热电厂“3・13”氢爆事故调查报告．

https：//wenku.baidu.com/view/53206d34fd0a79563d1e7276.html

［16］某电厂化学分厂“8・13”氢气爆炸事故．

http：//www.safehoo.com/Case/Case/Blow/201301/301183_2.shtml

［17］辽宁某电厂 2018.11.12“氢爆”事故报告．http：//www.gysclkj.com/articles/cf23rl.html

［18］氢气使用事故案例 . http：//www.doc88.com/p-7394744566772.html

［19］淄博嘉周热力有限公司“11・8”较大爆炸事故调查报告.

https：//www.sohu.com/a/128991049_649351

［20］国家安监总局关于大地化工“3・17”氨气泄漏事故的通报.

https：//bbs.hcbbs.com/forum.php?mod=viewthread&ordertype=2&tid=195388

［21］国家能源局电力安全监管司. 全国电力事故和电力安全事件汇编（2015 年）[M]. 杭州：浙江人民出版社，2016.

［22］四川省环保局通报“11・15”泸州电厂柴油泄漏事件安全生产事故引发重大污染事件.

https：//news.sina.com.cn/c/2007-01-03/100910923125s.shtml

［23］李传成. 一起强碱溶液灼伤事故的分析 [J]. 化工安全与环境. 2005，18：3.

［24］方文林. 危险化学品典型事故案例分析 [M]. 北京：中国石化出版社，2018.

［25］国家能源局电力安全监管司. 全国电力事故和电力安全事件汇编（2012 年）[M]. 杭州：浙江人民出版社，2013.

［26］北京太阳宫燃气热电有限公司“6・6”燃气爆燃生产安全事故调查报告.

http：//blog.sina.com.cn/s/blog_724b4a770101flub.html

［27］苏州燃气集团横山储罐场生活区办公楼“6・11”重大 液化石油气爆炸事故调查报告.

http：//ajj.jiangsu.gov.cn/art/2013/10/18/art_64981_187677.html

［28］中石油大庆油田 2・28 机关食堂爆炸亡人事故.

https：//wenku.baidu.com/view/d852ee36910ef12d2bf9e79c.html

［29］化验室事故的案例. https：//max.book118.com/html/2018/0412/161244331.shtm

［30］气瓶火灾爆炸事故案例汇总. http：//www.doc88.com/p-8099159792955.html

［31］乙炔事故案例分析. https：//www.taodocs.com/p-175633129.html

［32］中国电力传媒集团. 全国电力事故和电力安全事件汇编（2019 年）[M]. 2020.

［33］周柏青，陈志和. 热力发电厂水处理 [M]. 北京：中国电力出版社，2009.

［34］张瑞兵，盛于蓝，等. 化工企业安全生产管理实务 [M]. 北京：化学工业出版社，2015.